中国城市科学研究系列报告
中国城市科学研究会　主编

中国工程院咨询项目

中国建筑节能年度发展研究报告2011

2011 Annual Report on China Building Energy Efficiency

清华大学建筑节能研究中心　著

中国建筑工业出版社

图书在版编目（CIP）数据

中国建筑节能年度发展研究报告 2011/清华大学建筑
节能研究中心著. —北京：中国建筑工业出版社，
2011.3
中国城市科学研究系列报告
ISBN 978-7-112-12987-4

Ⅰ.①中… Ⅱ.①清… Ⅲ.①建筑-节能-研究报告-中
国-2011 Ⅳ.①TU111.4

中国版本图书馆 CIP 数据核字（2011）第 030768 号

责任编辑：齐庆梅
责任设计：赵明霞
责任校对：张艳侠

中国城市科学研究系列报告

中国城市科学研究会　主编

中国建筑节能年度发展研究报告 2011

2011 Annual Report on China Building Energy Efficiency

清华大学建筑节能研究中心　著

*

中国建筑工业出版社出版、发行（北京西郊百万庄）
各地新华书店、建筑书店经销
北京红光制版公司制版
北京云浩印刷有限责任公司印刷

*

开本：787×1092 毫米　1/16　印张：18¾　字数：321 千字
2011 年 4 月第一版　　2011 年 4 月第一次印刷
定价：**50.00** 元
ISBN 978-7-112-12987-4
（20384）

《中国建筑节能年度发展研究报告 2011》
顾问委员会

主任：仇保兴

委员：（以拼音排序）

陈宜明　韩爱兴　何建坤　胡静林

赖　明　倪维斗　王庆一　吴德绳

武　涌　徐锭明　寻寰中　赵家荣

周大地

本 书 作 者

清华大学建筑节能研究中心

江 亿（第2章，3.9）

刘兰斌（第2章，3.3，3.8，3.10，3.11，4.1，4.3，4.4，附录3.2）

付 林（3.2，3.5，3.6，3.7，4.2）

杨秀（第1章，附录）

肖 贺（1.6，附录3.4）

赵玺灵（3.5，3.6）

李 岩（3.2，4.2）

郑忠海（3.7）

夏建军（2.4，3.4，4.8）

燕 达（3.1）

赵 辉（附录3.4）

单 明，李沁笛（附录3.5）

沈 启（3.4，4.8）

彭 琛（附录3.3）

胡 姗（3.1）

李文涛（附录3.2）

刘 华（2.3）

特邀作者

中国建筑科学研究院　刘月力（4.1）

华通热力集团　　　　包英（4.4）

北京建筑工程学院　　王随林（4.5）

同方股份有限公司　　秦冰（4.6）

山东建筑大学　　　　刁乃仁，方肇洪（4.7）

田贯三（4.8）

总　　序

　　建设资源节约型社会，是中央根据我国的社会、经济发展状况，在对国内外政治经济和社会发展历史进行深入研究之后做出的战略决策，是为中国今后的社会发展模式提出的科学规划。节约能源是资源节约型社会的重要组成部分，建筑的运行能耗大约为全社会商品用能的三分之一，并且是节能潜力最大的用能领域，因此应将其作为节能工作的重点。

　　不同于"嫦娥探月"或三峡工程这样的单项重大工程，建筑节能是一项涉及全社会方方面面，与工程技术、文化理念、生活方式、社会公平等多方面问题密切相关的全社会行动。其对全社会介入的的程度很类似于一场新的人民战争。而这场战争的胜利，首先要"知己知彼"，对我国和国外的建筑能源消耗状况有清晰的了解和认识；要"运筹帷幄"，对建筑节能的各个渠道、各项任务做出科学的规划。在此基础上才能得到合理的政策策略去推动各项具体任务的实现，也才能充分利用全社会当前对建筑节能事业的高度热情，使其转换成为建筑节能工作的真正成果。

　　从上述认识出发，我们发现目前我国建筑节能工作尚处在多少有些"情况不明，任务不清"的状态。这将影响我国建筑节能工作的顺利进行。出于这一认识，我们开展了一些相关研究，并陆续发表了一些研究成果，受到有关部门的重视。随着研究的不断深入，我们逐渐意识到这种建筑节能状况的国情研究不是一个课题通过一项研究工作就可以完成的，而应该是一项长期的不间断的工作，需要时刻研究最新的状况，不断对变化了的情况做出新的分析和判断，进而修订和确定新的战略目标。这真像一场持久的人民战争。基于这一认识，在国家能源办、建设部、发改委的有关领导和学术界许多专家的倡议和支持下，我们准备与社会各界合作，持久进行这样的国情研究。作为中国工程院"建筑节能战略研究"咨询项目的部分内容，从 2007 年起，把每年在建筑节能领域国情研究的最新成果编撰成书，作为《中国建筑节能年度发展研究报告》，以这种形式向社会及时汇报。

清华大学建筑节能研究中心

前　　言

　　这一本建筑节能年度发展研究报告是从 2007 年开始出版的第 5 本。连续 5 年走过来了，我国建筑节能事业有了很大的发展。这套持续的年度报告跟着我国建筑节能事业的发展而发展，记录着发展中的风风雨雨，也和它的读者们一起，为发展过程中的每个成就喝彩和喜悦，为每个失误而忧虑和不安。希望这套年度报告能够陪伴着我们的读者，陪伴着中华民族的建筑节能事业一直走下去。这是我交出这部手稿时的心情。5 年了，感谢我们的读者，感谢全国辛勤工作在建筑节能第一线的战友们。

　　从去年起本书开始改版，每年的报告分为两部分：一、建筑节能当前状况、能耗数据、新的动向；二、在采暖、公共建筑、住宅、农村建筑这四大主题中，每年轮流就一个主题进行深入剖析。今年的主题是北方城镇建筑冬季采暖。

　　建筑运行能耗数据是开展建筑节能工作最重要的基础。在足够可信度下获取全面的中国建筑运行能耗数据是一件非常困难的工作，科学地对各种因素导致全国建筑运行能耗的变化做出分析和预测也需要建立在清晰全面的现实数据基础之上。为实现这两项工作，我们的做法是建立尽可能详尽的分省建筑能耗计算模型，再根据国家和地方统计部门提供的各类相关数据、各行业渠道提供的各类行业发展数据，以及各个从事建筑节能事业的机构采集的各种案例数据，按照"矛盾最小化"的方法由它们产生模型中需要的各个系数，进而计算出全国和各省的各类建筑运行能耗，并有望进一步预测实施各种措施后的建筑能耗变化。经过一年多的努力，这个模型的架构已初步实现，而全面可靠地得到模型中的全部系数看来将是一个漫长而艰巨的工作。今年作为第一步，只能尝试着给出通过这个模型使用不太可靠不太全面的系数计算得到的全国能耗数据。实际上我们也计算出分省的分类建筑能耗，由于担心其可信程度，也怕给各省的工作带来麻烦和误会，这些数据没有发表，仅给出很少的算例。随着我们得到更多的第一手数据，这个模型就会更加完善，其计算的结果也会更能反映实际，我们今后将尽可能发表更多的数据。在这个发展过程中很难避免对一些重要的建筑能耗数据计算结果的修订，这实际是我们对这件事物的认识的深化，是不断进步的反映。这种修订和变化可能会给读者在使用这些数据时带来一些麻烦和困惑，在此我只好表示歉意，并恳求读者们能够理解我们的困难和努力。能耗数据的统计计算与分析确实是一件艰巨、漫长、繁琐的工作，但又是极其重要、非做不可的事。我们一定持续下去，同时也真心恳求各位读者、各个机构、各种与建筑能耗统计数据打交道的部门能够伸出协作之手，给我们以帮助。这件事可能只有通过大范围多个部门的通力合作，才有可能得到初步满意的结果。让我们一步步努力吧。

北方城镇建筑冬季采暖是我国建筑能耗的最主要构成部分，也是我国建筑节能工作的重点，还是近年来我国建筑节能最有成效、进展最大的领域。本书的第2章较细致和全面地给出我国北方城镇采暖系统各种方式、各个环节的状况，并分析了各环节目前的主要问题。这里汇集了国内许多研究部门发表的成果，也是我们近十年来对这一领域调查研究测试分析的总结。针对当前这一领域的热点问题，我们提出了一些不成熟的看法，包括对"供热改革"的建议，对二次庭院管网的"大流量、小温差"的认识，对室内系统温度参数的认识，对各类热源的分析与认识等。其中部分认识与建议可能与现在的主流认识不完全一致，也可能存在一些偏见和错误。然而这毕竟是一些经过深思熟虑后的认识，不同认识的碰撞更有益于看清事物的本质，不同观点的争论有利于找到最好的解决途径。我们希望这些问题引起争论，也得到更多同行的关注，这样可以更好地推动这项工作的进步。

在第3章汇集了目前北方采暖节能的主要技术措施，对各项相关技术进行了介绍和评论。由于我们的认识有限，也由于条件和时间的不足，在这里漏掉了许多有效的技术和措施。这些介绍和评论也可能有不少不全面甚至错误之处，恳请读者批评和原谅。

按照去年确定的框架，本书今年在第4章介绍了9个北方城镇采暖的最佳案例。它们分别在与采暖节能的不同环节中做出了有特色的成果，从各方面反映出我国在这一领域近年的成就。9个案例中除了一个工业余热利用项目外，都给出了实测的运行结果和节能效果。这是我们选择最佳案例的重要条件。"实践是检验真理的唯一标准"，只有有效的实际运行数据才能真正评价一个工程项目或一个技术措施是否真的实现了节能。我们在寻找、选择最佳工程案例时又一次体会到现在真是非常缺少真实有效的运行数据和实测节能效果，这可能会直接影响我国的建筑节能工作。实际的运行能耗数据是节能工作基本出发点和唯一的效果检验依据，希望有更多的同行，更多的机构，更多的政府部门把建筑能耗运行数据重视起来、抓起来，把它作为建筑节能工作的突破点。感谢这些最佳案例的提供者，更感谢实现这些最佳案例的实践者。是这些实践者们的出色工作展示了一些新的技术、理念和措施怎样可以实际地应用于工程实际，又怎样能真正最终实现节能的目标。通过这些出色的实践一点一点地传播、蔓延，我们国家建筑节能的宏大目标最终一定能够实现。9 个"最佳"实践案例，不一定全都是在相应方向上全国做得最好的案例，各地一定还有很多做得比这些案例更好的项目。这些最佳案例只是我们通过极为有限的范围内的寻找而得到的，是在不同方向上都有代表性、有说服性的案例。建筑节能工作可能和体育竞赛不同，好上加好的最高成绩可能并不是我们工作的主要目标，实现"全民健身"，把这些理念、技术、方法、措施最大程度地全面推广，才是建筑节能工作最主要的目的。这些最佳案例，正是实实在在采用了某项技术或措施，并获得实在的节能效果的案例。这是最值得提倡的。

最后，感谢刘兰斌博士和肖贺同学，他们二位付出大量的劳动才保证本书的按时交稿。当然还要感谢本书全体作者的出色工作，还有齐庆梅编辑的大力支持和辛勤劳动。

2011 年 2 月于清华节能楼

目 录

第1篇　中国建筑能耗现状分析

第2篇　北方城镇供热专题

附录　中国建筑能耗模型介绍

第1篇　中国建筑能耗现状分析

第1章　中国建筑能耗现状分析

本篇根据中国建筑能耗模型（China Building Energy Model，简称 CBEM❶）对我国建筑能耗现状和逐年发展过程的研究结果，对我国各类建筑能耗的现状、发展趋势和节能潜力进行分析。

1.1　总　体　情　况

由 CBEM 计算，1996～2008 年❷，我国总的建筑商品能耗从 2.59 亿吨标煤（tce）增长到 6.55 亿 tce，增加了 1.5 倍，如图 1-1 所示。其中，2008 年的建筑能耗为 6.55 亿 tce（不含生物质能），约占 2008 年社会总能耗的 23%，其中电力消耗为 8230 亿 kWh，约占 2008 年社会总电耗的 21%。

考虑到我国不同地区的气候、经济发展水平和建筑功能的差异，根据建筑用能的特点，可将我国的建筑能耗分为北方城镇采暖能耗、夏热冬冷地区城镇采暖能耗、城镇住宅除采暖外能耗、公共建筑

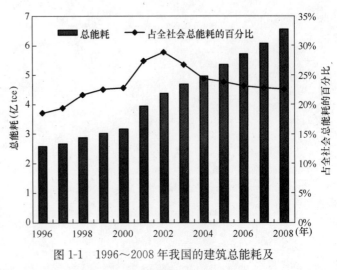

图 1-1　1996～2008 年我国的建筑总能耗及占社会总能耗的比例

❶　杨秀. 基于能耗数据的中国建筑节能问题研究. 清华大学博士学位论文，2009 年 12 月.
❷　由于我国的统计数据中缺乏 2007、2008 年的建筑面积，文中给出的 2007、2008 年的数据系估算值.

除采暖外能耗、农村能耗这五类。我国各类建筑能耗的能耗总量、平均单位面积能耗和建筑总面积的逐年变化如图 1-2～图 1-4 所示。

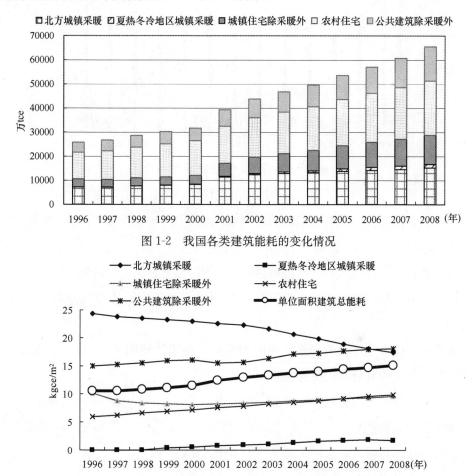

图 1-2 我国各类建筑能耗的变化情况

图 1-3 各类建筑能耗的单位面积能耗的变化情况

具体来说，我国各类建筑能耗在 1996～2008 年的变化情况分别是：

北方城镇采暖能耗：是我国城镇建筑能耗比例最大的一类，且单位面积能耗高于其他各类；其能耗强度在十三年间有了显著下降，但随着建筑面积的成倍增长，其总能耗由 0.72 亿 tce 增长至 1.53 亿 tce，增加了一倍。

夏热冬冷地区的城镇采暖能耗：尽管目前的绝对数量不大，能耗强度也不高，但能耗强度在不断攀升，随着建筑面积的增加，其能耗从 1996 年的 40 万 tce 迅速增长到 2008 年的 1490 万 tce，并有继续快速增长的趋势。

城镇住宅除采暖外能耗：能耗强度持续增长，建筑面积迅速增加，其能耗从

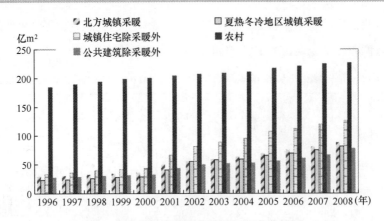

图 1-4　我国各类建筑能耗的面积变化情况

0.34 亿 tce 增加到 1.20 亿 tce，是我国建筑能耗中增幅最快的一类。

公共建筑除采暖外能耗：能耗强度持续增长，建筑面积迅速增加，其能耗从 0.41 亿 tce 增加到 1.41 亿 tce。

农村能耗：单位面积商品能耗和建筑总面积都略有增加，但初级生物质能（秸秆、薪柴）的消耗逐步被商品能源取代，造成农村商品能耗从约折合 1.11 亿 tce 增加到 2.26 亿 tce。

随着中国城市化进程的推进、经济的发展，我国建筑能耗总量呈持续增长态势，并且增长速度有越来越快的趋势。

一方面，随着城市化进程的推进，城市人口的增加，以及大规模的城市建设，我国城镇建筑总面积在 13 年内从 62 亿 m² 猛增到 204 亿 m²，各类城镇建筑面积都有大幅度的增加，而人均建筑面积也同步增长，如图 1-5 所示。

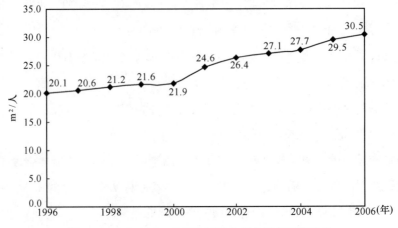

图 1-5　1996～2006 年我国城镇人均总建筑面积变化

另一方面，随着室内环境的改善，建筑服务水平的提高，以及建筑内用能设备的增加，除北方城镇采暖外，各类建筑单位面积能耗不断攀升，如图 1-3 所示。然而，如果将我国建筑能耗与发达国家进行比较，如图 1-6 所示，无论是单位面积平均能耗还是人均能耗，我国目前均大大低于发达国家。

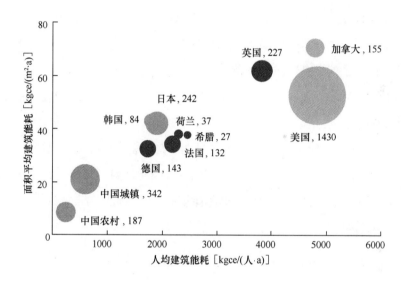

图 1-6　2005 年各国建筑能耗比较

注：每个国家名称后面的数字表示该国家的建筑总能耗，单位：亿 tce。

数据来源：

美国：The United State Department of Energy. 2007 Buildings Energy Data Book. USA：D&R International，Ltd.，2007.

加拿大：Natural Resources Canada. 2007 Energy Use Data Handbook. Canada：Energy Publications Office of Energy Efficiency，2008.

日本：The Energy Data and Modeling Center. Handbook of Energy & Economic Statistics in Japan. Japan：The Energy Conservation Centre，2008.

韩国：Korea Energy Economics Institute. Energy Consumption Survey 2005. Seoul：Ministry of Commerce，industry and energy；2005.

欧洲国家：Intelligent Energy of EPBD. Applying the EPBD to Improve the Energy. Performance Requirements to Existing Buildings-ENPER-EXIST. Europe：Fraunhofer Institute for Building Physics，2007.

1.2　北方城镇采暖

北方城镇采暖能耗，考察历史上法定要求建筑采暖的省、自治区和直辖市的冬季采暖能耗，包括各种形式的集中采暖和分散采暖。包括：北京市、天津市、河北省、山西省、内蒙古自治区、辽宁省、吉林省、黑龙江省、山东省、河南省、陕西省、甘肃省、青海省、宁夏回族自治区、新疆维吾尔自治区、西藏自治区。

按热源系统形式的不同规模和能源种类分类，包括大中规模的热电联产、小规模热电联产、区域燃煤锅炉、区域燃气锅炉、小区燃煤锅炉、小区燃气锅炉、热泵集中供热等集中采暖方式，以及户式燃气炉、户式小煤炉、空调分散采暖和直接电加热等分散采暖方式。

2008 年北方城镇采暖能耗占建筑总能耗的 23％。如图 1-7 所示，从 1996～2008 年，该类能耗从 7200 万 tce 增加到 15300 万 tce，翻了一番；而随着节能工作取得的显著成绩，平均的单位面积采暖能耗量从 1996 年的 24.3kgce/（m² · a）降低到 2008 年的 17.4kgce/（m² · a）。

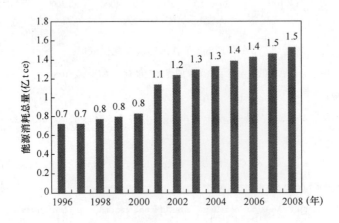

图 1-7　1996～2008 年北方城镇采暖能耗变化

1.2.1　建筑面积

1996～2008 年，北方城镇建筑面积从不到 30 亿 m² 增长到超过 88 亿 m²，增加了 1.9 倍。这一方面是城镇建设飞速发展和城镇人口增长造成的必然结果，另一方面，有采暖的建筑占建筑总面积的比例也有了进一步提高，目前北方城镇有采暖的建筑占当地建筑总面积的比例已接近100%。

图 1-8 为北方城镇建筑各类热源对应面积比例的逐年变化，总体来看包括如下特点：

1）户式分散小煤炉的比例迅速减少，从超过50%降低到不到10%；

2）集中供热系统的比例整体增加，到2008年，已占到北方城镇采暖总面积的近80%；

3）以燃气为能源的采暖方式比例增加，到2008年，各种规模的燃气采暖占北方城镇采暖总面积的5%。

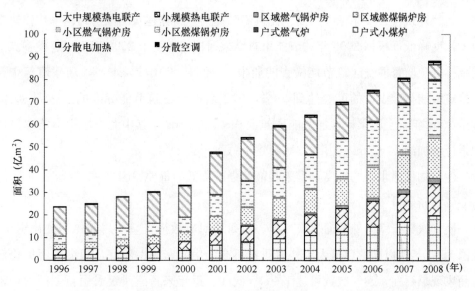

图 1-8　北方城镇建筑各类热源对应面积比例的逐年变化

1.2.2　单位建筑面积需热量

单位面积需热量大小由建筑物（围护结构、建筑体形系数），以及人的行为（换气次数、采暖期和室内温度）决定。

（1）建筑物

目前中国的建筑节能设计标准，主要针对建筑物围护结构保温性能的提升。从1986年第一部建筑节能设计标准颁布起，针对北方采暖地区的建筑节能设计标准经过了1995年、2010年两次更新（分别称作"节能50%"、"节能65%"标准），对新建建筑物的保温水平要求大幅度提高。

建设部在 2000 年曾对北方采暖地区贯彻建筑节能设计标准的情况组织检查，发现达到建筑节能设计标准的节能建筑只占同期建筑总量的 5.7%，标准执行方面存在设计、施工与验收脱离的问题。2005 年 2 月建设部公布的统计数据，2000 年底全国城乡既有房屋建筑中达到采暖建筑节能设计标准要求的仅有 1.8 亿 m²，仅约占全部城乡建筑面积的 0.6%。

为了保障节能设计标准的执行，自 2004 年起，每年冬季开展建筑节能审查，由建设部组织开展，各级建设行政主管部门自查加建设部重点督查，审查新建和在建筑执行设计标准的情况，以及节能工作推进情况。该工作有效促进了北方地区城市新建建筑符合节能标准的面积比例不断提高，新建建筑的围护结构平均传热系数大幅度降低。根据 2009 年的节能审查结果通报（《关于 2009 年全国建设领域节能减排专项监督检查建筑节能检查的通报》，建科［2010］45 号），新建建筑中符合建筑节能标准设计的已经达到 99%，施工后符合建筑节能标准的已达到 90%。截至 2009 年，全国累计增加节能建筑面积 40.8 亿 m²，其中北方城镇节能建筑面积累计增加约 24 亿 m²，占北方城镇建筑总面积的 27%。

建筑物保温水平的提高，是采暖能耗强度降低的重要原因之一。

（2）新风量

换气次数指室内外的通风换气量，以每小时有效换气量与房间体积之比定义。我国 1990 年代以前的建筑由于外窗质量不高，房间密闭性不好，门窗关闭后仍然有漏风现象存在，换气次数可达 1~1.5 次/h。近年来新建建筑采用新型门窗，密闭性得到显著改善，门窗关闭时的换气次数可在 0.5 次/h 以下。

（3）室内温度

采暖期间的室内外平均温差与室外温度和室内温度有关。我国规定的采暖期间室内温度为 18℃。

然而，大多数集中供热的采暖建筑的实际供热量在很多情况下都高于为了维持 18℃ 的室温所需要的热量，而且出现了"部分采暖房间、部分采暖季节室温普遍偏高"的现象。

室温提高直接造成采暖能耗的增加。以北京为例，采暖期室外平均温度为 0℃，这样平均室内外温差为 18℃。如果将室内温度提高 2℃，达到 20℃，室内外温差则提高到 20℃，对应的采暖能耗将提高 11％。

此外，当集中供热的一部分房间室内温度超过 20℃甚至更高时，为了避免过热，居住者只好开窗散热，大量的采暖热量通过外窗散掉。造成过量供热的原因是：①集中供热系统调节性能不良，造成采暖房间冷热不均，为了满足偏冷的房间温度不低于 18℃，只好增大总的供热量，导致其他建筑（房间）过热；②末端没有有效的调节手段，由于某些原因室温偏热时，只能被动地听任室温升高或开窗降温；③部分热源调节不良，不能根据室外温度变化而改变供热量，导致室外温度偏高时过量供热。开窗后的通风量将达到 5～10 次/h，远大于室内人员对新风量的需求，而热量就被白白浪费掉了，造成建筑需热量的增加。

1.2.3　热源系统形式

不同热源方式的能耗状况在本书第 2 章 2.3 节有详细介绍。以北方城镇采暖的平均建筑耗热量 115kWh/(m^2·a)为基准，表 1-1 所示为平均建筑耗热量下各种热源形式的一次能耗。

平均建筑耗热量下各种热源形式的一次能耗[kgce/(m^2·a)]　　表 1-1

大、中规模热电联产	小规模热电联产	区域燃煤锅炉	区域燃气锅炉	水源热泵集中	分户燃气炉	分户燃煤炉	分户电加热
9	14	20	16	13.9	12	35	24

1.2.4　近年发展新动向

2004 年颁布的《节能中长期规划》中，针对建筑物的节能工作提出，"十一五"期间，新建建筑严格实施节能 50％的设计标准，其中北京、天津等少数大城市率先实施节能 65％的标准。供热体制改革全面展开，居住及公共建筑集中采暖按热表计量收费在各大中城市普遍推行，在小城市试点。结合城市改建，开展既有居住和公共建筑节能改造，大城市完成改造面积 25％，中等城市达到 15％，小城市达到 10％。

通过各项措施和努力，供热计量收费改革和既有建筑改造都取得了显著的成就。

（1）供热计量收费改革

作为供热体制改革的核心内容，供热计量收费制度改革一直是北方城镇采暖节能的重中之重。从2003年7月21日，住房和城乡建设部等八部委联合印发了《关于城镇供热体制改革试点工作的指导意见》，作为中国首个关于供热体制改革的文件，明确提出了"稳步推行按用热量计量收费制度，促进供用热双方节能"的要求。2006年起，住房和城乡建设部加快了供热计量收费制度改革的步伐。颁布的一系列文件包括：

2006年6月，《关于推进供热计量的实施意见》，提出从政府机关和公共建筑做起全面实施供热计量工作，建立和完善供热计量收费机制。

2007年5月，《北方采暖区既有居住建筑供热计量及节能改造奖励资金管理暂行办法》，明确了奖励供热计量改造的国家财政专项资金安排。

2008年2月，《关于进一步推进供热计量改革工作的意见》，对供热计量改革工作的不同内容分别作了规定，明确了政府和供热单位的主体责任和奖惩要求。

2008年5月，《关于推进北方采暖地区既有居住建筑供热计量及节能改造工作的实施意见》。

2010年6月，《关于加大工作力度确保完成北方采暖地区既有居住建筑供热计量及节能改造工作任务的通知》，进一步督促改革工作的开展。

此外，我国自2006年开始在年度的建筑节能专项检查中加入供热计量的内容，对各地当年实施供热计量的计划，以及完成"十一五"供热计量的计划、目标和实施措施进行检查和督促。

截至2009年采暖期结束，供热计量收费面积以每年翻一番的速度发展，如图1-9所示，四年期间供热计量装表面积达到3.6亿 m^2，占北方城镇集中采暖总面积的近5%，其中供热计量收费面积为1.5亿 m^2。

（2）建筑保温改造

既有建筑节能改造工作首先是针对北方采暖地区高能耗、低热舒适度的居住建筑，从供热计量、建筑保温和采暖系统的改造做起。相关的政策措施包括：

2007年《国务院关于印发节能减排综合性工作方案的通知》中明确，"十一五"期间，推动北方采暖地区既有居住建筑供热计量及节能改造1.5亿 m^2。

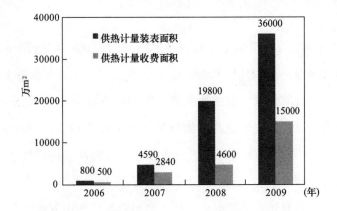

图 1-9 "十一五"期间供热计量装表和收费面积的变化❶

2007 年 12 月，财政部印发了《北方采暖区既有居住建筑供热计量及节能改造奖励资金管理暂行办法》，明确了奖励北方采暖地区既有居住建筑节能改造的国家财政专项资金安排。

2008 年 5 月，住房和城乡建设部、财政部联合下发了《关于推进北方采暖地区既有居住建筑供热计量及节能改造工作的实施意见》，将北方采暖地区既有居住建筑供热计量及节能改造 1.5 亿 m² 的任务分解到各省区市。

2010 年 5 月，《国务院关于进一步加大工作力度确保实现"十一五"节能减排目标的通知》中提出到 2010 年底，"完成北方采暖地区居住建筑供热计量及节能改造 5000 万 m²，确保完成'十一五'期间 1.5 亿 m² 的改造任务"的目标。为了落实该文件，住房和城乡建设部于 2010 年 6 月颁发了《关于加大工作力度确保完成北方采暖地区既有居住建筑供热计量及节能改造工作任务的通知》（建科［2010］84 号），提出了落实节能改造任务的指导措施，并将节能改造任务按省份进行了分配。

另外，从 2004 年开始，住房和城乡建设部开始了全国范围的"建筑节能专项审查"，审查设计、施工、验收、市场交易过程中节能标准的执行情况，其中各地新建建筑执行建筑节能标准的情况和北方城镇采暖建筑的节能改造是

---

❶ 中华人民共和国住房与城乡建设部．2010 中国建筑节能潜力最大的六大领域及其展望——仇保兴副部长在第六届国际绿色建筑与建筑节能大会暨新技术与产品博览会上的演讲．http://www.mohurd.gov.cn/ldjh/jsbfld/201004/t20100408_200306.htm［2010-08-27］。

重点。

根据 2010 年初公布的节能专项检查结果❶，截至 2009 年采暖季前，北方 15 省区市已经完成节能改造面积共计 10949 万 m²，完成"十一五"改造 1.5 亿 m² 任务的三分之二强。财政部根据实地核查结果，下拨奖励资金 12.7 亿元，用于对改造项目的补助。据测算，完成节能改造的项目可形成年节约 75 万 tce 的能力，减排二氧化碳 200 万 t。通过对既有建筑的节能改造，采暖期室内温度提高了 3～6℃，部分项目提高了 10℃ 以上，室内热舒适度明显改善。此外，上海、江苏、湖南、深圳等省市开展了既有建筑节能改造工作，对过渡地区和南方地区开展这项工作进行了探索和实践。

1.3　夏热冬冷地区城镇采暖

夏热冬冷地区指包括山东、河南、陕西部分不属于集中供热的地区和上海、安徽、江苏、浙江、江西、湖南、湖北、四川、重庆，以及福建部分需要采暖的地区，图 1-10 标出这一地区的范围和各地冬季最冷月的月平均温度。

与北方城镇不同的是，夏热冬冷地区的住宅采暖绝大部分为分散采暖，热源方式包括空气源热泵、直接电加热等针对空间的采暖方式，以及炭火盆、电热毯、电手炉等各种形式的局部加热方式；而该地区的公共建筑中还有少量燃煤、燃油和燃气锅炉供热。

需要说明的是，由于公共建筑的采暖方式和能耗在建筑间差别很大，且很少有单独的测试、调研和统计数据，无法获得全面的采暖能耗信息，因此，在本书中将夏热冬冷地区公共建筑的采暖能耗并入公共建筑能耗内统一研究，于 1.6 节进行介绍。本节仅讨论介绍夏热冬冷地区城镇住宅采暖能耗。

而对于住宅部分，由于分散采暖设备的使用种类、使用时间和使用方式很难全面统计，夏热冬冷地区城镇采暖的能耗数据很难获取。本书对能耗数据的研究方法是，以各种调研数据和模拟数据为基础，估算该地区采用各种电力采暖方式的家庭

---

❶ 关于 2009 年全国建设领域节能减排专项监督检查建筑节能检查的通报，建科［2010］45 号，2010 年 4 月 7 日。

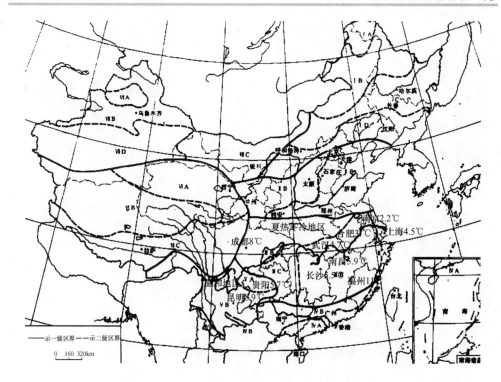

图 1-10　夏热冬冷地区各地主要城市最冷月室外平均温度

比例和使用方式，并以此计算电力消耗（不包括小煤炉等非电能耗，以及炭火盆等非商品能源消耗）。

根据 CBEM，如图 1-11 所示，该地区采暖能耗从 1996 年不到 1 亿 kWh，到 2008 年增长为 460 亿 kWh。下文从建筑面积和单位面积建筑能耗两个方面来分析该地区的变化情况。

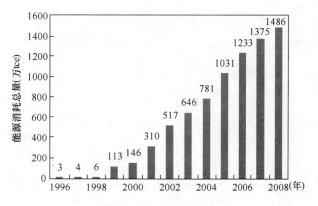

图 1-11　1996～2008 年夏热冬冷
地区城镇采暖能耗变化

1.3.1　建筑面积

1996～2008 年，夏热冬

冷地区的建筑总面积从 23 亿 m² 增加到 82 亿 m²，增加了 2.6 倍，如图 1-12 所示。其中，随着经济的增长，对建筑环境的需求不断提高，冬季使用各种形式采

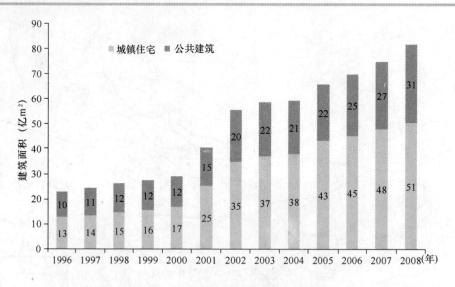

图 1-12 夏热冬冷地区的建筑面积变化

暖方式的建筑比例也随之增加。该地区绝大部分家庭使用各种不同形式的空间或者局部采暖方式，但在采暖行为和室内温度上有很大差别。

1.3.2 单位建筑面积能耗

2008 年夏热冬冷地区城镇采暖的总能耗为 460 亿 kWh，平摊到该地区所有的建筑，约为 5.6kWh/m²。

相关的调查研究表明，不同家庭间生活方式差别很大。与能耗相关的生活方式的主要因素包括采暖设备形式、设备运行形式和室温。

（1）采暖设备形式

2009 年清华大学对该地区的上海、苏州和武汉分别开展了针对生活方式和居住能耗的社会调查统计，三地的采暖方式如表 1-2 所示。

上海、苏州和武汉的采暖方式调查结果　　　　　　　　　表 1-2

	样本量 （户）	纯空调 （%）	纯电热 （%）	空调+电热 （%）	集中采暖 （%）	其　他 （%）
上海	775	30	7	19	2	41
武汉	700	6	16	30	3	45
苏州	386	32	28	31	0	9

注：其他包括其他采暖方式和无任何采暖方式的样本。

（2）设备运行方式

考察这一地区人们的生活习惯，大部分家庭目前是间歇式采暖，也就是家中无人时关闭所有的采暖设施，家中有人时也只是开启有人房间的采暖设施。由于电暖气和空气—空气热泵能很快加热有人活动的局部空间，而且由于这一地区冬季室外温度并不太低，因此这种间歇局部的方式并不需要提前运行几个小时对房间进行预热。

在有人使用并运行了局部采暖设施的房间，室温一般只在14～16℃，而不像北方地区那样维持室温在20℃左右。

（3）室温

图1-13为对我国一些城市典型住宅的室温调查结果（Hiroshi Yoshino，2006）。从图中可看出，尽管室外气温较低，我国北方的冬季室内外温差较大，室内温度在20℃左右；而夏热冬冷地区的室内外温差较小，室内温度在10℃左右。由于室温偏低而室外又不太冷，因此这一地区的居民室内外着衣量相同，目前还没有像北方地区居民冬季进门脱掉外衣，室内室外不同着衣方式的习惯。

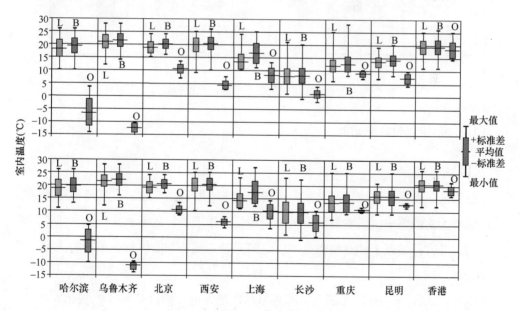

图1-13 中国一些城市的住宅室温调查

注：O表示该地区的室外温度，L表示起居室温度，B表示卧室。

因此，目前的单位建筑面积需热量是建立在局部空间、间歇采暖和较低的室温习惯基础上的。通过模拟计算可以更直观地了解这三个因素对能耗的影响。对同一座普通塔楼居住建筑，在上海和武汉的冬季采暖能耗采用模拟分析软件 DeST 计算，定量研究生活方式对采暖能耗的影响。计算采用空气源热泵的采暖方式，COP 取 1.9。图 1-14 所示为不同室温（14℃、16℃、18℃和 22℃）和采暖方式（间歇还是连续采暖）下的上海、武汉八种生活方式的采暖耗电量。计算表明，采暖温度从 14℃升到 22℃，从间歇改为连续，采暖耗电量相差 8～9 倍。目前该地区城镇住宅大部分室温低于 20℃，采用间歇采暖的生活方式，因此平均的采暖耗电量在 5～10kWh/m² 范围。

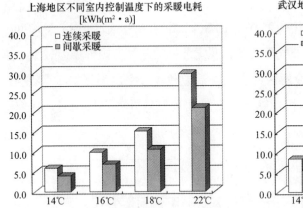
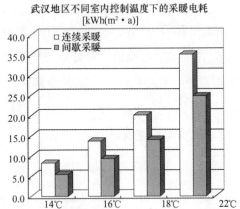

图 1-14　上海、武汉住宅冬季采暖电耗模拟计算结果

1.3.3　近年发展新动向

（1）集中供热方式的发展情况

近年来，夏热冬冷地区冬季室温改善的需求不断增强。过去在夏热冬冷地区以热电联产为主的集中供热主要用户为工厂和公共建筑，而近年来在安徽、江苏、浙江、湖北等省份出现了针对住宅集中供热的采暖方式，并陆续制定相关的法规、规划和管理办法。

例如，2010 年 8 月颁布的《江苏省节约能源条例（修订草案）》[1] 提出，"第二十四条　县级以上地方人民政府应当进行城市热力规划，推广热电联产、集中供热

---

[1]　2010.8.3，全国人大网，http：//www.npc.gov.cn/npc/xinwen/dfrd/jiangsu/2010-08/03/content_1585683.htm，引文日期：2011-2-14.

和集中供冷，提高热电机组利用率，发展热能梯级利用技术，热、电、冷联产技术和热、电、燃气三联供技术，提高热能综合利用率。新建的开发区和有条件的城镇、住宅区，应当集中供热。"再如，武汉市将集中供热制冷纳入"十二五"规划，"据初步规划，武汉集中供热制冷将以热电联产为主要依托，同时大力发展冷、热、电三联供和燃气空调，适度发展地源热泵技术。力争到'十二五'末期，集中供热制冷覆盖区域达 500km²，服务人口 160 万人。"**❶**

（2）集中供热方式的能耗情况

如果该地区采用集中供热方式，将直接改变该地区居民的采暖方式。一是间歇采暖方式改为连续的，一是室温会很自然地升到 20℃。然而，这一地区居民经常开窗通风的生活习惯却很难改变，因此无论建筑围护结构保温如何，室内外由于空气交换造成的热量散失会很大。

当采暖方式变化为集中供热、连续运行、室温设定值为 20℃时，通过模拟计算得到平均采暖需热量为 60kWh/（m²·a）。如果像北方地区一样出现集中供热系统的不均匀损失和过量供热问题，建筑耗热量将相应达到每个冬季80kWh/（m²·a)左右的热量。

考虑热源的一次能耗，如果以平均效率为 70% 的燃煤锅炉作为热源，这样的集中采暖单位面积一次能耗将达到 114kWh/(m²·a)，折合 14.0kgce/(m²·a)，超过目前分散采暖方式平均能耗(5.6kWh/(m²·a)，折合 1.8kgce/(m²·a))的 7 倍。如果以本书第 2 章 2.3.1 节介绍的"热电联产＋调峰锅炉"方式作为热源，采用小规模凝汽为主的热电联产时，提供 80kWh/(m²·a)的建筑耗热量，需要消耗约 10kgce/(m²·a)；哪怕采用大、中规模抽凝电厂热电联产方式，也需要 6.3kgce/(m²·a)的一次能源。

因此，无论采用何种系统形式，夏热冬冷地区采用集中供热后，能耗将不可避免地出现 4～10 倍的增长。

（3）适宜夏热冬冷地区的冬季采暖方式

实际上，目前该地区采用间歇采暖、局部采暖、定时开窗通风的生活习惯，如

---

❶ 2010.8.7，武汉综合新闻网，http：//news.cjn.cn/whyw/201008/t1193392.htm，引文日期：2011-2-14.

果能在有人活动的时间和建筑空间内提供较为完善的局部采暖设施，适当提高室内温度，避免目前一些热风装置吹风感大、噪声严重等问题，也可以提供较为舒适的冬季室内环境。此外，这一地区在夏季都会出现炎热、高湿的气候，空调和除湿又是满足室内基本的舒适要求的必要措施。

考虑到冬季和夏季的室内外温度，冬季室外温度 5℃，室内 16℃；夏季室外温度 35℃，室内温度 25℃，正是空气源热泵最适合的工作状况。如果研制开发出新型的热泵空调系统，可以满足这种局部环境控制、间歇采暖和空调的需求，同时在冬季能以辐射的形式或辐射对流混合形式实现快速的局部采暖，夏季同时解决降温和除湿需求，这将更适宜这一地区室内环境控制的要求。

对局部间歇方式采暖，如果平均采暖的时间与空间为连续全空间采暖的 50%，采暖温度为 16℃，则采暖平均需热量可以控制在 35kWh/(m² · a)。此工况下热泵的 COP 为 3.5 的话，平均冬季采暖电耗可以在 10kWh/(m² · a)以内，折合一次能源不到 4kgce/(m² · a)，仅为采用高效的集中供热方式煤耗的 63%。

1.4 城镇住宅除采暖外用能

除采暖之外的城镇住宅的其他能耗，主要包括炊事、生活热水、空调、照明、其他家电等。所消耗的能源主要种类为电力、燃煤、天然气、液化石油气和人工煤气。城镇住宅除采暖外的总能耗，按终端用能途径和不同能源种类分别计算累加。

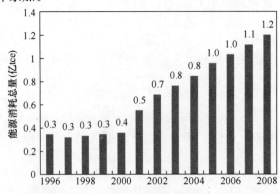

图 1-15　1996～2008 年城镇住宅除采暖外能耗变化

2008 年城镇住宅除采暖外的能耗占建筑总能耗的 18%。如图 1-15 所示，该类能耗从 1996 年 3420 万 tce，到 2008 年 12030 万 tce，增加了 2.5 倍。其中电耗从 1996 年的 310 亿 kWh 增长到 2008 年的 2670 亿 kWh，增加了 6 倍。

城镇住宅的用能，与建筑总面积以及居民的生活方式有关，前者决定了住宅总体规模的大小，后者决定了单位家庭或单位面积的用能强度。

1.4.1　建筑面积

随着城镇化进程的推进和城镇居民的住房条件的改善，城镇住宅建筑面积迅速增加，如图 1-16 所示，从 1996～2008 年，城镇人口从 3.73 亿人增加到 6.07 亿人，人均住房面积从 9.0m² 增加到 20.3m²，两方面的增长使得城镇住宅建筑面积增加了 2.6 倍。

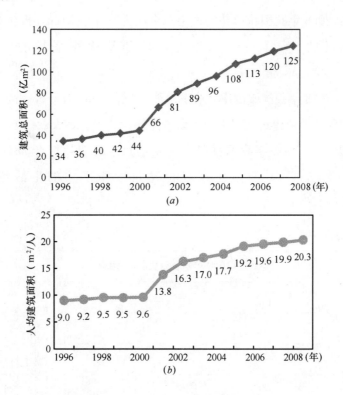

图 1-16　1996～2008 年中国城镇住宅建筑面积历史发展

(a) 城镇住宅总面积；(b) 人均城镇住宅面积

1.4.2　各类终端用能途径的能耗

各类终端用能途径的能耗变化如图 1-17、图 1-18 所示。由于城镇燃气普及率的提高，从 1995 年的 34.3% 提高到 2008 年的 89.6%（中国统计年鉴 2009），城市燃煤炊事灶大量减少,同时家庭平均建筑面积大幅度增加,造成炊事单位面积能耗的降低。

1)空调:2008年我国城镇住宅空调总电耗为410亿kWh,折合1340万tce,占住宅总能耗的11.2%,全国住宅单位建筑面积平均的空调能耗为3.3kWh/(m² · a)。

2)照明:2008年我国城镇住宅照明总电耗为670亿kWh,折合2200万tce,占住宅总能耗的18.3%,全国住宅单位建筑面积平均的照明能耗为5.3kWh/(m² · a)。

3)家电:2008年我国城镇住宅家电总电耗为640亿kWh,折合2100万tce,占住宅总能耗的17.4%,全国住宅单位建筑面积平均的家电能耗为5.1kWh/(m² · a)。

4)炊事:2008年我国城镇住宅炊事总能耗折合3580万tce,占住宅总能耗的29.8%,全国住宅单位建筑面积平均的炊事能耗为2.8kgce/(m² · a)。

5)生活热水:2008年我国城镇住宅生活热水总能耗折合2810万tce,占住宅总能耗的23.4%,全国住宅单位建筑面积平均的生活热水能耗为2.2kgce/(m² · a)。

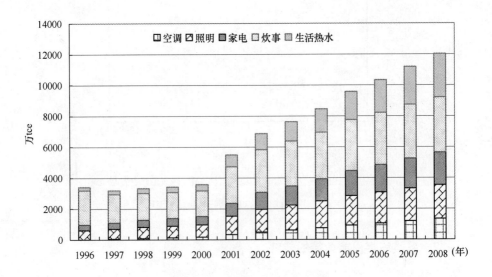

图1-17 城镇住宅总能耗的逐年变化

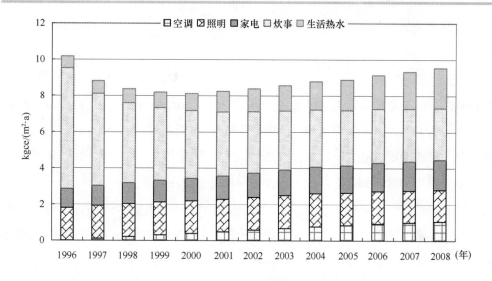

图 1-18　住宅各类终端用途的单位面积能耗

1.4.3　生活方式

中国城镇居民的人均建筑能耗与单位面积能耗水平大大低于美国、日本的相应平均水平。而实际上，中国城镇居民之间也存在能耗强度的极大差异。清华大学在2009 年对中国五座城市的近 1 万个居民的居住能耗进行了调研，并将样本按人均能耗从高到低排序，每 10% 的样本为 1 组，将所有样本分为 10 组，研究各组的平均人均能耗情况，结果如图 1-19 所示。

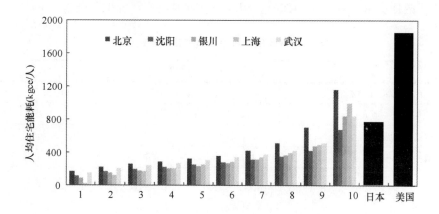

图 1-19　2008 年中国五城市人均住宅能耗调研结果及其与美、日比较

（1）各城市的第"1"～"10"组人群之间，存在着巨大的人均居住能耗差异。

（2）能耗最高的第"10"组的人均能耗超过了日本平均水平，是最低的第"1"组的 10 倍以上。

进一步的研究表明，这种能耗的差别与不同人群的生活模式息息相关❶。高、低能耗人群的生活模式有着显著的区别。其中最主要的差别，不是用能设备拥有量的先进与否及数目多寡，而是高、低能耗人群对具体设备的使用偏好的差别。比如高能耗人群洗澡更加频繁，习惯"全空间全时间"模式的空调手段，惯于使用咖啡壶、烘干机等相对不太普遍但功率较大的家用电器设备。

随着经济发展、人民生活水平不断提高，可以预见住宅能耗很可能会有进一步的增长。但需要注意的是，无论是目前的美国、日本模式，还是中国城镇中的高能耗人群的生活模式，如果将来成为中国城镇居民生活模式的主流，将造成能耗的大幅度增长，对能源供应带来沉重压力。

1.4.4 近年发展新动向

我国正处在快速城市化的过程之中，每年城镇人口增加约 1500 万人左右，按人均 $20m^2$ 面积计算，每年需新增 3 亿 m^2 左右的住宅建筑来解决新增人口的居住问题。然而实际上每年新增的住宅面积达到了 5 亿～10 亿 $m^2$❷，如表 1-3 所示。新增的住宅面积除了不断改善城镇居民的住房条件外，还可能存在一部分空置的情况。空置住宅面积有两类概念，一类是指新建但尚未销售的住宅面积，另一类是指已经售出的住房未投入使用的部分。相应的也有两类"空置率"概念。

1996～2008 年我国城镇人口和住宅建筑情况 表 1-3

	2000	2001	2002	2003	2004	2005	2006	2007	2008
城镇总人口（万人）	45906	48064	50212	52376	54283	56212	57706	59379	60667
新增人口（万人）	2158	2158	2148	2164	1907	1929	1494	1673	1288
年末城镇住宅面积（亿 m^2）	44.1	66.5	81.8	89.1	96.2	107.7	112.9	120.0	125.0
新增住宅面积（亿 m^2）	2.4	22.4	15.3	7.3	7.1	11.5	5.2	7.1	6.0

注：统计数据中没有 2007 和 2008 年的面积数据，这两年的住宅面积数据为估算结果。

---

❶ 张声远，中国七城市个人消费领域能耗及个人行为模式调查研究，清华大学硕士学位论文，2010 年 7 月.

❷ 中国统计年鉴 2000～2008.

我国住房和城乡建设部公布房地产增量市场的空置率，是指某一时刻新建还未售出住房的面积占近 3 年内新建房屋总面积的比率。我国 1994～2005 年商品房空置面积（即当年商品房可供应面积）及其空置率，如表 1-4 所示。可以看出，我国商品房空置率总体上是合理的。并且近几年空置率有所下降，但由于新建商品房面积的提高，空置面积仍然在快速上升过程中。

1994～2005 年商品房空置率❶ 表 1-4

年　份	当前商品房竣工面积（万 m²）	前 3 年商品房可供应面积（万 m²）	当年商品房可供应面积（万 m²）	空置率（%）
1994	13950	33658	3289	9.77
1995	15110	41624	5031	12.09
1996	15357	44417	6203	13.97
1997	15819	46286	7654	16.54
1998	17566	48742	8783	18.02
1999	21410	54795	10740	19.60
2000	25104	64080	10701	16.70
2001	29867	76381	11763	15.40
2002	34975	89946	12592	14.00
2003	26851	91693	12837	14.00
2004	42465	104291	12300	11.79
2005	48793	118109	14300	12.11

住房和城乡建设部统计数据中"空置率"的调查对象，是指当年竣工而没有卖出去的房子，主要考虑的是金融风险，银行信贷资金是否能安全回收。

而对于另外一个"空置率"，即已经售出的住房中空置的部分，主要关注的是房屋存量的使用率，我国现在还没有官方的统计数据。2010 年 5 月和 8 月央视财经频道接连进行了两期"空置房"的调查报道，调查结果显示，北京、天津等地的一些热点楼盘的空置率达 40%❷。其他一些媒体也进行了类似调查，得到了相近的结果。这类调查主要采用数亮灯、抄电表和水表等方式，其结果真实性可能受多种

---

❶ 中国房地产统计年鉴，2005，中国房地产协会，国家统计局固定资产投资司.

❷ 中国一线城市房屋空置率达 40%，网易新闻 2010-08-20，http://news.163.com/10/0820/11/6EHC9SF800014AED.html，引文日期：2010-2-15.

因素影响，例如楼盘选择上的片面性、调查时长不足、被调查居民出差等问题。但这些调查至少反映我国已销售住房中的确有较多售出但未投入使用的情况。

大量空置率住房的存在，导致尽管住宅建筑总量增长很快，但能耗总量增长不大，单位建筑面积能耗甚至有所下降。但当某个时期空置率大幅度减少时，势必会造成总能耗和单位面积能耗的阶跃式增长。

新建住房未售出和售出但未入住这两种情况都导致了我国城市目前大量的空置住宅面积和较高的空置率。而且不同类型住宅空置率也有较大差别，例如高档住宅空置率较高，而普通住宅空置率较低。房屋的空置，既浪费了建材生产、房屋建造、装饰装修的能耗，又增加了无谓的房屋维护能耗（包括基本的水电和冬季采暖）。目前我国城镇住宅出现了大量空置住房面积，是城市发展和节能工作必须正视的问题。

1.5　农村住宅用能

农村住宅的能源消耗为采暖、炊事能耗和照明及家电的用电，能源种类除了煤炭、液化石油气、电力等主要商品能源，还包括大量的生物质能满足采暖和炊事的需求。

2008年农村住宅的能耗占建筑总能耗的34%，如图1-20所示，从1996～2008年，商品能耗从1.11亿tce增加到2.26亿tce，其中电耗从1996年的590亿kWh增长到2008年的1250亿kWh，增加了1.1倍。农村对秸秆、薪柴等初级生物质能的消耗从1998年的2.31亿tce增长到2007年的2.79亿tce。

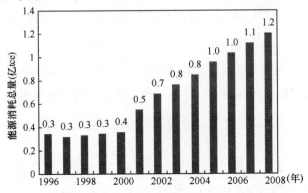

图1-20　1996～2008年农村居民家庭的能耗总量逐年变化

1.5.1　建筑面积

1996～2008 年，农村总人口从 8.5 亿减少到 7.2 亿，人均住房面积从 21.7m² 增加到 32.4m²（国家统计局，1996～2009），综合来看农村总建筑面积则略有提高，从 185 亿 m² 增加到 236 亿 m²（图 1-21）。

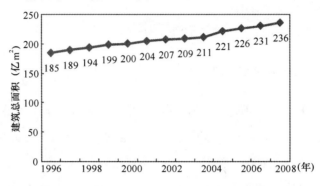

图 1-21　1996～2008 年农村住宅建筑总面积变化

1.5.2　生物质能

目前我国农村仍大量使用秸秆、薪柴等初级生物质能，通过直接燃烧作为炊事和采暖的能源。

1）根据清华大学 2006～2007 年暑期组织实施的大规模中国农村能源环境综合调研活动所得到的数据❶，调查年份整个北方地区的生物质能比例为 28.8%，而南方地区为 52.2%。调查年份全国的生物质能总量为 2.2 亿 t（秸秆和薪柴的实物量），生物质能的比例为 40%。

2）根据《中国农村能源统计年鉴》，我国农村的生物质能消耗数量如表 1-5 所示。

1998～2007 年生物质能的使用量(万 tce)和占农村总能耗的比例　　　　表 1-5

年　份	1998	1999	2000	2001	2002	2003	2004	2005	2006	2007
商品能源	12750	13671	14416	15360	16289	17154	18041	19241	20375	21504
秸秆	6375	6835	7208	7680	8145	8577	9020	9621	10188	10752

❶　清华大学建筑节能研究中心. 中国建筑节能年度发展研究报告 2009. 中国建筑工业出版社，2009.

续表

年　份	1998	1999	2000	2001	2002	2003	2004	2005	2006	2007
薪柴	3825	4101	4325	4608	4887	5146	5412	5772	6113	6451
生物质能合计	23140	22758	22867	25498	28470	28873	29648	29434	30322	27929
生物质能比例	64%	62%	61%	62%	64%	63%	62%	60%	60%	56%

数据来源：商品能源，CBEM 计算结果；

　　　　　生物质能源，中国农村能源统计年鉴 1999～2008。

1.5.3　城乡住宅能耗的比较

由于经济水平、居住环境、行为习惯等多方面原因，我国城镇和农村的生活模式有较大差异。一方面，我国城乡住宅使用的能源种类不同：城镇以煤、电、燃气等商品能源为主；而在农村，除部分煤、电等商品能源外，秸秆、薪柴等生物质能仍为很多地区农村用户的主要能源。另一方面，目前我国城乡生活差异较大，城乡居民平均每年消费性支出差异大于 3 倍，城乡居民各类电器保有量和使用方式也存在较大差异。

这些城乡生活模式上的差异在具体的建筑用能上体现为：

1) 整体上，2007 年，加上北方采暖能耗的部分❶，城镇住宅的建筑总能耗为 2.05 亿 tce；农村住宅的建筑总能耗为 2.15 亿 tce 商品能源，以及折合 2.8 亿 tce 的生物质能。若看商品能源的能耗强度，城镇住宅为 $17kgce/m^2$，而农村住宅为 $9.3kgce/m^2$。

2) 从用电看，城镇的空调、照明和各类家用电器的使用数量和使用时间均大大超过农村，造成较大的用电差别，城镇住宅家庭用电量为 $10\sim30kWh/(m^2 \cdot a)$，2008 年平均为 $21kWh/m^2$；而农村住宅仅为 $5\sim20kWh/(m^2 \cdot a)$，2008 年平均为 $5.5kWh/m^2$。

1.5.4　近年发展新动向

长期以来，我国农村居民采用分散居住、自给自足经营土地的生产生活方式。

---

❶　北方城镇采暖包括住宅和公共建筑的能耗，为简化处理，这里将北方城镇采暖能耗，按住宅和公共建筑的面积比例分别平摊到住宅和公共建筑上。

近年来，随着城市化进程的推进，在大量劳动力进城和保护耕地压力日益沉重的背景下，全国各地出现了撤并村庄、集中居住的浪潮，即把住在自然村的农民集中到住宅小区居住，把许多村庄合并成一个村庄或合并到镇，传统农居也被城市常见的多层楼宇所取代。例如，江阴市新桥镇"农村三集中"被发掘成为集约用地的典型，即把全镇 19.3km² 分为三大功能区——7km² 的工业园区，7km² 的生态农业区，5.3km² 的居住商贸区；工业全部集中到园区，农民集中到镇区居住，农田由当地企业搞规模经营，其中，"农民集中居住"是最重要的组成部分。江苏省 2006 年完成的"全省镇村布局规划编制"中提出，将近 25 万自然村将规划为近 5 万个农村居民点。

农民集中居住的目的主要有三个方面：一是节约耕地，二是集中居住从而减少基础设施投资，三是推进"城镇化"。

然而，农民集中居住必然导致农民生活方式的根本性改变。

一是打破了长久以来形成的"庭院经济"和家庭养畜的生产方式。农民户均占地 300m²，包括利用宅基地种植蔬菜、瓜果，集中居住后，有些地方因农业生产所需的农机具和粮食、种子没有地方搁置，农民只得在楼房下面搭建大量的棚子，实际占地面积并没有减少❶。此外，我国农民散户养猪，可将剩饭菜等家庭垃圾直接分解，并将猪粪施回农田或填进沼气池，形成简单的循环生态链。而集中居住后，对猪进行集中饲养，生活垃圾无法处理，只能扔掉；而粪便集中处理，造成农户对肥料无法直接使用。

二是加大能源建设投资。农户集中居住，农村能源仿照城市建设，由于农村居住密度远远小于城市，以城市供电模式保障农村供电，大量电力消耗在输送上。

三是导致农民能源消费和生活支出的变化。农民进入楼房后，无法延续烧秸秆、薪柴的习惯，而被迫改为依赖电力和燃气，这样必然带来炊事能耗的大幅度增加。而北方需要采暖的地区，出现了农民无法用传统的火炕取暖，又交不起取暖费，只能挨冻的情况。"农民集中居住"导致农民生活方式向城镇化转变，集中居住后的农村住宅用能水平向城镇住宅用能水平靠拢。对浙江余姚市姚江花园的失地

---

❶　仇保兴：生态文明时代的村镇规划与建设（2009-04-29），中国人居环境奖办公室，http://www.chinahabitat.gov.cn/show.aspx? id=5374，引文日期：2010-2-15。

农民安置家庭调研中发现，农民的生活支出平均每户从11617元增加到15706元，平均每户增加4000元左右，增幅达35%以上，其中很大比例是由于增加了能源消费导致❶。

除此之外，还有一些其他问题，伴随着农民集中居住而产生，如传统农居、历史文化遗产和文化传统被破坏，对农民意愿缺乏尊重而造成农民的不信任情绪加剧，等等。

目前很多学者和官员对农村集中居住的得失利弊开展了讨论。例如，仇保兴提出了符合生态文明观的村镇建设八条原则❷，王巨祥等提出立足现有基础，充分适应农村特点，充分尊重农民意愿，积极稳妥地推进农民适度集中居住❸。

总之，农民集中居住是近年来出现的新动向，而在城市化进程中，如何科学地规划村镇建设，结合当地的文化传统与生活习惯，避免农村建设盲目效仿城市，是需要慎重讨论的问题。

生活方式与居住模式有密切关系，居住模式会带来生活方式、文化等方面的巨大变化，从而也相应地带来能源消耗的变化；而居住方式又由居住者从事的生产活动形式决定。对于我国中小规模以农业为主的农民，纵观其文化生产活动、生活方式和能源消耗模式等，可能并非简单的一句"城镇化"集中居住就可以解决的。综合众多因素，就可以找到科学的发展方案。

1.6 公共建筑除集中采暖外用能

公共建筑除集中采暖外能耗由电力和非电商品能耗组成，其中，电力消耗逐年增长较快，而非电商品能耗主要用于炊事、生活热水，以及小部分建筑的自采暖和空调。

2008年公共建筑除集中采暖外的能耗占建筑总能耗的22%（图1-22）。该类能

❶ 韩俊，秦中春，张云华. 引导农民集中居住存在的问题与政策思考 [J]. 调查研究报告，2006 (254).

❷ 仇保兴：生态文明时代的村镇规划与建设（2009-04-29），中国人居环境奖办公室，http://www.chinahabitat.gov.cn/show.aspx? id=5374，引文日期：2010-2-15.

❸ 王巨祥，叶艳，余涛等. 积极稳妥地推进农民适度集中居住. 新农村建设，2007年第3期.

耗从 1996 年的 4140 万 tce 到 2008 年的 14100 万 tce，增加了近 2.5 倍。其中电耗从 1996 年的 780 亿 kWh 增长到 2008 年的 3793 亿 kWh，增加了近 4 倍。

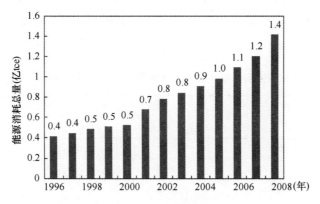

图 1-22　1996～2008 年公共建筑除集中采暖外总能耗变化

1.6.1　建筑面积

1996～2008 年间，公共建筑总面积从 28 亿 m² 增长到 71 亿 m²，增加了 1.5 倍；城镇人均的公共建筑面积则从 7.4m²/人增长到 11.7m²/人，增加量超过 50%（图 1-23）。

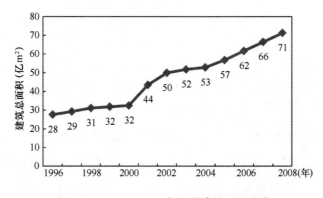

图 1-23　1996～2008 年公共建筑面积变化

1.6.2　单位建筑面积能耗

自 2007 年起，住房和城乡建设部统一部署了全国 24 个省市❶的建设行政主管

---

　❶　2007 年包括各直辖市、计划单列市；河北、辽宁、江苏、浙江、福建、山东、河南、广东、广西、海南、四川、贵州、陕西 15 个省（自治区）本级及其省会城市。

部门对各地区国家机关办公建筑和大型公共建筑进行能耗统计、能源审计和能效公示工作，截至 2009 年底，第一批示范省市已经完成了统计、审计和公示任务，成效显著。以国家机关办公建筑为例，调研涉及样本量、总面积及单位面积电耗强度（除采暖外），见表 1-6。

部分省市国家机关办公建筑电耗强度（除集中采暖外）公示值　　　表 1-6

	样本量 （栋）	建筑总面积 （m²）	单位面积最低能耗 [kWh/（m²·a）]	单位面积最高能耗 [kWh/（m²·a）]	单位面积平均能耗 [kWh/（m²·a）]
北京	102	2149921	21.3	170.2	73.6
上海	284	1976531	30.6	94.8	87.4
重庆	159	990521	1.2	399.5	68.5
大连	9	206218	44.0	75.0	62.0
青岛	83	755180	15.3	143.5	53.3
深圳	13	350953	27.6	156.9	85.3
河北	51	556667	18.8	155.1	64.15
辽宁	120	715072	3.2	203.3	38.8
江苏	176	1165740	28.0	302.0	109.0
山东	355	3537151	7.7	211.0	52.0
广东	81	741072	19.1	222.6	60.7
广西	474	3375600	—	—	75.8
海南	25	339918	18.0	128.0	66.8
四川	16	164633	6.2	72.1	45.8
陕西	20	204364	16.7	80.2	42.6

数据来源：2007 年各省市建设部门能耗公示网站。

而通过深入的统计分析发现❶，我国公共建筑能耗现状的一个显著特点是：呈现明显的"二元结构"分布特征（图 1-24）。其中，横坐标为能耗密度（EUI，Energy Use Intensity），即全年单位建筑面积电耗（不包括采暖能耗），纵坐标为频数（Frequency），即出现在相应能耗密度范围内的建筑个数。对于国内各省市与地区的办公建筑，其中大量普通公共建筑集中分布于除采暖外电耗强度在 50～70 kWh/(m²·a)这个较低的能耗水平，少部分大型公共建筑建筑则集中分布在 120～150kWh/(m²·a)的较高能耗水平，后者的能耗强度是前者的 1.8～2.6 倍。

---

❶　肖贺，魏庆芃．公共建筑能耗二元结构变迁，建设科技，2010(8)：31-34.

结合能耗数据，具体观察相应建筑的外形与空调形式发现，这两类建筑群分别代表两种类型的公共建筑。

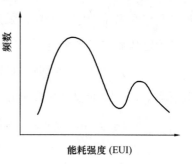

图 1-24　我国公共建筑能耗呈现明显的二元结构分布特征

1) 一类是外窗可开启、可实现自然通风，没有全面安装中央空调系统，而是通过分体空调或者电风扇等局部降温措施，这类建筑一般单体规模不是太大，单位建筑面积能耗低，被称为普通公共建筑或一般公共建筑；

2) 一类是单体建筑规模较大（超过 2 万 m²），有大量的与外界不直接相连的内区，外窗基本不可开启、不能实现自然通风，这类建筑通常都依靠全面的中央空调系统和人工照明系统维持室内环境，高能耗，被称为大型公共建筑。

通过对设备系统形式、建筑运行管理方式、建筑物使用者的调节参与，以及室内环境控制要求几个方面的比较，可归纳这两类建筑能耗差别的原因：

1) 建筑的夏季空调使用模式：在外界气候环境适宜时，是通过开窗通风改善室内环境还是完全依靠机械系统换气；是集中空调系统还是相对灵活控制的分散空调系统？

2) 对室内设备、采光、通风、温湿度环境的控制：是根据居住者的状况，只在"部分空间、部分时间"且仅在有人时实施；还是"全空间、全时间"地实施全面控制？

3) 建筑物体量：随着建筑物的体量越来越大，密闭性越来越高，自然通风很难在过渡季节满足建筑内的室温要求。而利用机械通风方式貌似可以替代自然通风的功能，但其结果，就是高能耗，同时还伴随噪声、吹风感等一系列问题。

1.6.3　分项电耗特征

在对公共建筑实际运行条件下的能耗数据，开展和建立能耗调查与数据统计制度的同时，部分研究机构也在"十一五"期间对各类型公共建筑的分项电耗进行了调研与测算，提供了大量第一手资料与成果。

大型公共建筑除采暖外能耗主要包括五个方面：照明电耗、办公电器及设备电耗、电热开水器和电梯等综合服务设备系统电耗、空调系统电耗以及厨房和信息中心等特定功能设备系统电耗。

"十一五"期间，深圳建筑科学研究院针对各类型公共建筑的分项能耗进行了调研测试，不同类型公共建筑分项电耗及比例见图1-25～图1-27。

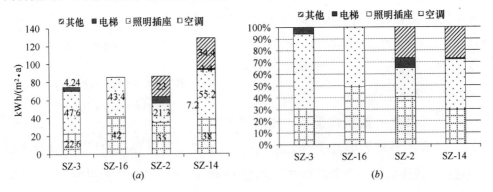

图 1-25　深圳市 4 栋政府办公楼分项电耗及比例

(*a*) 分项能耗值；(*b*) 分项能耗百分比

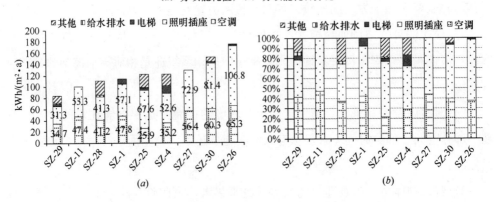

图 1-26　深圳市 9 栋综合性商务办公楼分项能耗值及比例

(*a*) 分项能耗值；(*b*) 分项能耗百分比

综合上述调研测试结果可见，空调系统和照明设备占据了公共建筑能耗的80%左右。对于各类型公共建筑，均应根据实际运行能耗数据，对比同类型建筑的分项能耗基准值，考察建筑物内各类用能系统的分项电耗，分别找出节能潜力。

对于照明设备，能耗差异主要来源于两方面。第一，照明使用时间差别巨大。建筑进深过大或采用茶色玻璃外窗导致不能充分利用自然采光、下班或外出时不随手关灯等因素，都会导致照明时间增长，从而造成不必要的浪费。第二，单位面积

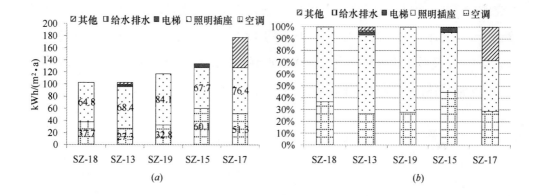

图 1-27　深圳市 4 栋商场分项能耗值及比例

(a) 分项能耗值；(b) 分项能耗百分比

平均照明功率存在差异。不同的人员密度与灯具类型使得单位面积照明功率因建筑而异。

对于办公设备，能耗差异主要是由于使用时间的不同。部分建筑办公电器存在非工作时间的待机现象，造成了能耗的浪费。

对于电梯、电热开水器等服务设备，其能耗差别主要与启停频繁程度以及人员负荷率相关。而对于电热开水器，部分能耗高的建筑存在夜晚及周末长期不关闭的现象。

对于能耗份额最大的空调系统，其能耗差异与设备系统形式、设备效率与控制管理模式均密切相关。以风机电耗为例，商场由于空间开阔，若在大空间中采用定风量全空气系统，则会导致巨大的风机电耗。若在相对独立分隔的商户区使用风机盘管系统、在公共区使用全空气系统，则可以有效降低风机电耗。同时，尽量避免夜间或周末风机不关的情况，减少由于粗放式管理造成的能耗浪费。

1.6.4　近年发展新动向

如 1.6.2 节所述，两类公共建筑的二元分布反映的是建筑用能方式的根本差别，而每一个尖峰内部体现的是服务、技术和管理等因素的差别。在其他领域，随着社会趋同发展，"二元分布"一般会向"一元分布"转化。那么，在公共建筑用能领域，是否也会遵循这样的规律呢？

回溯美国的公共建筑发展过程，图 1-28 给出了美国从 20 世纪 50 年代开始公共建筑的平均能耗强度变化情况。六十年来，美国公共建筑单位面积的平均能耗强度经历了快速增加的阶段，虽然在 20 世纪 70 年代能源危机时，能耗强度略有下降，从 80 年代后期开始继续快速增加，直到本世纪初，能耗强度已达到 20 世纪 50 年代的近两倍，并开始基本稳定。

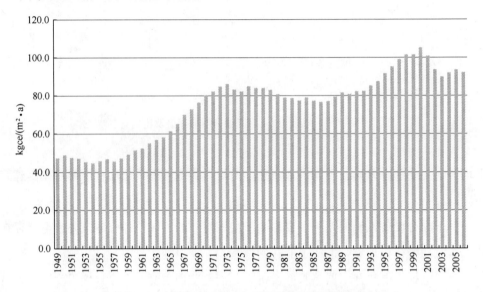

图 1-28　美国单位面积公共建筑能耗发展变化❶

该如何解释美国公共建筑平均能耗强度的大幅度增长呢？

这六十年中，如果说 20 世纪 80 年代之前的能耗增长是由于经济发展、用能设备和用能时间的增加而造成的，80 年代之后，美国的经济已经很发达，新的用能设备增加恐怕很难造成如此大幅度的能耗增长。而除了用能设备和用能时间的增加，建筑整体的能耗强度增长的另一个驱动力是"高能耗"与"低能耗"的建筑的分布变化，即"二元分布"的尖峰形状变化。在建筑总量增加的过程中，随着新建和改造的"高能耗"建筑增多，高能耗群体的比例逐渐加大，而"低能耗"群体的比例逐渐减少，会导致"二元分布"中的高能耗峰值迅速增大，使得"低能耗"群体为主体结构逐渐转为"高能耗"群体为主体结构，导致公建能耗的快速增长。

---

❶　清华大学建筑节能研究中心. 中国建筑节能年度发展研究报告 2010. 中国建筑工业出版社，2010.

　　图 1-29～图 1-33 为美国几个气候区当前建筑能耗强度的分布❶。从这几个图可以看出，与中国不同的是，美国的办公建筑已经呈现"一元分布"，且目前的单位面积能耗远高于中国的公共建筑平均水平，与我国的大型公共建筑相当。这从侧面说明了，美国六十年间，除了用能设备和用能时间造成能耗增长外，由"二元分布"转向"一元分布"，高能耗建筑的比例逐渐增大，成为主流的建筑形式，是美国整体能耗增长的重要原因。

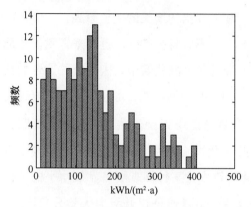

图 1-29　美国气候区 1 办公
建筑能耗强度分布

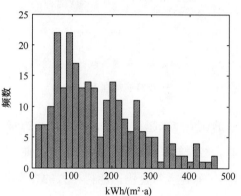

图 1-30　美国气候区 2 办公
建筑能耗强度分布

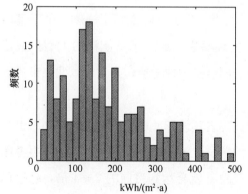

图 1-31　美国气候区 3 办公
建筑能耗强度分布

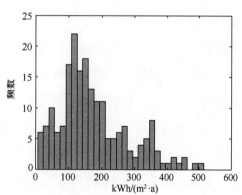

图 1-32　美国气候区 4 办公
建筑能耗强度分布

❶　清华大学建筑节能研究中心. 中国建筑节能年度发展研究报告 2010. 中国建筑工业出版社，2010.

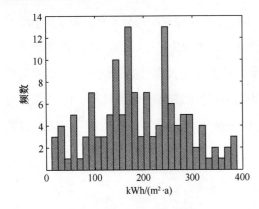

图 1-33   美国气候区 5 办公
建筑能耗强度分布

我国现在的公共建筑平均能耗强度水平与美国 1950 年代的水平相近，也呈现"二元分布"的状态。从 1996～2008 年的能耗数据看，大型公共建筑比例增加使 1996～2008 年我国公共建筑的总能耗增长了 2.5 倍，快于建筑面积 1.5 倍的增长的主要原因。

不容忽视的是，近年来，我国各地新建的公共建筑中，大型公共建筑的比例不断增加，"二元分布"中高能耗建筑的比例越来越大。这表现在，一方面，新建公建中大型公共建筑比例的不断提高，档次越来越高（如各地政府大楼，高档文化设施，高档交通设施和高档写字楼等）。兴建千奇百怪、能耗巨大的大型公共建筑成为某种体现经济发展水平的"标签"。另一方面，既有公共建筑相继大修改造，由普通公建升级为大型公共建筑，导致能耗大幅度升高。大型公共建筑往往与"三十年不落后"、"与国际接轨"等发展理念相挂钩。以北京为例，北京市四星级及以上酒店数量在 2004～2008 年逐年增加，分别为 89❶、115、128、155 和 174 家❷，五年时间就翻了一番。由于室内环境和建筑服务的要求较高，从能耗看，星级酒店一般属于高能耗的大型公共建筑，四星、五星级酒店的数量增加大大快于酒店整体的增速，必然导致北京市酒店建筑的分布向"高能耗"尖峰的转移。

摆在我国面前的问题就是，中国在公共建筑建设和使用模式上在未来是否也会沿相同的轨迹发展？如果这样，那么我国的单位建筑能耗至少会增加 2 倍，再考虑城市发展促成的建筑总量的增加，建筑能耗总量就会达到目前的 3～4 倍，超过目前全国能源消费总量。从我国内部和外部可能获取的能源条件来看，我国很难支撑这样大的能源消耗。从环境容量和减少碳排放的要求来看，也不允许我国公共建筑

---

❶   北京酒店市场分析报告，百度文库，http://wenku.baidu.com/view/ccf498ef5ef7ba0d4a733b62.html，引文日期：2011-2-15.

❷   北京星级酒店市场分析，百度文库，http://wenku.baidu.com/view/359f149851e79b89680226ef.html，引文日期：2011-2-15.

向这样的方向发展。

因此，我们需要维持公共建筑能耗目前这样的"二元分布"结构，这就需要通过深入研究和技术创新，在目前的基础上，发展新的建筑形式和室内环境营造形式，在维持目前低能耗的用能指标下，使建筑提供更加人性化的服务，更好地满足健康舒适要求。

1.7 小   结

本章分析了从 1996～2008 年我国民用建筑能耗的现状和特点。

1995 年我国城市化达到 30%，开始进入快速城市化进程。随着经济的持续发展和人民生活的改善，伴随着全社会能源消费逐年增长，建筑能源消耗量从 2.58 亿 tce 增长到 6.55 亿 tce（不含生物质能），翻了一番；建筑能耗占社会总能耗的比例也有所提高，从 1996 年的 19% 增加到 2008 年的 23%。

根据我国的能耗特点，我国的建筑能耗可分为北方城镇采暖能耗、夏热冬冷地区城镇采暖能耗、城镇住宅除采暖外能耗、公共建筑除采暖外能耗、农村住宅能耗这五类。

按总量来看，农村住宅能耗的比例最大，2008 年占建筑总能耗的 34%（不含生物质能）；北方城镇采暖是城镇能耗最大的部分，占城镇能耗的 35%。

按强度来看，公共建筑除采暖外的单位面积能耗逐年攀升，2008 年已达到 18.1kgce/m^2，超过了北方城镇采暖（17.4kgce/m^2），成为强度最高的建筑能耗分类；城乡住宅的能耗强度都大大低于发达国家，农村住宅的商品能耗仅为城镇住宅的 1/2 左右。

本章也分析了近年来各类建筑值得关注的发展动向。包括：北方城镇采暖节能工作，供热计量收费改革和既有建筑改造都取得了显著的成就；夏热冬冷地区开始发展集中供热系统；城镇住宅的空置面积逐年增加；农村集中居住、撤并村庄现象开始推广；大型公共建筑占公建的比例越来越大。这些新的趋势在未来如何发展，会带来我国的城乡生活方式、技术水平的悄然变化，并对建筑能耗产生显著影响，是我们在研究和节能工作中必须重视和慎重对待的问题。

第2篇　北方城镇供热专题

第 2 章　北方城镇建筑采暖用能状况分析

图 2-1 为影响建筑采暖及其能源消耗的各个环节。从图中可以看到，采暖能耗不仅与建筑保温状况或建筑采暖实际消耗的热量有关，还与采暖的系统方式有关。采暖系统的构成方式不同，系统中各个环节的技术措施与运行管理方式不同，都会对实际采暖能耗有很大影响。不同的采暖方式对应的环节不同，其采暖能耗也不同。根据热源的设置和管网状况，大体上可以把采暖分为三类：分户或分楼采暖，小区集中热源，城市集中热源。目前我国北方地区城镇采暖方式中，这三种类型大致各占三分之一。下面从图 2-1 中的各个环节出发分别对我国北方城镇采暖现状进行分析。

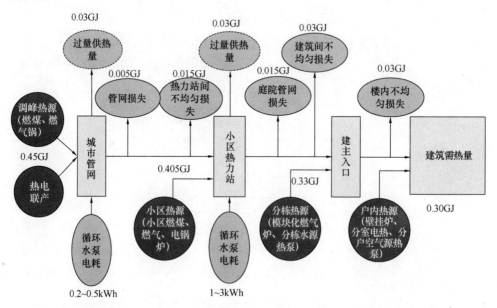

图 2-1　影响建筑采暖及其能源消耗的各个环节（图中数字为
北京地区典型的每平方米建筑面积年采暖能耗）

2.1　建筑采暖用热量状况

2.1.1　建筑采暖需热量

建筑采暖需热量就是为了满足冬季室内温度舒适性要求所需要向室内提供的热量。单位建筑面积的采暖需热量 *Q* 可近似地由下式描述：

$$Q＝（体形系数×围护结构平均传热系数＋单位体积空气热容×换气次数）$$
$$×室内外温差×层高$$

体形系数就是建筑物外表面面积与其体积之比。建筑物的体量越大，体形系数越小；建筑物的进深越大，体形系数越小。表 2-1 给出不同形状的建筑的体形系数范围。表中表明作为我国北方城镇住宅主要形式的大型塔楼或中高层板楼，其体形系数大致在 $0.2～0.3m^{-1}$ 之间，而作为西方住宅主要形式的别墅和联体低层建筑（Town house）其体形系数则在 $0.4～0.5m^{-1}$ 之间。

不同形状的住宅建筑的体形系数范围　　　　　　　　表 2-1

建筑类型	体形系数	建筑类型	体形系数
多层住宅	0.3～0.35	中高层板楼	0.2～0.3
塔楼	0.2～0.3	别墅和联体底层建筑	0.4～0.5

围护结构平均传热系数由外墙保温状况、外窗结构与材料，以及窗墙面积比决定。我国 20 世纪 50～60 年代北方地区的砖混结构的传热系数在 $1～1.5W/(m^2·K)$；"文革"期间和 80 年代部分建筑采用 100mm 混凝土板和单层钢窗，围护结构平均传热系数可超过 $2W/(m^2·K)$。从 20 世纪 90 年代开始，建筑节能逐渐得到全社会的关注。尤其是近年来，北方地区城市新建建筑符合建筑节能标准的比例不断升高，这就使得新建建筑的围护结构平均传热系数大幅度降低，图 2-2 是按照耗热量指标折算出的北方不同地区不同节能标准的居住建筑综合传热系数。可以看到，达到 65％节能标准的新建建筑，其综合传热系数已达到 $0.7～1.2W/(m^2·K)$ 之间。发达国家也经过了与我们类似的过程，一些早期建筑围护结构平均传热系数也在 $1.5W/(m^2·K)$ 以上，从 20 世纪 70 年代能源危机开始，各国开始注重围护结构的保温，列入欧美各国建筑节能标准中的围护结构平均传热系数可低至 $0.4W/(m^2·K)$。

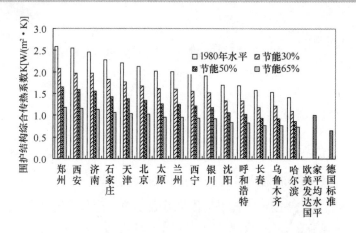

图 2-2　不同节能标准的居住建筑综合传热系数

但由于近 30 年内新建的建筑占建筑总量的比例不大（不同于我国，70％以上的城市建筑为 20 世纪 90 年代以后兴建），因此发达国家的既有建筑围护结构保温的平均水平仍处在传热系数为 $1W/(m^2 \cdot K)$ 左右。

　　换气次数指室内外的通风换气量，以每小时有效换气量与房间体积之比定义。我国 1990 年代以前的建筑由于外窗质量不高，房间密闭性不好，门窗关闭后仍撒气漏风，换气次数可达 1～1.5 次/h。近年来新建建筑采用新型门窗，密闭性得到显著改善，门窗关闭时的换气次数可在 0.5 次/h 以下。实际上为了满足室内空气品质，必须保证一定的室内外通风换气量。对于人均 $20m^2$ 的居室面积 0.5 次/h 的换气次数应是维持室内空气品质的下限。近年来在发达国家越来越关注室内空气质量。对于密闭性较好的建筑都要求采用机械通风的方式保证室内外的通风换气。目前发达国家对住宅建筑机械通风换气的标准是 0.5～1 次/h，这就使我们的通风换气造成的对采暖热量需求的影响与发达国家基本相同或者小于发达国家。图 2-3 是不同地区对应室内温度 18℃，同样换气次数所需要的热量，可以看到对于度日数较大的严寒地区，同样换气次数所需要的热量是寒冷地区的 2 倍，并且在严寒地区，随换气次数的增加能耗增加幅度较大，当换气次数由 0.5 次/h 增加到 1.5 次/h，需热量增加 0.15～$0.2GJ/m^2$，这已经相当于寒冷地区的三步节能建筑（65％节能标准）的需热量了，因此严寒地区加强建筑密闭性能就显得尤为重要。影响换气次数除门窗密闭性能外，还与居民生活习惯有关。一般来说，北方严寒地区由于室内外温差较大，用户较少开窗，相比之下寒冷地区的用户开窗喜好明显增加。由于这种生活习惯使得寒冷地区的用户换气次数由 0.5 次/h 增加到 1.5 次/h。
这样北方寒冷地区和严寒地区密闭性较好的建筑由于换气所需热量大致相当。

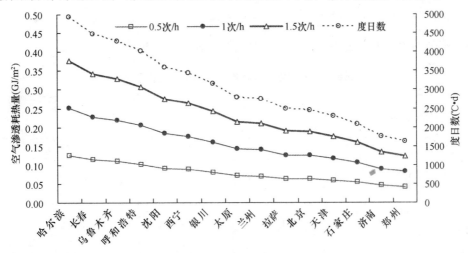

图 2-3　不同地区不同通风换气次数下造成的需热量（室内温度 18℃）

采暖期间的室内外平均温差与室外温度和室内温度有关。我国规定的采暖期间
室内温度为 18℃，对于北京，采暖期室外平均温度为 0℃左右，这样平均室内外温
差为 18℃，发达国家采暖室内设计温度多为 20～22℃。如果室外采暖期平均温度
仍为 0℃，则采暖期室内外平均温差为 20～22℃。这就使得比北京的情况高12%～
22%。图 2-4 为不同地区达到 50%节能标准的建筑，室温平均升高 1℃需热量增加
的百分比。从图中可以看到，严寒地区相比寒冷地区，由于室内外温差大，室温升
高 1℃需热量增加的百分比较小。这样相比寒冷地区，当热源多供出相同比例的热

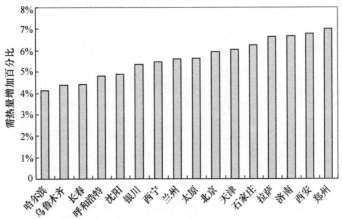

图 2-4　不同地区室温升高 1℃所增加的需热量百分比（50%节能标准的建筑）

量时，在严寒地区造成的室温升高幅度就大，更容易过热。

综合上述各因素，表2-2列出一些典型情况下计算出的北京冬季3000h采暖的需热量，以及发达国家同样气候条件下的采暖需热量。表中数据表明我国符合建筑节能标准的建筑采暖需热量基本上接近或低于发达国家的平均状况。

北京及发达国家同样气候条件下住宅单位面积采暖需热量　　　表2-2

围护结构类型	单位面积采暖需热量 [kWh/(m² · a)]	备　　注
20世纪50~60年代砖混结构	96~155	体形系数0.3~0.35，换气次数1~1.5次/h
20世纪60~80年代建筑（100mm混凝土板和单层钢窗）	111~167	体形系数0.2~0.3，换气次数1~1.5次/h
20世纪90年代中期以后的建筑	60~100	体形系数0.2~0.3，换气次数0.5次/h
欧美发达国家建筑	95~154	体形系数0.4~0.5，换气次数0.5~1次/h

图2-5为2005~2006年采暖季清华大学建筑节能研究中心在北京市不同建筑热入口实测出的全采暖季建筑实际耗热量。所测建筑室内温度在采暖期都高于18℃。这些数据包括不同采暖和不同保温水平的建筑。实测的这些耗热量数据基本处于表2-2中列出的数据范围。这表明表2-2中的数据基本反映出实际的建筑采暖需热量。图2-6为欧洲一些国家住宅采暖能耗数据。这些数据与表2-2中对这种情况下的估算结果也非常接近。

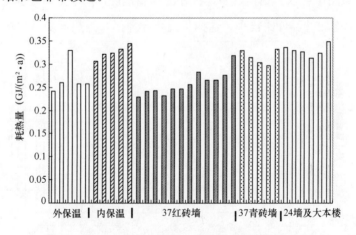

图2-5　2005~2006年清华大学建筑节能研究中心在
北京市不同建筑热入口实测全采暖季建筑实际耗热量

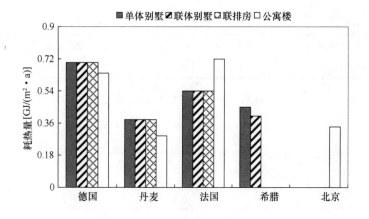

图 2-6　各国住宅建筑物耗热量比较❶

数据来源：Intelligent Energy of EPBD. Applying the EPBD to Improve the Energy Performance Requirements to Existing Buildings- ENPER-EXIST. Europe：Fraunhofer Institute for Building Physics，2007.

　　我国北方城市随地理位置不同、室外气候不同，建筑保温水平与房间密闭状况也不同。表 2-3 是经过初步调研和计算得到的不同省份建筑采暖需热量状况大致分布，表 2-4 是北京、济南以及长春几个城市的一些典型案例的实测结果，基本位于表 2-3 中的范围之内，这表明表 2-3 基本能反映各省份的需热量状况。初步可以得到，当维持采暖期室温为 18℃时，北方城镇建筑采暖需热量在 0.23～0.42GJ/(m² · a)之间，随地域等条件不同而异。通过对各个省份建筑面积的加权，可以估算出我国北方地区建筑冬季采暖平均需热量为 0.33GJ/ (m² · a)。

北方省份采暖需热量状况分布　　　　　　　　　　　　　　　　表 2-3

	需热量范围 [GJ/(m² · a)]	平均需热量 [GJ/(m² · a)]	分布范围 [GJ/(m² · a)]			
北京	0.18～0.45	0.30	0.3～0.45	0.25～0.3	0.2～0.25	<0.2
			5%	70%	13%	13%
天津	0.18～0.45	0.29	0.3～0.45	0.25～0.3	0.2～0.25	<0.2
			8%	74%	9%	10%

---

　　❶　数据为单位建筑面积采暖能耗，但这里的建筑面积，均指从外墙内表面量起的计算结果。与我国的建筑面积从外墙外表面算起方法有区别。这样，欧洲国家建筑面积折算为外墙外表面计算的面积，需乘一个 1.01～1.1 的系数，系数大小由建筑物的体形系数决定，体形系数越大，需乘的系数越大。

续表

	需热量范围 [GJ/(m²·a)]	平均需热量 [GJ/(m²·a)]	分布范围 [GJ/(m²·a)]			
河北	0.15~0.5	0.32	0.4~0.5	0.3~0.4	0.2~0.3	0.15~0.2
			5%	75%	13%	7%
山西	0.2~0.5	0.32	0.4~0.5	0.3~0.4	0.2~0.3	
			4%	87%	9%	
内蒙古	0.30~0.7	0.48	0.5~0.7	0.4~0.5	0.3~0.4	
			3%	87%	10%	
辽宁	0.2~0.55	0.36	0.45~0.55	0.35~0.45	0.25~0.35	0.2~0.25
			6%	76%	9%	10%
吉林	0.23~0.6	0.42	0.5~0.6	0.4~0.5	0.3~0.4	0.23~0.3
			4%	80%	10%	6%
黑龙江	0.25~0.7	0.48	0.55~0.7	0.4~0.55	0.3~0.4	0.25~0.3
			7%	82%	9%	1%
山东	0.2~0.4	0.27	0.3~0.4	0.25~0.3	0.2~0.25	
			3%	76%	21%	
河南	0.13~0.35	0.24	0.3~0.35	0.25~0.3	0.2~0.25	0.13~0.2
			3%	76%	15%	6%
西藏	0.3~0.8	0.44	0.5~0.8	0.4~0.5	0.3~0.4	
			4%	78%	19%	
陕西	0.20~0.5	0.30	0.3~0.5	0.25~0.3	0.2~0.25	
			3%	84%	13%	
甘肃	0.2~0.55	0.36	0.4~0.55	0.35~0.4	0.25~0.35	
			5%	84%	11%	
青海	0.25~0.9	0.47	0.55~0.9	0.4~0.5	0.3~0.4	0.25~0.3
			2%	63%	23%	11%
宁夏	0.25~0.55	0.37	0.45~0.55	0.35~0.4	0.25~0.35	
			3%	88%	9%	
新疆	0.22~0.9	0.36	0.45~0.9	0.35~0.45	0.22~0.35	
			4%	87%	9%	

北方几个典型城市建筑采暖需热量 表 2-4

城　市	建筑采暖耗热量[GJ/(m²·a)]
北京	0.18~0.45
济南	0.20~0.40
长春	0.25~0.50

图 2-7 是北方各省若将非节能建筑和 30％节能标准建筑全部改为 50％节能标

准建筑后所能降低的需热量百分比，也即通过既有建筑围护结构改造的节能潜力。可以看到，北方各省的节能潜力在 15%～20%，不仅黑龙江、辽宁等严寒地区进行围护结构节能改造的潜力较大，对于天津、河北等寒冷地区虽然采暖季平均温度要明显高于严寒地区，但由于围护结构保温性能较差，通过既有建筑围护结构节能改造的节能潜力并不低于严寒地区。总体上，通过围护结构改造，加强围护结构保温和密闭性能，可使得我国北方地区建筑冬季采暖平均需热量降低 18% 左右，由目前的 $0.33GJ/(m^2 \cdot a)$ 降低至 $0.27 GJ/(m^2 \cdot a)$。

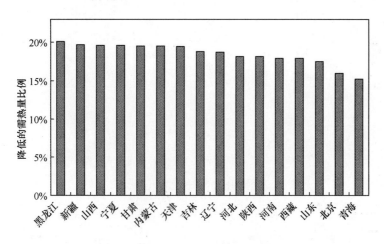

图 2-7　不同地区通过围护结构改造可降低的需热量百分比

2.1.2　实际建筑采暖耗热量

上述采暖需热量并非实际的建筑采暖能耗。采暖系统实际送入建筑内的热量不一定等于采暖需热量。当实际送入建筑的热量小于采暖需热量时，采暖房间室温低于 18℃，不满足采暖要求。这是以前我国北方各城市冬季经常出现的情况。随着采暖系统的改进和对人民生活保障重视程度的提高，目前实际出现的大多数情况是由于各种原因使得实际供热量大于采暖需热量，表现出的现象就是部分用户室温高于 18℃，有时有的用户甚至可高达 25℃ 以上。同时，过高的室温引起居住者的不舒适，为了避免过热，居住者最可行的办法就是开窗降温，这就大幅度加大了室内外空气交换量，从而进一步加大了向外界的散热，增加了采暖能耗。

图 2-8 和表 2-5 是通过示踪气体测试的不同户型不同开窗情况下的通风换气量和计算按此换气量损失的热量与围护结构传热量的比例，可以看到开窗后换气次数

增加了十几倍，这样由于室内外空气交换所消耗的热量与围护结构传热量的比例由仅为围护结构散热的 20% 上升至是围护结构散热量的 2～3 倍，成为热散失的最主要部分。对于保温性能好的建筑，这种现象尤为明显。

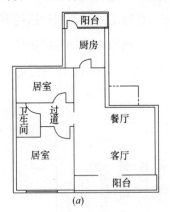
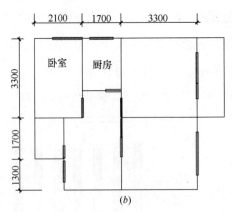

图 2-8　开窗通风量测试

(a) 用户 1 户型结构（50% 节能建筑）；(b) 用户 2 户型结构（65% 节能建筑）

典型户型的开窗通风测试结果　　　　　　　　　　　　　　表 2-5

户型 1（50% 节能建筑）			户型 2（65% 节能建筑）		
工况		换气次数（次/h）	开窗损失与围护结构传热比例	工况		换气次数（次/h）	开窗损失与围护结构传热比例
居室	房间门窗均关闭	0.68	18%	卧室	门窗全关	0.90	47%
	房间门打开窗关闭	2.54	69%		开窗，门关闭	5.34	281%
	开窗 15cm	4.97	134%		开门，窗户关闭	2.93	154%
	开窗 35cm	7.50	203%		开窗，对应房间开窗	15.88	837%
	开窗 62cm	6.70	181%		窗户关闭，门有缝开	2.27	120%
	窗开 35cm，在对面房间开窗 40cm	12.66	342%	厨房	开门，窗户关闭	3.78	199%
厨房	房间门窗关闭	1.49	40%		开窗，门关闭	12.75	672%
	开窗 3cm	3.25	88%		开窗，门开	13.30	701%
					开窗，对应房间开窗	22.12	1165%

图 2-9 是北方省会城市或供热改革示范城市的实际耗热量状况调查结果，图中 C1～C18 是按城市所处纬度从高到低排列，从图中可以看到，我国北方采暖地区城镇实际的采暖耗热量大体位于 0.4～0.55 GJ/(m² · a)，平均约在 0.47GJ/(m² · a)，应注意这是热源总出口处计量的热量，扣除 5% 左右的一、二级管网热损失，则建筑内实际消耗的热量约为 0.45GJ/(m² · a)，高于建筑需热量 0.33/(m² · a)的 35% 左右。

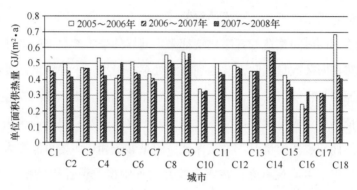

图 2-9　不同地区实际耗热量状况（图中是热源总出口处计量热量）❶

注：城市 C1～C5 位于严寒地区，C6～C18 位于寒冷地区。在这 18 个城市中，C18 以燃煤锅炉作为主要热源，C5、C6、C7、C8、C12、C13、C14、C17 以热电联产作为主要热源，C1、C2、C3、C4、C9、C10、C11、C15、C16 两种供热方式兼有。

2.1.3　建筑实际耗热量高于需热量的原因

仔细分析建筑实际耗热量高于需热量的原因，主要包括两个方面：一是空间分布上的问题，各个用户的室内温度冷热不均，在目前末端缺乏有效调节手段的条件下，为了维持温度较低用户的舒适性要求，热源处只能整体加大供热量，这样就会使得其他用户过热，称这种损失为"不均匀损失"；二是时间分布上的问题，集中供热系统热源未能随着天气变化及时有效调整供热量，使得整个供热系统部分时间整体过热，称之为"过量供热"，这种现象初末寒期也即采暖初期和末期尤为明显。

供热系统冷热不均的程度依据供热系统的规模而有所区别，按照空间规模大小可以分为楼内冷热不均楼栋之间冷热不均和热力站冷热不均，而造成这种空间上冷

❶　郝斌，刘珊，任和等. 我国供热能耗调查与定额方法的研究. 2009，25（12）：18-23.

热不均现象的原因有:

1) 散热器面积偏差程度不一致。首先是设计的问题。由于历史原因,目前采暖系统设计规范仍延续 50 年前的设计参数,供水 95℃,回水 70℃,但由于散热器面积偏大,实际运行中几乎没有任何采暖系统真正运行于这一参数,这样就使得设计者无法按标准设计,而运行者也无法按标准运行。这种设计参数的不确定使得设计者为保守起见,只有留够足够的余量,并且不同设计院、不同设计人员设计的采暖系统实际计算用水温不同,造成的偏差程度也不一致。而同一个热力站或锅炉房很难保证先后不同时间建造的各座建筑都采用同样的采暖参数进行散热器设计,这就使这种散热器安装数量彼此不同的现象到处存在。另一个导致散热器面积偏差程度不一致的原因是目前普遍存在的用户私改散热器现象。用户在装修过程私改散热器几乎不会依据专业人员设计,往往凭自己的感觉或商家简单咨询来决定散热器面积,在当前按面积收费的情况,为了保证室内足够暖和,而尽可能增大散热器的面积。也有的出于室内美观考虑,在室内装修过程中将原设计中的明装系统变为暗装,导致实际的散热能力大幅度降低。当这些不同状况的建筑或用户连接在同一个集中供热管网中运行时,若按照散热器面积相对偏小的用户恰好满足正常室温时的供热参数供热,就会导致那些散热器容量过大的建筑或用户过热,造成室温过高。这种设计参数、房间结构、用户行为的不确定性使得散热器面积过大的现象不可避免,只能通过更好的系统形式和调节手段来改善,而很难完全寄希望于更准确的设计和施工。

此外,由于目前提倡分户计量,分户调节,考虑到分户计量后邻室不供热时也能保证足够的室温,就又要加大散热器安装面积,而至今还没有统一的标准给出应该的增加量,这样,在没有有效调控手段时,就更容易造成不均匀损失。

2) 集中供热管网的流量调节不均匀,导致部分建筑热水循环量过大,使得室温高于其他建筑。而为了保证流量偏小、室温偏低的建筑或房间的室温不低于 18℃,就要提高供热参数,以满足这些流量偏小的建筑或房间的供热要求。这就造成流量高的建筑或房间室温偏高,这种流量调节的不均匀性不仅存在于建筑之间,也存在于城市集中热网的不同热力站之间以及同一栋楼的不同用户之间,特别是对于单管串联的散热器系统,流量偏小会使得上下游房间的垂直失调明显加重。

3) 同一建筑物不同位置用户的负荷率变化不同步。由于不同时间不同朝向房间的需热量不同，当流量分配不变时，为了使温度偏低的房间温度不低于 18℃，必然造成对温度偏高的房间过量供热从而导致过热。分析表明，当采用目前常用的单管串联方式的散热器连接时，由于各支路的流量不能随时调整，这种过热将导致供热量增加 10％以上。其他连接方式只要不能随时调节各支路的流量比，这种局部过冷过热的现象就不能避免。

具体这种空间上的冷热不均造成的热量损失有多大？有没有可能通过某种措施避免或削弱？下面分别分析不同尺度的冷热不均损失。

（1）楼内冷热不均损失（10％）

目前不管是以热电厂为热源的区域集中供热系统还是以燃煤或燃气锅炉为热源的小区集中供热系统，在用户一侧的主要调节方式是质调节，即根据室外温度的变化统一改变供水温度，而不可能对不同的用户供给不同的供水温度。而由于不同朝向太阳辐射，不同室内得热，同一栋楼不同位置用户在同一时间内的负荷的变化差异很大。图 2-10 给出不同位置用户典型日的负荷率变化，从图中可以看到，同一时刻不同位置用户的负荷率相差 10％～30％。此时若要保证最不利用户的室温，就必须按照最大负荷率的用户确定供热参数，其他负荷率偏小的用户就必然过热。这样，即使各个散热器都严格按照设计参数安装，由于负荷随时间不均匀的变化，楼内不均匀损失也将占到楼内需热量的 10％以上。

（2）楼栋之间冷热不均损失（10％）

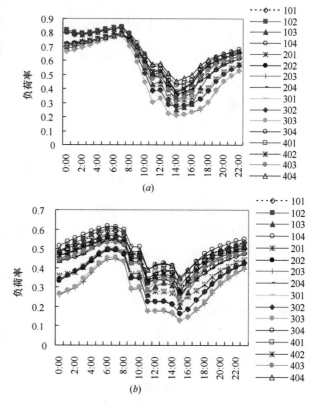

图 2-10　不同位置用户典型日负荷率变化

（*a*）1 月 1 日；（*b*）3 月 1 日

图 2-11 是长春某小区楼栋入口耗热量测试结果，按照建筑是否完全相同将该小区 15 栋建筑分成了五类。对于完全相同的建筑，当没有明显的投诉情况时，则可认为平均耗热量最低的楼栋完全满足供热要求，以此作为建筑的需热量，则高于此值的建筑即为楼栋之间冷热不均损失。从图中可以看到：楼栋之间的冷热不均损失范围较大，最小仅 0.3%，最大可以达到 18.7%。这与各建筑间流量不同有关，更与各栋建筑的实际使用状况不同有关（如人员多少、开窗状况、室内电器和其他发热装置情况等）。

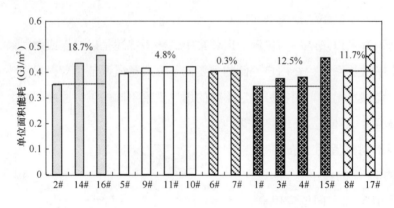

图 2-11　同一小区不同建筑耗热量测试

（3）过量供热

过量供热的原因有：1）当集中供热系统规模过大以后，系统的热惯性也相应较大，在热源处对热量的调节需要一天以上的时间才能反映到末端建筑。在目前的供热条件下很难根据天气的突然变化实现及时有效的调整，这在规模很大的城市热网中更为突出。2）目前的集中供热系统调节主要在热源处采取质调节的方式。由于末端建筑千差万别，这种调节方式除难以确定合适的控制策略、给定合适的供水温度外，对于一些只能依靠运行管理人员的经验"看天烧火"的供热系统，很难仅凭经验就能做到热量供需平衡，为了保险起见，以及减少投诉率，运行人员往往会加大供热量，从而造成系统整体过热。应注意的是这种现象在初、末寒期更容易出现。图 2-12 是相同的两栋建筑，一栋建筑采取末端调控手段，另一栋建筑没有调控手段，二者相比较每日减少的耗热量随室外温度的变化曲线。可以看到节约的热量和室外温度变化正相关，即室外温度越高，节约的热量越多，间接说明初、末寒期负荷较低时，热源调节难以与负荷变化同步，很容易过量供热。

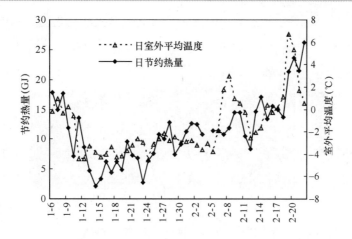

图 2-12　节约热量与室外温度日变化曲线

图 2-13 是北京两个小区锅炉房通过改变运行调节策略后 2006 年与 2005 年单位面积采暖燃气消耗量的差别。由于两年的气候有所不同，所以图中根据实测的外温度日数对燃气消耗量进行了修正，折算成同一气候条件下采暖天然气消耗。通过改变锅炉的运行调节策略，两个小区分别节省了 14.4％和 9.4％的热量。这表明目前这种过量供热的损失至少可达 10％～15％。

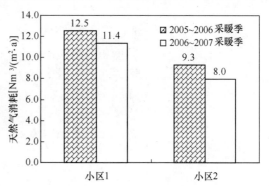

图 2-13　不同运行策略下采暖耗气量比较

当城市热网具备完善的自控系统后，各个热力站一次侧流量可以通过自控阀门调节，因此只要调节措施恰当，基本可以消除各热力站之间水量不均匀带来的影响。城市大热网热力站环节主要存在过量供热损失。图 2-14 为某大城市城市热网各热力站冬季单位面积的供热量，大热网具有完善的一次网自控系统，可以看到每个换热站的耗热量为 0.28～0.53GJ/（m² · a）之间，很难说哪个换热站负担的建筑保温好、哪个保温不好，如果认为各小区的保温水平差别不大的话，以最小耗热量的换热站水平作为需热量（图 2-14 横线处），则其他高于此水平的热力站就是由于冷热不均和过量供热造成的损失，约占需热量的 29％。图 2-15 为该市中等规模集中燃气锅炉房冬季单位面积的供热量。城市热网平均耗热量比采用集中燃

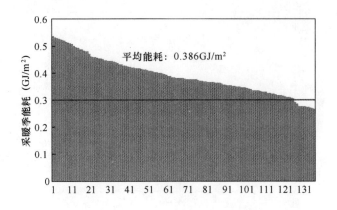

图 2-14　城市集中供热各热力站采暖能耗

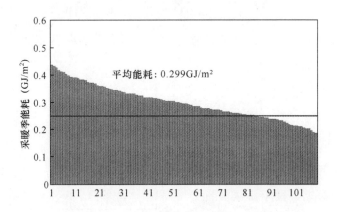

图 2-15　燃气锅炉供暖采暖能耗（已经扣除锅炉效率的影响）

气锅炉高约23％，这部分可以认为是由于大热网惯性大所增加的过量供热，天然气锅炉房与城市热网在热力站侧精心管理的程度不同，以及热力站之间冷热不均所造成。由此可以推断城市热网各热力站间的冷热不均可能造成的热损失约为 6％。图 2-16 是该市部分采用分户燃气壁挂炉采暖，室温维持在 18℃的住户冬季单位面积耗热量。同样，尽管这些建筑的形式和保温水平各不相同，但从统计数据看，如果认为燃气壁挂炉采暖不存在过量供热，则可从这三个图中比较出不同规模集中供热系统目前由于冷热不均和过量供热造成的热损失。

综上可知集中供热系统各个环节损失的能耗，楼内冷热不均损失约占需热量的10％，楼栋之间冷热不均损失同样占 10％，热力站间冷热不均损失占 5％，小规模集中供热的过量供热量约占 10％，大型城市热网的过量供热量约占 20％。

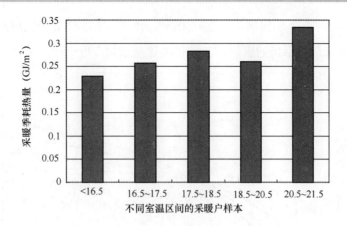

图 2-16　某大城市分户燃气壁挂炉供热量

2.1.4　为了减少"冷热不均"和"过量供热"的几种措施

由前所述，要减少"冷热不均"损失和"过量供热"，就需要改善以下几个环节：（1）散热器的偏差程度不一致；（2）楼内用户负荷率的不同步；（3）流量调节不均匀；（4）供水温度不能随着天气变化及时调节。

对于散热器的偏差程度，由于设计参数、房间结构及用户行为的不确定性，很难通过审查或精细的设计来改善。对于用户私改散热器，改变散热器安装方式的行为在目前按面积收费的情况下想通过管理者进行约束也很难做到。不同位置用户的负荷率不同步更是建筑内热负荷本身的特性，这两个环节只能依靠更好的系统形式和用户末端的调节手段来改善，而不能寄希望于更准确的设计和施工。关于流量调节的不均匀性可采用安装调节阀门进行水力平衡调节的方式来进行。这是目前对楼栋之间水量不均匀采取的最常见方法，但无法解决楼内各立管流量不均和各房间负荷率不同所造成的温度不匀；对于采暖初末寒期出现的过量供热现象，则采用"气候补偿器"方式调节供水温度。下面对各个调节措施可以产生的效果进行分析。

（1）水力平衡调节效果分析

1）散热器并联楼栋水力平衡调节效果

图 2-17 所示是当室外温度 −9℃，供水温度 80℃，不同供回水温差下，流量调节不匀对热量的影响。可以看到，流量增加的影响明显小于流量偏小的影响，流量增加到原来的 1.5 倍时，热量仅增加 2.9%，但是流量减少为原来的 50% 时，热量

减少 7.8%，此时若要使得该用户达到采暖要求，其他用户就会过热。按照目前供热状况，这种流量不平衡的影响，会使得供热量增加 5%～8%。

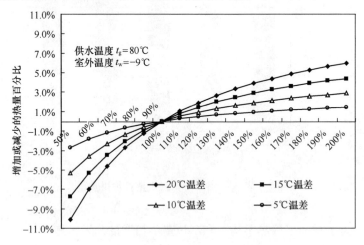

图 2-17 流量调节不匀对热量的影响

2）散热器串联楼栋水力平衡的效果

由于用户之间的散热器采用串联连接，流量偏小会造成用户之间热力失调，因此为满足室温最低用户采暖要求，就不得不提高供水温度，造成热量浪费。

图 2-18 所示是当室外温度 t_w －9℃，供水温度 t_g 80℃，回水温度 t_h 65℃时，在不同流量偏差下立管所串联的房间室温，可以明显看到，流量的偏差对下游房间的影响明显高于上游房间。当流量偏高时，整体过热，并且下游房间升高的幅度高于上游房间，当流量减小时，下游房间的温度急剧降低，此时若要下游房间温度满足要求，就不得不提高供水温度，从而造成热量浪费。图 2-19 是在不同流量偏差下使得所有用户满足要求所增加的热量。当流量增加到原来的 1.5 倍时，热量仅增加 3%；但是如果流量减少为原来的 50% 时，为了使得温度最低房间满足要求，供热量需增加 8.1%。按照目前供热状况，这种流量不平衡的影响，同样会使得供热量增加 5%～8%。

上述结果表明，无论是散热器串联还是并联，流量不均匀会造成热量增加 5%～8%，也就是说通过调节水力平衡可以节约 5%～8% 的热量。

(2) "大流量、小温差" 低温系统利弊分析

用户侧 "大流量、小温差" 低温运行是目前集中供热系统的普遍现象，这种运

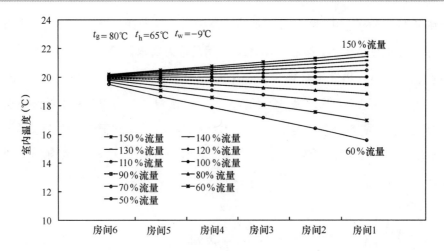

图 2-18　散热器串联时流量偏差对室温的影响

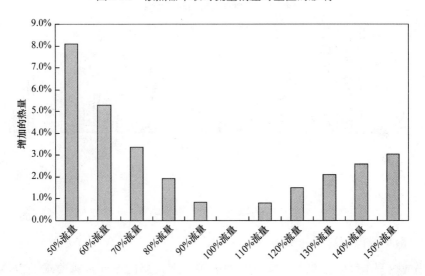

图 2-19　散热器串联时流量不均匀而为了使最冷的末端满足要求需要增加的供热量

行方式的突出优点是可以有效减少末端冷热不均，其缺点是由于流量的增加会增加输配系统的电耗。近年来，随着变频技术的发展，不少技术人员提出对于目前的"大流量、小温差"系统，应对循环水泵安装变频器，减少用户的循环流量，节省水泵电耗，但随之而来的是有可能进一步恶化末端的冷热不均程度，如何科学地认识这一做法？下面将结合"大流量、小温差"低温系统利弊作具体分析。

1）水量调节不匀的影响

图 2-20 是当散热器串联，供水温度 80℃，室外温度 −9℃时，不同供回水温差

下，流量调节不匀对用户需热量的影响。从图中可以看到：当系统的供回水温差为
10℃时，流量偏少 50％，要使所有用户都满足室温要求，热量仅需增加 5.1％；而
当温差为 20℃时，热量需增加 11.5％。即系统流量越大，水量调节不匀造成系统
热量浪费的影响愈小，反之系统总的流量越小，水量调节不匀造成系统热量浪费的
影响愈大。特别是当流量不足时，这种"大流量小温差"对于改善由于水量不匀导
致的室温不均的效果更为明显，这就是为什么实际工程中，运行人员热衷于大流量
工况运行的原因。

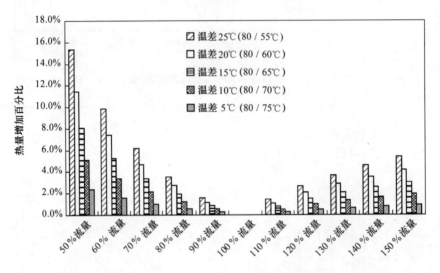

图 2-20　不同供水水温差水力不均匀的热损失

2）散热器面积偏大的影响

当散热器串联时，部分房间散热器面积过大，超过设计计算要求的散热面积。
这使得这部分房间过热，甚至导致与其相串联的下游房间由于供水温度低而偏冷，
这样就不得不提高整体的供水温度，造成大部分房间过热。

图 2-21（a）、（b）分别是当散热器串联时，为保证所有房间的室温满足要求，
上游第一个和下游最后一个房间散热器面积发生偏差，不同散热器平均温度下需要
增加的热量。从图中可以明显看到，散热器平均温度 t_p 越低，散热器面积偏差对
热量的影响愈小，即低温系统有利于削弱散热器面积偏差带来的冷热不均的影响。
图 2-22 所示的对于并联系统散热器面积偏差的影响，也有同样的结论。

3）室内得热的影响

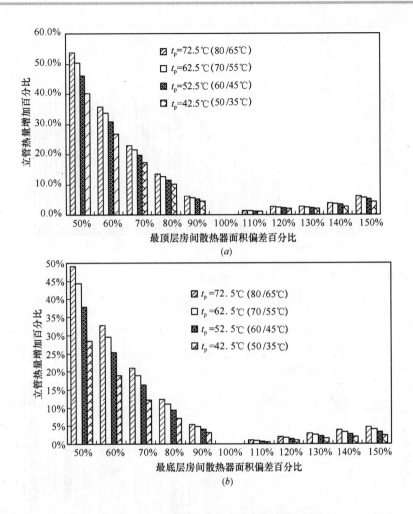

图 2-21　串联系统中散热器偏差对热量的影响

（*a*）上游房间散热器偏差对热量的影响；（*b*）下游房间散热器偏差对热量的影响

　　部分房间其他的热量来源，例如东向房间上午的太阳辐射或室内人员、设备过多，都会造成过热。不同参数的系统对于利用这些自由热的程度是不一样的。图 2-23 是当散热器平均温度不同时，不同程度的室内得热可以减少的供热量。同样可以看到：当散热器平均温度 t_p 越低，同样的室内得热量可减少的供热量越多。如当室内得热量是 20% 的热负荷时，当散热器平均温度为 72.5℃（供回水温度 80/65℃），可以减少供热量约 6%，而散热器平均温度为 42.5℃（供回水温度 50/35℃），可以减少供热量 10%。

　　"大流量、小温差"系统的唯一缺点是增加水泵电耗，但注意到一方面水泵所

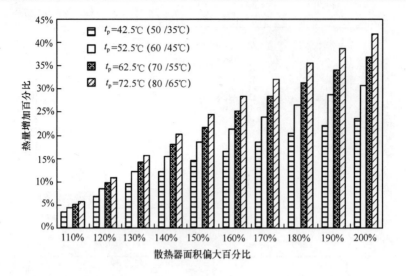

图 2-22 并联系统中散热器偏差对热量的影响

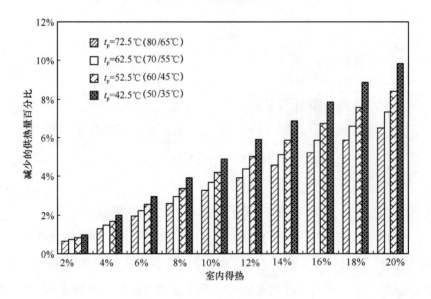

图 2-23 室内得热对供热量的影响

消耗的电能最终都要转化为供热系统循环介质的热量释放到房间内，从能源利用上看，属于高能低用。从运行成本上看，大流量运行能有效降低不均匀热损失，目前用户侧供回水温差 12℃ 的系统，水泵电耗在 1.5kWh/（m² · a）左右，当供回水温差提高至 20℃，水泵电耗降为 0.32kWh/（m² · a），但同时不均匀热损失约增加 5%，也即按照需热量 0.33GJ/（m² · a）计算，多消耗热量 4.6kWh/（m² ·

a)，这样多投入 1 份电，大约可以减少 4 份热量的不均匀热损失，相当于 COP 为 5 的热泵。另一方面水泵电耗＝流量×扬程÷效率，目前集中供热系统实际状况是由于阀门、过滤器设置不合理或由于水泵选型太大为防止电机超载关小总阀门的做法造成了过大的压降，这种不合理的压降可以占水泵有效扬程的 30％甚至更多，另一普遍现象是水泵选型不合理，导致水泵实际工作点普遍偏离高效点，标称效率 70％的水泵实际效率仅 50％左右。因此目前减少用户侧循环泵电耗的主要途径就应该是解决阀门、过滤器等造成过大的压降，同时保证水泵在高效点工作，而不是降低系统流量。

　　一般来说，对于目前的实际供热系统用户侧由于水泵选型都会偏大，供回水温差多在 10～15℃，因此，实际也是按"大流量、小温差"这一方式在运行，鉴于上述分析，现有大流量系统就没有必要为了节省水泵电耗，再增加变频措施降低循环流量。对于新建的供热系统，完全可以通过适当增大管径，保证大流量运行的系统阻力和现在相差不大，使得水泵总扬程在 $20\text{mH}_2\text{O}$ 左右，循环流量也调整为使供回水温差在 10℃左右。大管径的干管还有利于楼栋之间的水力平衡，减少水量调节不匀的热损失。因此，一定程度下的"大流量、小温差"系统是合适的。

　　20 世纪 50 年代，能源供应充足而钢铁供应严重不足。为了尽可能减少采暖系统用钢量，制订了高温采暖标准。目前能源价格与钢铁价格之比增加 3 倍以上，节能减排成为主要任务，而低温采暖系统除了上述减少不均与热损失外，还有利于实现能源的梯级利用，提高采暖系统效率，如本书第 3 章 3.2、3.4 节介绍的热电联产吸收式换热技术、工业余热供热技术等。因此应尽可能地采用低温末端。

　　综上所述，在条件允许的情况下，集中供热系统供回水平均温度控制在 35℃，供回水温差控制在 10℃左右比较适宜。

　　（3）减少过量供热的途径

　　要减少过量供热，就必须使得供热系统能够根据室外温度的变化及时调节热源出力，在时间轴上实现系统热量的供需平衡。目前可能达到这一目标的途径主要有热力站（锅炉）集控系统或气候补偿器两种方式（本书第 3 章 3.8 节），两种方式的原理都是当室外温度改变时，根据室外温度首先计算出一个与之相对应的用户需求供水温度，再通过可自动调节的阀门调节热网的供水温度至供水温度设定值，从而使供水温度随天气变化及时调节。理论上讲，只要控制策略得当，就可以实现时间轴上的热量供需平衡，但是适当的控制策略恰恰是最核心的问题和难题，控制策略不当，则可能无法达到减少过量供热的目的，也无法取得预期的节能效果。

由于不同供热系统所面对的建筑围护结构性能、供热系统形式、水量不均匀程度、散热器面积偏差程度等千差万别，因此对于不同的供热系统，在满足房间供热品质的前提下，同样室外气候条件下对应的系统需求的供水温度也就不同。只根据室外温度和回水温度很难判断识别出实际的采暖房间室温的整体状况，这样也就很难得到最合适的供水温度设定值。随着计算机通信与遥测技术的发展，实时测试一定比例的采暖房间温度已经不是遥不可及的事，系统成本也逐渐可以接受。因此，考虑这些相关技术的发展变化，尽可能更多地获取实际的室内温度状况，从而有效地掌握系统采暖的综合水平，更精确有效地实时确定供水温度，是减少过量供热的有效途径。另一方面，如果每个采暖末端都能自行根据室温对供热量进行调节，则可以完全避免过量供热现象。因此实现分散的末端室温调节控制，应该是解决过量供热最好、最有效的方法。

2.1.5 如何认识"供热改革"

由上面分析可知，采用水力平衡调节仅能解决水量调节不匀带来的影响，对于目前开始提倡的分户成环并联的系统，通过在入栋管道处安装水力平衡阀使每栋建筑的循环流量基本均匀，大约能节约 5%～8% 的热量；通过应用各种适量供热技术，在调节策略适当的情况下，也仅能降低 5%～8% 的过量供热损失。综合这两种措施，在有效的情况大约可以减少 10%～15% 的热量，而剩余 20%～25% 的热量损失则通过这些措施都无法解决，这是因为在建筑内部的不均匀现象是绝对的，通过系统整体的和整座楼的调节，不可能彻底解决建筑内部的问题，因此解决不均匀供热和过量供热造成的热损失的最根本的措施就是实现对每个采暖末端根据室温进行单独的调节。如果所有的房间温度在整个采暖期都能较准确地维持在要求的采暖温度周围，同时不再出现居住者随意开窗通风的现象，上述这些损失就都可以避免，采暖能耗就有可能在目前的基础上降低 30% 甚至更多。

不管是哪种原因造成空间上的热不均匀损失还是时间上的过量供热损失，都是由于供热系统缺少末端调节，造成某时间段上局部或全部用户的室温偏高，如果在采暖房间安装有效的调节装置，使散热器的散热量能够根据房间温度及时调节，避免房间过热，这样即使完全不采取水力平衡调节和适量供热技术，也能够消除或大幅度减少各种不均匀损失和过量供热损失，节约热量 30％以上。目前"供热改革"工作的核心就是：通过安装有效的调节措施，使得室温可控，同时改革采暖收费方式，变按面积收费为按热量收费，促进各种末端调控措施能够被接受和实际使用，从而避免对房间的过量供热，降低采暖能耗。

　　而目前的问题是一提到"供热改革"，人们首先关注甚至于唯一关注的就是计量是否"公平"。什么叫公平？实际上集中供热本身就很难找到一个真正客观的公平标准。按照每户的实际供热量计算热费，由于建筑存在屋顶、墙角，每套住房在达到同样室温时需要的热量有很大差别（这个差别可达到 2～3 倍），当某户为了省采暖费不采暖或降低室内温度时，周边邻室房间的热量就会通过内隔断墙传入这一户，使这一户室温并不太低，而周边邻室的供热量却都有所增加。对于这些问题，很难得到公平的解决方案，或者说根本就不存在客观的公平。因此供热改革也绝不是为了公平，而是为了促进各个相关的采暖节能措施的实施。我国在 20 世纪 50 年代开始发展集中供热系统，并按采暖面积进行热费结算，直到 90 年代中期才提出进行分户计量改革，其目的绝不是因为按面积收费不公平，要找到一个更公平的热费结算方式，而是由于按面积收费阻碍了建筑节能的开展，所以要改为按热收费。但按热收费本身并不等于节能，其只是促进用户行为节能的一个手段，所安装的热计量仪表也只是计量工具，并不具备节能效果，关键是实现室温的良好调节。要达到这一目的，绝不是通过一个收费方式就可以解决的，而是需要三个要素：一是末端要有调节设备；二是这些调节设备能够有效且方便操作；三是促使用户有意愿去调节。这三个方面缺一不可，按热收费只是解决了其中的第三个要素。

　　这样，热计量技术的核心要求就是：首先是要有效可靠的调节；其次是有相对合理的热费分摊方式使用户能够接受。这二者并非并列关系，而是有主从次序的，前者处于第一位，后者服务于前者，合理分摊并非追求"公平"，而是为了更好地促进调节。合理的程度就是用户基本接受即可，过于追求公平的结果就有可能舍本逐末甚至背道而驰。

　　从这一认识出发，对"热改"有如下认识和建议：

　　1）"从上到下"、"从细到粗"：先对热力站输出的热量进行准确计量，按照热量由热源提供商（例如热电厂）与热力站运行管理者进行结算；对各栋住宅楼入栋热量进行尽可能准确的计量，考核各栋楼的用热状况；对楼内各户的用热计量"宜粗不宜细"，目的是促进使用者对暖气的调节行为，同时减少开窗。

2）室温调控是"供热改革"的核心，是实现节能的关键。问题是现有热计量方案都是在散热器末端安装恒温阀，而这一方式由于各种原因尚不能完全满足室温调控要求，包括：①恒温阀要实现良好的调节效果需要同时对热源的精细调节和对外网的有效控制。这些目前在国内都不容易做到。②恒温阀易堵塞，可靠性低，调节量小并且易滞后，控温精度低。③不适应地板辐射等热惯性较大的新型采暖末端，而这一末端方式应用越来越广，并且由于它可以实现前述的低温采暖参数，还是未来采暖末端的发展方向。④无法应用于单管串联系统，而我国大部分既有建筑户内采暖系统相当多的是单管串联方式。大量的工程实践表明，目前这种采暖恒温阀很难满足我国大多数集中供热系统的实际需要。

基于对供热改革的上述认识，从我国采暖系统实际情况出发，本书第3章3.3节提出了一种同时解决室温调控和热计量的末端通断调节技术，该技术可在各种条件下将室温控制在"设定温度±0.5℃"，从而可以有效消除散热器偏差不一致，流量调节不均匀以及供水温度不能随天气变化及时调节等各种因素带来的冷热不均和过量供热现象。

图2-24是长春某住宅区利用"通断调控"方式分户调节室温的采暖耗热量与没有采用这一方式的邻近相同的住宅建筑采暖耗热量的比较。图2-25是某大学学生宿舍采用"通断调控"方式对各垂直立管进行控制后的采暖耗热量与另一无调控方式的采暖耗热量的比较。

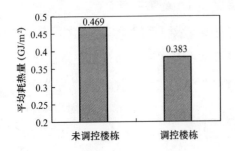

图2-24 长春某住宅小区"通断调控"
方式分户调节室温的采暖耗热量比较

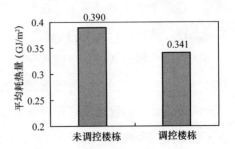

图2-25 某大学学生宿舍采用
"通断调控"对各垂直立管控制
采暖耗热量比较

由于没有完全解决收费政策，从而没有形成使用者自行调控的机制，所以这两个调控实验并不充分，有 40% 以上的实验房间并没有被实际调控，许多房间的室温仍然偏高。但即使如此，采暖耗热量仍降低 15%～20%。这也从一个侧面证实上述估算的目前集中供热采暖普遍存在的过量供热损失，通过系统、机制和技术措施的全面改革，全面实行有效的室温控制，完全可以实现采暖热耗降低 30% 的目标。

2.2　集中供热管网能耗状况及存在的主要问题

2.2.1　集中供热外网损失

我国目前的集中供热系统管网损失参差不齐，差异非常大。对于近年新建的直埋管热水网，其热损失可低于输送热量的 1%，而对于有些年久失修的庭院管网和蒸汽外网，管网热损失可高达所输送热量的 30%，这就导致供热热源需要多提供 30% 的热量才能满足采暖需要。由于管网热损失差别非常大，因此很难进行全面统计给出整体水平。根据初步调查，管网损失偏大的主要是两类情况：①蒸汽管网，采用架空或地下管沟方式，由于保温层脱落、渗水，再加上个别的蒸汽渗漏，造成 10%～30% 的管网热损失。②采用管沟方式的庭院管网，由于年久失修和漏水，有些管道长期泡在水中，造成巨大的热量损失，表 2-6 是实际测试 7 个小区的庭院管

庭院管网热损失实测结果　　　　　　　　　　　　表 2-6

	管网保温损失率	管网漏水损失率	管网损失率
小区 1	5.30%	2.88%	8.18%
小区 2	3.24%	0.05%	3.29%
小区 3	6.59%	0.12%	6.71%
小区 4	11.66%	1.52%	13.18%
小区 5	6.19%	0.41%	6.60%
小区 6	9.20%	0.98%	10.18%
小区 7	5.63%	1.86%	7.49%

网损失，相比之下，城市集中大热网一次网损失则由于管理水平较高和采用直埋管技术，热损失在1%～3%。外网的热损失可以很容易在下雪时根据地面的融雪状况简单判断。如果存在这类管网损失，实行"蒸汽改水"和整修管网，可以大幅度减少采暖供热量。这可能是目前各种建筑节能措施中投资最小、见效最大的措施。

2.2.2 集中供热系统输配能耗

目前集中供热输配系统存在的主要问题包括两个方面：一是用户侧循环泵选型普遍偏大，造成水泵实际工作点偏离高效区。二是由于阀门、过滤器设置不合理或由于水泵选型太大为防止电机超载关小总阀门的做法造成了过大的压降，这种不合理的压降可以占水泵有效扬程的30%甚至更多。图2-26是六个小区17台循环水泵实际运行效率的测试数据。这些水泵的额定效率均在70%以上，而水泵的实际效率平均只在50%左右，最低效率仅为33.5%。因此，通过更换合适的水泵提高水泵效率，解决阀门、过滤器等造成过大的压降是节约集中供热输配系统能耗的最有效方式。

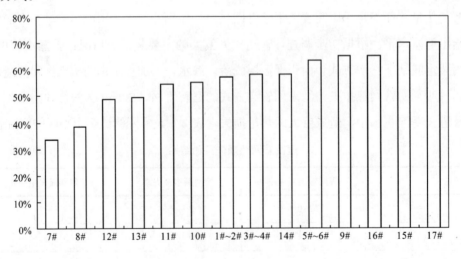

图 2-26 水泵实测效率分布

图2-27是对这六个小区的输配系统电耗进行拆分后的结果，其中小区4和小区5是间供系统，电耗包括一、二次所有水泵电耗，其他为直供系统。可以看到，单个采暖季，对于直供系统的输配系统实际泵耗约为1.5～2.0kWh/m²，对于设有一、二次泵的间供供热系统，输配系统实际电耗为2.5～3.5kWh/m²。水泵工作点

偏离高效点引起的电耗损失约为 $0.1\sim0.9\mathrm{kWh/m^2}$。

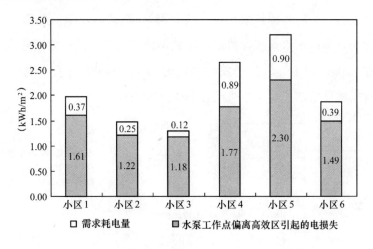

图 2-27　输配系统电耗分布

2.3　各类采暖热源方式的能耗状况

我国北方城镇采暖热源如果以燃料形式划分可分为热电联产、燃煤、燃气和电四种形式，由于不同形式的能源品位有高有低，而同一能源采用不同供热方式利用效率差异也很大，下面将对这些方式的能源利用效率和应用场合进行分析。

2.3.1　热电联产集中采暖

热电联产是利用燃料的高品位热能发电后，将其低品位热能供热的综合利用能源的技术，是目前各种热源中能源转换效率最高的方式。按照发电机组容量大小主要可分为两类：

1）小规模凝汽为主的热电联产：恶化冷凝器真空度，用汽轮机冷凝器的热量加热供热热水，再用低压或中压抽汽补充供热量的不足；这主要是不足一万千瓦发电量到几万千瓦发电量的小型热电联产机组，是 20 世纪 80～90 年代兴建的热电联产电厂的主导形式。这种方式在冬季供热时，发电效率可达 20%，供热效率 65%。如果 1kgce 可以发电 1.628kWh，产热 5.29kWh，与我国目前发电煤耗为 320gce/kWh 的骨干电厂相比（1kgce 发电 3.125kWh），减少发电 $3.125-1.628=$

1.497kWh，获得了 5.29kWh 的热量，这就相当于 $COP=3.53$ 的电动热泵，能源利用效率与运行良好的水源热泵相近（图 2-28）。然而，在非供热期，由于这些热电机组容量小，锅炉出口蒸汽参数低，因此单纯发电时的发电效率往往不足 30%，发电煤耗在 400gce 以上，远高于发电煤耗为 320gce/kWh 的骨干电厂，因此就应该采取各种措施严格禁止这类小机组在非供热期运行。

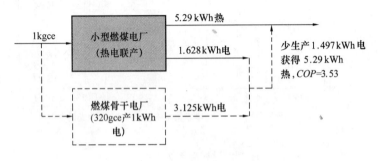

图 2-28　小型燃煤热电联产与分产比较

2）大、中规模抽凝电厂：21 世纪以来兴建的热电联产电厂主要是单机容量为 20 万、30 万 kW 发电量的大型凝气机组。这些电厂在非采暖期可以高效发电，发电煤耗与目前的全国平均发电煤耗接近。在冬季热电联产工况，则完全依靠抽取低压蒸汽加热，但为了维持汽轮机的正常运行，仍有约三分之一的蒸汽要通过低压缸继续发电，然后再放出低温余热。此时的机组发电效率约在 30%，供热效率 40%，这样 1kgce 可发电 2.44kWh，产热 3.26kWh，同发电煤耗为 320gce/kWh 的骨干电厂相比，相当于减少了 $3.125-2.44=0.685$kWh 的电，增加了 3.26kWh 的热量，就相当于一台 $COP=3.26/0.685=4.76$ 的热泵（图 2-29），因此，大中型燃煤热电联产是一种高效的能源利用方式。

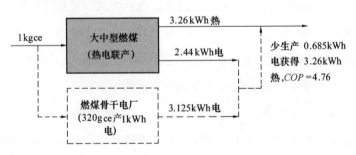

图 2-29　大、中型燃煤热电联产与分产比较

天然气热电联产是热电联产的另一种形式，虽然目前还未大规模的应用，但随着能源结构的调整和环保要求的提高，一些城市准备在"十二五"期间大力发展这种形式。天然气热电联产是否同燃煤热电联产一样高效？采用燃气蒸汽联合循环的天然气电厂，纯发电效率可达55％以上，即1Nm³天然气可以产电5.44kWh，目前有一些天然气热电联产项目，冬季发电效率为40％时，供热效率约为42％，这时1Nm³天然气可以同时产电3.95kWh和产热4.15kWh，与天然气纯发电相比，减少了5.44－3.95＝1.49kWh的电，同时增加了4.15kWh的热。这就相当于一台

COP为4.15/1.49＝2.78的热泵（图2-30），和普通的电动热泵能效相当，若考虑到集中供热的各种损失，则这种方式实际上低于电动水源热泵甚至低于小型的电动空气源热泵。也

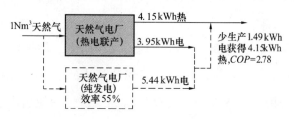

图2-30 天然气热电联产与分产比较

就是说，对于这样的天然气电厂发电，不实施热电联产，而是用一部分电力在用户侧驱动水源热泵或空气源热泵供热，其综合结果还有可能节省一部分天然气或节省一部分电能。因此对于天然气热电联产，一定要仔细核算，并非只要是热电联产就一定节能，参数选择不当，反而费能。当然，如果进行科学的设计、优化，天然气热电联产可以产生和燃煤热电联产相同的节能效果。

2.3.2 燃煤锅炉采暖

通过锅炉直接燃烧燃煤的方式提供采暖所需热量也是目前比较普遍的方式，按照燃煤锅炉的大小主要分为区域燃煤锅炉集中采暖和分户燃煤炉的分散采暖。

1）区域燃煤锅炉：我国北方城镇大约有22亿m²的建筑目前是靠不同规模的燃煤锅炉房作为热源的集中供热系统进行采暖。由于煤是固体燃料，以接触式表面燃烧为主，燃烧的完全性受炉膛温度的影响，锅炉容量越小平均炉膛温度越低，燃烧越不完全，经过锅炉的各种热损失相对也较大，因此燃煤锅炉效率和锅炉容量大小有很大差别，在35％～85％之间。当单台锅炉容量达到20t/h，效率可以达到80％以上。但对于几吨或更小蒸发量的锅炉，有的效率可低至35％。据统计，2007年我国集中燃煤供热锅炉平均效率约为60％左右。

2) 分户燃煤炉：用蜂窝煤或其他燃煤的小火炉或家庭土暖气采暖。这种采暖方式主要分布在低收入群体居住区、小城镇、大城市的城乡交界区等处。根据炉具和采暖器具的不同，燃煤分散采暖的燃料利用率在 15%～60% 间。其排烟和灰渣造成较严重的空气污染和环境污染。这种采暖方式一般来说效果不佳，使用者的维护管理相当麻烦，同时还存在室内一氧化碳和其他有害气体污染的危害，时有煤气中毒的事故出现。因此为改善人民生活状况，提高住宅室内安全，在大多数场合这种采暖方式应逐渐被其他清洁采暖方式替换。分户燃煤炉效率较低，平均在 30% 左右。

燃煤是固体燃料，其最大的问题是排烟污染、灰渣污染以及堆放的燃煤的污染。大规模锅炉有利于煤和灰渣的运输，有利于排烟的污染处理，也有利于采用自动化控制。这就使得燃煤锅炉的使用原则是"宜集中不宜分散，宜大不宜小"，因此对于必须采用燃煤供暖的区域，应尽可能地采用大吨位的燃煤锅炉集中供热。

2.3.3　燃气采暖

燃气锅炉不同于燃煤锅炉，表 2-7 表明，燃气锅炉效率只与锅炉的过量空气系数和排烟温度相关，而与锅炉容量的大小没有关系。

锅炉过量空气系数即为锅炉空气进气量和天然气进气量的体积比，合理的过量空气系数应介于 1.1～1.2 之间。空气过量系数过低，会导致氧气量不足，可燃气体不能完全燃烧，锅炉效率降低，表 2-8 中小区 1 相同型号的 1# 炉和 4# 炉在排烟温度相同的情况下，空气过量系数只有 1.04 的 1# 炉效率比空气过量系数较为合理的 4# 炉（其值为 1.12）低 0.5% 左右；空气过量系数过高，会增加排烟量，从而增加了排烟热损失，也会导致锅炉效率降低，表 2-8 中小区 2 相同型号的 1# 炉和 2# 炉在运行状态和排烟温度相同的情况下，锅炉效率随着空气过量系数的增大而降低。

排烟温度是影响燃气锅炉效率的另一个重要因素，理论可以计算排烟温度每升高 10℃，锅炉效率值将减小 0.5% 左右，表 2-9 是在过量空气系数相近情况下，实测的排烟温度对锅炉效率的影响，与理论得出的结论基本一致。

天然气锅炉的热效率　　　　　　　　　　　　　　　　表 2-7

	分户壁挂炉	家用容积式	0.7MW 以下	0.7MW 以上
			锅炉类型	
排烟温度（℃）	45～110	50～130	85～150	90～180
过量空气系数	1.5～2.5	1.4～3.6	1.2～2.1	1.1～1.3
热效率（%）	90～96	86～93	87～94	87～95

实测燃气锅炉空气过量系数对热效率的影响　　　　　表 2-8

		状态	排烟温度（℃）	过量空气系数	锅炉效率（%）
小区 1	1#	大火	155.2	1.04	91.5
	4#	大火	155.2	1.12	92.0
小区 2	1#	大火	151.1	1.48	90.4
	2#	大火	147.5	1.29	91.8
	1#	小火	122.0	3.05	84.0
	2#	小火	123.8	1.83	90.5

部分单位排烟温度对锅炉效率影响的比较　　　　　　表 2-9

单位	锅炉编号	状态	排烟温度（℃）	过量空气系数	锅炉效率（%）
小区 1	3#	比例	125.9	1.28	93.2
	4#	比例	120.5	1.29	93.4
小区 2	3#	大火	193.6	1.37	88.3
		小火	159.9	1.46	89.7
小区 3	2#	大火	157.4	1.17	91.7
		小火	136.6	1.28	92.5

　　1）区域燃气锅炉：设置大的燃气锅炉集中供热，一方面其锅炉效率并未能随着锅炉容量较高而有所升高，图 2-31 所示为实测的 17 台区域燃气锅炉的实际效率。从图中可以看到，锅炉效率变化范围很大，高的可以达到 93%，低的可以低至 70%，相差近 20%，仔细分析这些锅炉效率之所以出现这样大的变化范围主要是因为运行调节与控制不同所致（如鼓风量不同、启停次数等）。另一方面集中供热系统的热损失率却随着规模增大而迅速增加，导致能耗增加。

　　2）分户燃气采暖：采用分户的小型燃气热水炉为热源，通过散热器或地板辐射方式进行采暖。随着天然气供应量的增加和可以使用天然气的区域的扩大，这种方式近年来增加很快。不仅用于许多新建住区，还成为旧城区改造中替代原有的分

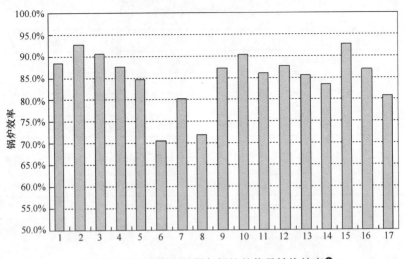

图 2-31　北京市实测的燃气锅炉的能量转换效率❶

散燃煤采暖的一种有效方式。大量实测结果表明由于这种采暖方式水温较低，燃烧
温度低，因此大多数合格产品的实际能源转换效率可达 90％以上，排放的 NO_x 浓
度也低于一般的中型和大型燃气锅炉。图 2-32 为在北京某小区实际调查得到的采
用燃气壁挂炉冬季燃气用量和室温的分布。当维持室温平均在18℃以上时，整个

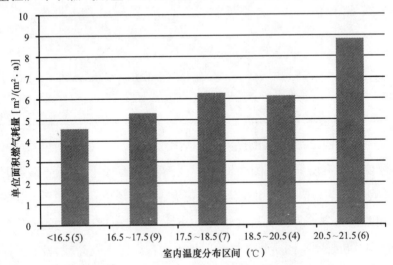

图 2-32　北京某小区实测燃气壁挂炉不同室温下的冬季燃气用量

---

❶　数据来源：《中央国家机关锅炉采暖系统节能分析报告》，清华大学建筑节能研究中心，2006 年6月.

冬季用气量为 $8.5m^3/(m^2 \cdot a)$，也就是 $0.31GJ/(m^2 \cdot a)$。考虑燃气锅炉的平均效率为 93%，实际供热量平均为 $0.29GJ/(m^2 \cdot a)$，这与前面讨论的北京市采暖需热量完全一致。因此这种分散供热方式不存在过量供热的问题。这是由于每户都要计量燃气量，并按照燃气量缴费。计量缴费方式和燃气炉的分散调节能力就使得这种供热方式几乎不会出现过量供热问题。因此当需要用燃气采暖的场合，这种方式无疑应是最适宜的方式。

集中还是分散是由燃料的特性决定的，对于天然气锅炉而言，无论是大锅炉还是小锅炉，乃至于分户燃气炉，天然气的燃烧效率都很高，差别很小，集中还是分散对燃烧效率影响很小。同时天然气是清洁能源，污染排放很小，反而大锅炉的燃烧温度高，NO_x 的排放大，在运输管理方面，天然气是气体燃料，管道输送方便，不需要集中使用。同时天然气锅炉的自动化水平高，没有必要一定要集中管理，目前广泛使用的户用生活热水燃气炉完全可以证明这一点，因此就应尽可能地避免集中供热带来的各种管网损失和过量供热损失，所以，在保证安全和加强管理的前提下，天然气锅炉"适宜于分散，宜小不宜大"。

2.3.4　电采暖

1）集中电热：即设置大型电锅炉进行集中采暖的方式。这不仅将高品位电能转化为低品位热能，使得高质能干低级活，同时还汇集了集中供热包括各种管网损失和过量供热损失在内的所有弊端。因此绝不是一种好的采暖方式。由于我国的电力大多数是依靠燃煤电厂产生，3 份热量的燃煤才能产生一份热量的电力，而这种电锅炉直接把电力转换为热量，折合到一次能源，其效率仅有 30%。或者说与燃煤锅炉相比，产生同样的热量所消耗的燃煤为锅炉的 2～3 倍。这一方式的能耗折合标煤大于 $40kgce/(m^2 \cdot a)$，能源利用率极不合理。采用集中电热的一个理由是为了改善电力负荷的峰谷差，削峰填谷。即便是这一理由，也不应采用集中电热锅炉，而是应考虑带有蓄能装置的分散分户方式，从而避免集中供热造成的各种损失。因此从电力合理利用，能源有效转换的各个角度看，任何采用集中直接电热锅炉采暖的方式都应该严格禁止。特别注意的是这一方式可能披着高科技、节能技术的外衣以一些新的形式出现，如"林州停暖"事件爆出的"电磁采暖"。

2）分室电热：各种直接把电转换为热量满足室内采暖要求的方式，例如电热膜、电热电缆、电暖气，以及各类号称高效电热设备的"红外"、"纳米"等直接电热设备。这些方式实际都可以实现 100% 的电到热量的转换，并且大多具备很好的调控功能，从而不存在过量供热问题。特别是当建筑保温性能较好或只保证有人活动局部区域温度时，由于需热量较小，加上这样的精确控制，用电量可控制在 60kWh/(m²·a) 以下，在北京基本上就可以满足供热要求。当享受某种电采暖优惠政策，采暖电价为 0.5 元/kWh 时，采暖费用可控制在 30 元/(m²·a)，接近北京市天然气热源集中供热的采暖价格，这就是为什么在一些场合直接电热采暖能够被接受的原因。然而因为我国目前冬季北方地区的电力基本上来源于火力发电，2008 年中国火力发电平均效率为 347gce/kWh。70kWh 的电力需要 24.3kgce，高于各种集中供热方式的煤耗。因此在能够使用集中供热采暖或分散燃气采暖的场合，还是不应该用直接电热采暖。如果出于电力削峰填谷的目的，利用某种蓄热手段，如采用某种以硅铝合金作为相变材料的相变蓄热电暖气，与通常铸铁暖气相同体积，5h 内即可蓄存一天的供热量，从而在夜间电力采暖并蓄热，以平衡电力负荷的日夜差别，则还可以适当地使用。

3) 电动空气热泵：使用电供暖的最好方式是热泵方式。空气源热泵是通过对室外空气制冷，从中提取热量，这部分热量通过热泵使其温度提高到高于室内采暖的温度，再通过空气或水送到室内，满足供暖要求。由于此时的电是用来实现热量从低温提升到高温，因此热泵的用电量大致与所提升的温度差成正比。当外温为 0℃ 而热量以 40℃ 放出时，1kWh 电可产生约 3.5kWh 的热量，效率为 350%，考虑燃煤的供电效率为 33%，空气源热泵等效的燃煤—热转换效率约为 110%，高于直接通过锅炉燃烧燃煤的效率。但如果是从 -10℃ 的室外温度中提取热量，或者从 0℃ 把热量提升到 50℃ 再用来供热，则 1kWh 的电能就只能转换为 2.6kWh 左右的热量，这时，其转换效率就不如大型燃煤锅炉了。因此热泵是否节能很大程度上取决于其工作时两侧的温度。

限制空气源热泵使用的另一个重要因素是当用于冬季室外温度长期处于 0℃ 左右并具有较高湿度的地区时，其蒸发器表面结霜，将导致机组制热性能迅速下降甚至失效，通过各种化霜措施可以缓解结霜情况，但会使热泵效率和出力都大大降低。此外，空气源热泵系统的容量规模不宜过大，这是因为当空气源热泵容量大于 2MW 后，其 COP 就不再随容量增加而增加，而集中供热的各种损失却随规模增大而增大。

4）水—水热泵：水—水热泵系统有多种形式，包括以地下埋管形式从土壤中用热泵取热，打井提取地下水通过热泵从水中取量，采用海水、湖水、河水，利用热泵提取其热量，利用热泵从污水提取热量等。目前这些方式作为节能的采暖措施在我国北方地区得到大力推广。但是这一方式除注意热泵机组压缩机的性能外，还应注意热泵两侧循环泵的电耗，在北京或北京以北地区，为了防止取热侧结冰，要求的低温冷源侧循环水量较大。同时为了维持热泵的较高效率，热端循环水量也大于一般的集中供热方式，这就导致两侧循环泵电耗很高，有时有可能高于热泵压缩机耗电。举例来说，当供回水温差在 2℃，1kWh 的供热量需要循环泵的电耗大约 0.3kWh，再加上热泵机组压缩机耗电 0.25kWh（$COP=4$），这样提供 1kWh 的热量总耗电就为 0.3+0.25=0.55kWh 电力，相当于系统制热性能系数 $COP=1.8$，折合 187gce/kWh 热量，高于大型燃煤锅炉的 154gce/kWh（效率 80%），更高于热电联产的 73gce/kWh。所以水源热泵不是永远节能，而是在很大程度上取决于系统设计和运行状况以及当地水温状况。

综上所述，从节约能源和保护环境出发，北方城镇冬季供热对热源的考虑原则应该是：

（1）充分发挥现有城市集中供热热网的作用，增大热电联产供热范围，替代区域锅炉。只要能采用热电联产的方式，则一定优先使用热电联产供热；充分挖掘热电联产系统的潜力，通过"吸收式循环"（见本书 3.2 节），在不增加燃煤量，不降低发电量的前提下，增加供热量 20%～40%。

（2）当不能实现热电联产供热，只能采用区域锅炉房时，优先考虑大型燃煤锅炉，并坚持"宜集中不宜分散，宜大不宜小"的原则，坚决砍掉小型燃煤锅炉。

（3）城市大型集中供热热网应只支持热电联产热源和大型燃煤区域锅炉房热源。当采用燃气锅炉时，应坚持"宜小不宜大"原则，应越小越好。有条件时利用小型天然气锅炉在末端为大型集中供热进行分散式调峰（见本书 3.7 节）。否则就尽可能采用分户、分栋、小规模方式。

（4）当只能用电时，则尽可能地采用各类热泵方式。与天然气采暖一样，采用直接电采暖和电动热泵时，其规模也是越小越好，争取做到分户、分栋或几栋建筑的小规模，避免大规模集中供热造成的各种不均匀和过量供热损失。严格禁止集中电热锅炉的采暖方式。

2.4 工业余热利用

除了热电联产、水地源热泵，是不是还有其他可以进行挖掘的采暖热源呢？目前多数发达国家的工业生产领域能耗低于40%，而中国工业生产领域能耗约占社会总商品能耗的70%，远远高于发达国家，这是由于我国经济结构特点所决定，并且不会在短期内改变。而工业生产中，化工，水泥，其他建材窑炉，有色金属冶炼和钢铁生产五大行业的能源消耗占到我国工业总能耗的约70%。这些工业生产过程能耗的热效率在20%~60%，所剩下的余热多在30~160℃左右的温度下排放，其中相当一部分还通过冷却塔靠水的蒸发排放，从而使冷却和排除工业余热构成工业耗水的重要部分。在夏季30℃的热量可以认为无任何价值，但在室外温度为−10℃的冬季，30℃的热量就变成了宝贵的资源，有可能用于本来就不需要太高温度的建筑采暖中。这些工业生产大量分布在我国北方地区的地级城市，占到北方地级以上城市总数的64%，工业生产中消耗能源约150亿GJ。若按照生产过程能源热效率为35%估计，则仅中国北方全年就有98亿GJ的热量排放。大量余热直接排到环境中，造成热岛现象和工业耗水。

现有的工业余热的主要方式是余热发电，但这只能利用其高温部分；较低温度的余热一般在冬季可就地利用于工业厂房和办公或宿舍区的采暖，以及生活热水的加热。但此时产热量与这些热量需求很不匹配，这就使得余热的利用效率不高。然而，如果能在冬季把这些热量整合起来，作为北方中等规模城市建筑供暖的热源，则有可能解决这些城市50%左右的采暖热源，也使上述的工业余热的利用率达到25%左右。实现这一设想的关键是：能够把各类不同温度下排放的工业余热整合成统一的温度参数从而能够通过输入到城市供热管网中，成为城市集中供热网热源的一部分。目前我国北方大多数具有工业余热资源的城市都建有完整的城市供热管网，目前的普遍问题是冬季热源不足。这样，工业余热就有可能成为支撑这些城市集中供热网的骨干热源。目前已经有系列成套技术实现不同温度的热量的整合与长距离（30km左右）输送（见本书3.2节），这为我国北方地区城镇供热的发展给出了一个新的思路。

2.5　总体展望：北方城镇冬季供热事业的发展设想

我国北方城镇采暖建筑面积目前为 88 亿 m^2，冬季采暖能耗 1.53 亿 tce，是我国建筑能耗最大的组成部分。在四大类建筑能耗中（北方采暖、住宅、公建、农村建筑），只有在北方城镇建筑采暖方面，我国目前的能耗与发达国家差别较小，而其他三大类能耗我国目前都显著低于发达国家。北方城镇建筑采暖是我国建筑节能潜力最大的领域，应该成为实现我国建筑节能目标的最重要和最主要的任务。到 2020 年，我国北方城镇建筑规模有可能增加到 120 亿 m^2，如果维持目前采暖的能耗水平，仅采暖一项每年将消耗 2 亿 t 以上的标煤，通过全方位努力，根据我国的实际情况，有可能把 120 亿 m^2 建筑的采暖能耗控制在 1 亿 tce 以内，平均每平方米建筑采暖用能每年不超过 8kgce，这将大大缓解城市建设发展和人民生活水平提高给能源和环境带来的压力，为我国城市和社会的持续稳定发展发挥重大作用，同时在世界上也将是实现大面积低能耗采暖的先进典范。

为实现这一目标，从技术上必须"开源节流"，进一步降低建筑耗热量，减少输配过程的热损失到最小，深入挖掘各种低品位热源；从管理上必须科学规划，从各个城市的实际情况出发，做出全面优化的解决方案，并贯彻实施；在政策上必须从机制改革入手，依靠市场力量，形成节能技术能迅速推广、科学规划能顺利落实的机制，全面实现最佳的技术方案、最优的体系结构和最好的运行模式，从而在我国整个北方地区实现平均采暖能耗每年每平方米不超过 8kgce 的最终目标。下面分别从技术、管理和政策三方面进行说明。

2.5.1　实现北方城镇采暖节能目标的技术途径："开源节流"

首先要节流，也就是通过改善围护结构保温和气密性进一步降低建筑采暖的需热量；通过强化室温调节方式彻底解决不均匀供热和过量供热导致的热量浪费；通过推广低温末端采暖的新方式降低采暖末端大温差传热造成的有用能损失从而使各类低品位热源得以广泛利用。

围护结构的改善重点是气密性很差的钢窗、外门。通过全面更换这些门窗，使换气次数降低到 0.5 次/h 以下，不仅可大幅度降低采暖需热量，也可以显著改善室内的舒适性，为百姓办一件大好事。这是投资少、见效大的利民工程。此外，对于 20 世纪 80 年代建造的外墙传热系数大于 $1.5W/(m^2 \cdot K)$ 的建筑，全面进行增加外保温的改造，也将产生显著的节能效果。这两项措施的全面落实，可以使我国北方地区目前的约 20 亿 m^2 左右的高能耗采暖建筑平均需热量（不同气候地区平均）降低到 $0.25GJ/(m^2 \cdot a)$ 以下。同时，进一步贯彻国家各项建筑节能标准中对新建建筑围护结构保温的要求，使新建建筑平均需热量（不同气候地区平均）不超过 $0.2GJ/(m^2 \cdot a)$。良好的建筑保温和气密性是全面实现采暖节能的基础。

强化室温调节的目的就是把目前由于室温不均匀和过量供热造成的高达 30% 的热量浪费省下来。如果使冬季所有的采暖房间整个采暖季的室内温度都在 $19\pm0.5℃$ 间，我国采暖能耗可以在目前的水平上降低 30%。目前采用的各类"流量平衡阀"、"气候补偿器"等措施，都是在这个方向上的努力，但从理论和实践上都表明这些方式很难使局部过热的问题得到全面彻底的解决。问题出在采暖末端，解决的措施也一定落实在采暖末端。实践表明分户或分立管的"通断式调节"是实现室温调控的有效方式。对于分户水平连接的采暖方式，可以低成本地避免局部过热；对于传统的单管垂直串联和垂直串并联方式，当循环流量足够时，"通断式调节"也可以低成本地实现所有房间有效的室温控制。当采用地板采暖等新型采暖末端方式时，"通断式调节"更是解决部分时间过热，改善室内热舒适的有效措施。全面推广采暖末端的"通断式调节"，并使其真正使用起来，实施其调控功能，将使我国北方地区采用集中供热方式的采暖能耗降低 30%。如果每户住宅平均采暖面积为 $80m^2$，"通断式调节"装置投入约 1000 元，使其真正使用起来（也就是把室温设定值设定在 $18\sim20℃$），每年可平均节省 6GJ 热量，目前我国北方大多数地区采暖热源厂的热价已达到 30 元/GJ，仅通过节省热源厂的热费，也可以使这一改造投资在 5 年左右的时间得到可靠的回收。对于办公、学校、商店等非住宅建筑，也应该全面采用这种室温调控方式，彻底解决部分区域部分时间的过热现象，节省这部分高达 30% 的热量。

在新建建筑中推广新型低温采暖末端，也应该作为一项重要的节能措施。吉林省延吉市全面推广地板采暖，实现大规模的低温集中供热，大幅度提高了热电联产电厂的能源利用效率，就是一个很好的实例。近年来我国北方很多城市地板采暖方式发展迅速，但由于调节不当，造成室温过高，由于施工质量，造成有泄漏现象。

由于这些问题，部分地区开始限制地板采暖的使用。实际需要解决的应该是增加末端调节装置（例如通断式调节阀），避免过热现象；增加楼栋入口水温调节措施（如入口混水器），使采用地板采暖方式的建筑可以与常规末端方式的建筑接入到同一个集中供热网；加强管理，监控埋管质量和施工质量。地板采暖可以使得回水温度在 30～35℃下实现严寒地区建筑的良好供热，这就为各种高效热源的利用和各类低品位余热的开发打下基础，使许多可以大幅度提高热源效率的新的热源方式得以实现，同时还可以获得更舒适的采暖效果。由于不占用室内空间，这种方式也得到居民的广泛接受。因此在新建建筑和既有建筑改造中一定在政策上全力支持这一方式，在管理上保障这一方式的质量，在技术上实施适宜这一方式的相应措施。地板采暖和其他一些新型低温采暖末端方式是全面采用各种新型采暖热源实现节能的重要基础，实现集中供热回水温度不超过 30℃应成为室内采暖系统设计和运行的努力方向。

某些早期建成的小区庭院采暖管网年久失修，造成的管网散热损失可达总热量的 30% 以上。管沟内常常冒出热气，在地面白雪覆盖时可以从地面上清楚地看到管网走向。对于这样的管网重新铺设、进行全面的保温改造，可以产生很大的节能效果。近年来我国已发展出完善的热水管网的直埋管技术，庭院管网的热损失完全可以限制在 2% 以下，可以使得在地面覆盖白雪时完全看不到管网的走向。这可以作为判断庭院管网是否需要改造的标准。

与建筑采暖的"节流"相比，在"开源"上目前有更多的发展空间和创新。目前我国北方城镇供热中，燃煤燃气通过锅炉直接燃烧制备热水仍是主要的热源方式，这实际是用高品位热能提供低品位热量，造成巨大的可用能损失。尽可能挖掘现在被排放的和没有被充分利用的低品位热能，用它来解决冬季建筑采暖，这应该是未来城市建筑采暖热源的主要发展方向。在城市和城市周边都存在哪些可能利用的低品位热能呢？按照温度高低可以列出下面这些可能的热源：

1）燃煤、燃气燃烧的排烟。根据使用烟气回热器的状况不同，其排烟温度在 50～180℃之间；锅炉燃烧时的烟气热量可达总产热量的 10%，燃气轮机的排烟量能提取的热量可高达燃料总热量的 20%。

2）热电厂冷凝器排热（包括大型核电站），根据空气冷却还是水冷却（下文简称"空冷"和"水冷"）等方式不同和运行工况不同，冬季的排热温度在 20～40℃

之间；排热量相当于发电量的70%～200%。

3）各种工业生产过程的余热，如工业窑炉、钢铁企业、有色金属、化工厂等，温度在30～200℃之间；排出的热量相当于工厂能耗的30%～80%。

4）污水处理厂污水处理之后的中水，温度在20℃左右；温度降低到10℃时每吨中水可放出近12kWh的热量。

5）分布在城市各处的、未被处理过的原生污水，温度在20℃左右。

6）分布在城市各处的地下水，通过提取热量后再排回到地下，可利用的温度在10～15℃之间。

除上述最后两项外，前面的各类低品位余热都远离城市中心区，对我国北方绝大多数大中型城市，在30km的半径内都可以找到足够的低品位余热（不包括前述最后两项：原生污水和地下水），可以满足城市70%以上的采暖供热的热量需求。这样我们仅补充提供30%左右的热量就可以实现冬季供热，与常规方式比，可以节能70%。要实现这样的供热，关键的问题就成为：怎样才能经济有效地提取这些低品位余热，并把它们长途输送到城市建筑中？目前可能的热量输送方式，最可靠可行的还是热水循环方式。我国北方绝大多数城市都已建成覆盖全城区的城市集中供热网，这是输送这类低品位热量的最好的条件。世界上除了北欧、东欧国家，很少建成也很难建成像我国北方城市这样的大型城市供热网，所以也很难解决这种热量输送问题。大型城市热网是我国宝贵的基础设施资源。因此就可以利用这个热网连接各类低品位热源和城市建筑，把各类热源产生的热量输送到需要供热的建筑中。由于热源分布状况、热量产生模式、建筑物布局状况等各种原因，不可能在热源与建筑物之间实行一对一的供热，而一定是和电网一样，把这种热源整合到一起，通过热网统一输送到城市中，再共同为各个建筑供热。图2-33给出这种系统可能的形式。这时，城市热网就成为采集各类余热，向城市建筑提供热量的能源采集和输配系统。

由于要把各种热源的热量整合到一起，首先就要确定统一的热网循环水温参数，各个热源都要从热网回水管中引入低温回水，再利用余热把水加热到统一的供水温度，送回到供水管。各个建筑附近的热力站则通过换热器把高温供水降温到低温回水，并从中得到向二次侧建筑提供的热量。按照这种模式，管网中的供回水温差越大，热网的热量输送能力越高。但如果要求的供水温度越高，提取低温热源产

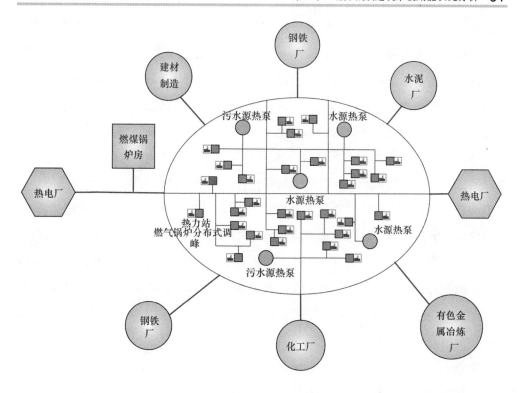

图 2-33 北方城镇采暖理想供热系统模式

生高的供水温度就越困难；而要求的回水温度越低，则在热力站提取热量从而把回水冷却到要求的回水温度也就越困难。综合各方面平衡优化，同时考虑各种换热技术的可行性，初步考虑可以把供水温度设定在 120～130℃，回水温度设定在 15～30℃。在热力站可以采用"吸收式换热器"（见本书 3.2 节），实现一侧为 120～130℃供水、15～30℃回水，另一侧为建筑采暖要求的 40～60℃的热交换。实际上，当供水温度 130℃，回水温度 30℃时，还有可能在热力站利用高温热水通过吸收式热泵进一步提取当地的地下水或原生污水中的热量，从而从大热网中得到的一份热量可以产生 1.2～1.3 份热量输送到采暖建筑中。而在各类热源侧，可以利用吸收式热泵，通过部分高温热源驱动吸收式热泵，提取低温热源的余热把 15～30℃的回水加热到 120～130℃（见本书 3.2 节）。这样，就可以经济有效地实现上述构想。

　　利用上述方式为城市建筑采暖还必须解决的一个问题就是：各类低品位热源的随时间恒定产热与建筑需求热量随时间的变化之矛盾。建筑供热的负荷随气候变化，初末寒期的热负荷大约只是最大热负荷的一半。而上述各类低品位热源产生的热量大都是生产过程的副产品，所产生的热量随生产过程变化而很少随天气变化。为了保证这些低品位热源对应的生产过程能够正常进行，并且充分利用这些低品位热源，最好的方式是配置调峰热源，通过城市管网输送的低品位热源提供建筑采暖的基础负荷，由调峰热源补充严寒期热量的不足。为了保证城市建筑供热的安全性，也需要配备调峰热源，以防备余热利用系统和城市热网临时出现故障时的问题。采用小型天然气锅炉在各个热力站甚至直接在建筑内作为调峰和备用热源，应该是最合适的调峰方式（见本书3.7节）。这样既可充分利用各种生产过程的余热，使高投资的热量采集、变换和输送装置得以长时间满负荷运行，又通过天然气备用和调峰，提高了供热系统的安全可靠。尽管调峰设备的容量可能达到总装机容量的一半，但调峰运行时间很短，需要提供的热量仅为冬季总的采暖热量的25%。高投资的复杂的余热利用与输配系统可以长期在一个最稳定的工况下运行，避免调节困难；低投资易调节的燃气调峰系统则充分发挥其易于调节、灵活调节的特点，承担调节任务，既应对天气出现的变化，也满足各个建筑供热的不同需求。这样的双热源供热方式，还可以起到互相备用的作用，使得任何一侧热源出问题都不致使供热全部停止，最差时也能维持10℃左右的基础供热水平，避免出现冻害。

按照上面的方式，通过进一步发展一些城市的城市热网，以及在某些基础热源不足的城市适当增加一些热电联产设施，我国北方中等以上城镇70%以上的民用建筑都完全有条件依靠城市热网实现高效可靠供热。对于无条件接入城市热网的不到30%的建筑，通过分散的太阳能采暖、空气源热泵、水源热泵、分户燃气采暖，以及一些带有辅助电热的空气源热泵（即初末寒期采用空气源热泵，严寒期采用直接电热）解决采暖问题。我国北方城镇采暖建筑面积达到120亿 m^2 时，采用城市热网集中供热的建筑应达到85亿 m^2，年供热需热量为21.3亿GJ，其中调峰系统供热量5.4亿GJ，折合标煤2550万t；基础热量中热电联产提供热量40%，1GJ折合耗煤量23kgce/GJ，共需要1500万tce，工业余热提供50%，属于工业废热回收，为提升这些余热需要消耗的驱动热源占10%，1GJ折合标煤47kg，需要750万tce，这样85亿 m^2 建筑采暖每年只需要4800万tce，剩下35亿 m^2 需要4500万tce，每年一共不到1亿tce，解决未来的120亿 m^2 北方城镇建筑采暖，真正实现建筑采暖节能的宏大目标。实现这样的目标需要增加的投资大约在6000亿～8000

亿元，但从全面实施后每年 1.4 亿 tce 的节能效果来核算，增加的投资将在 6 年内全部回收。而这样将使我国的建筑采暖能耗由目前占全国总能耗的 5％（1.5 亿 tce 采暖，30 亿 tce 总能耗）降低到未来的不到 2％（1 亿 tce 采暖，45 亿 tce 总能耗），这对世界上跨严寒地区的具有经济较高发展水平的大国来说，将是一个奇迹。

2.5.2　实现北方城镇采暖节能目标所需要的管理：科学规划，严格落实

要实现上述节能目标，既需要创新的技术方案，更需要科学决策、科学规划和严格落实。随着我国城市建设和基础设施建设的飞速发展，北方各城市也都在积极规划建筑供热方案。

例如北京市就在积极规划基于天然气的城市清洁能源供热规划，建立一批清洁能源中心，利用天然气热电联产和天然气锅炉为城市提供热源，辅助以部分电动水源热泵、地源热泵和电采暖，全面解决整个城市的冬季供热热量需求。由于城市管网输送能力不足，也由于冬季可能的天然气量有限，因此尽管燃气热电联产通过能量梯级利用可以获得较高的用能效率，但仍然有相当大的比例依靠燃气锅炉房直接燃烧提供热量，而如果保留和改造目前的燃煤热电联产热源，通过充分利用其排出的余热使其产热量在目前的基础上再提高 35％，补充适量的燃气热电联产热源，充分利用目前的城市热网，并通过与其他热网并网等方式适当扩充，并且通过城市热网输送热电联产产生的热量，充分发挥目前分散在城区内各处的天然气锅炉对热网进行末端调峰，并全面回收燃气排烟余热，就有可能使城市供热网承担 60％以上的城市采暖建筑，高效的热电联产热源提供城市热网 75％的热量，燃气的末端调峰热源补充剩余的 25％热源，再配合有效的末端调控手段，使建筑耗热量进一步降低，从而可大幅度降低冬季采暖燃气需要量，大大缓解天然气供应的困难，又可以比目前规划方案至少降低 20％的一次能源消耗。这无论从初投资、运行成本、能源消耗量以及城市大气环境污染看，都将造成很大的不同。如果目前的规划方案在"十二五"中实现，以后再行改造，不仅造成极大的投资浪费，而且会给未来的工程改造实施带来极大的困难。因此，目前如果能再进一步充分听取各方面意见，充分论证，科学规划，在真正科学的规划基础上再去实施，可能会给未来带来很大的不同。这应该是我们城市管理者的重要责任。

再举沈阳市的案例。对于这样一个地处严寒地区并已建成很好的热电联产和城

市热网系统，并且在城市周边有大量各种工业设施的北方工业城市，充分发展其城市热网，采集各类生产过程排热（包括电厂余热），还可以进一步利用热网的高温热水在热力站驱动吸收式水源热泵，提取目前分布在各处的地下水循环热量，这样就可以形成一个遍及全市的高效的以各种余热采集为主和统一配送的供热系统。在未来东部天然气管网开通，沈阳市得到一定量的天然气供应后，再进一步开展热力站天然气调峰，就可以建成理想的高效率、高可靠性的城市供热系统。然而目前沈阳市全面推行电动水源热泵方式，将其作为节能减排的重要任务来落实。而实际上，沈阳地处严寒地区，地下水温度较低，水源热泵采暖效率并不高。大量实际工程的实际运行结果也表明水源热泵系统的综合 COP（包括两侧的水泵）很少有达到 3 以上的，远低于热电联产产热等效 COP 的 5~6 的水平。由于不能继续享受优惠电价，水源热泵采暖的用户运行成本过高，难以为继。面对这种情况，如果沈阳市能够深入进行科学规划，全面整合各种可以利用的资源、设施，深入挖掘各种可能利用的低品位热量，完全有可能构成高效率、低成本、高可靠性的城市供热系统，不仅解决目前面对的困难，还可以使沈阳市的节能减排工作再上一个台阶。

再看银川市的案例。银川市近年来一直在城市供热规划上徘徊，是发展热电联产集中供热，还是天然气锅炉供热，或者是燃煤锅炉？然而银川不仅有丰富的燃煤、燃气资源，更是西北重要的能源基地，城市周边有大型火电厂、化工厂、建材厂。整合这些不同品位的工业余热，完全可以向整个城市提供供热基础热源，再通过天然气末端调峰，会形成非常好的低能耗、高可靠性的城市供热系统。和城市采暖抢用天然气的化工企业可以变成为城市采暖提供低品位热量的热源，使城市采暖与大量用气的工业企业不再争抢用气，从而避免在冬季由于大量天然气供热导致大型化工企业停产待气的现象。这更需要全面的科学规划，综合协调，切实落实。

在高度重视供热改革、建筑节能改造的同时，以同样的重视程度开展北方各个城市的供热规划，或者以比建筑节能改造更大的推动力来进行整个城市的供热规划和实施落实，避免短期行为和某些盲目的不科学方式，把我国北方城市的供热系统建设和改造作为我国扩大内需和基础设施建设的重要组成部分给予充分重视和财政支持，是全面实现前面描述的低能耗高可靠性的城市采暖模式的重要保证。"十二五"可能是全面建设和实施这一模式的最佳时机和机遇，不可错过呀！

2.5.3　实现北方城镇采暖节能目标所需要的政策：适宜的体制，配套的机制

北方城镇采暖要实现上述节能目标，除有创新的技术方案，科学决策和科学规划外，还需要从政策层面改革不适宜的体制、配套相应的机制。

目前集中供热采暖仍按照面积收费，建房者用于改善围护结构保温性能的投资得不到任何回报，改善建筑保温状况就不可能自觉地执行，只能通过制定建筑设计标准、审查设计方案和图纸等来保证建筑围护结构性能达到有关要求，由于不符合市场经济的规则，偷工减料，以次充好的现象也很难从根本上杜绝；同样，对于用户来说，即使末端装有有效的调节手段，鉴于不能从节能中获取利益，当温度过高时，其可能的做法仍然是开窗散热而不是关小阀门，这样就很难从调节上取得节能效果。因此在市场机制的环境下，这种收费体制严重阻碍了采暖节能工作的开展。十年来，有关部门多次制定各种指令性文件，要求进行以收费体制改革为主要内容的"热改"。然而尽管各方面都在努力，但北方地区真正实现了收费改革的地区依然是凤毛麟角。这里面除技术原因外，也有体制上的原因。

以热电联产为例，目前的集中供热管理体制基本模式是"厂网分离"：热电联产热源电厂归电力公司管理；城市供热网（包括调峰热源、一次网、热力站）归供热企业管理；而二次网和终端服务则取决于终端用户方式。对作为独立消费者的住宅用户，供热企业直接服务到户；对公共建筑用户，供热企业服务到热入口，楼内设施的运行和维护由大楼的管理者自行承担；对大院式用户，供热企业也只服务到大院的热入口，院内系统运行和维护则由大院管理者承担。对于现在大量出现的商品住宅区，也有由供热企业支付一定的费用委托给小区物业或其他机构代管的模式。根据运行管理责任的划分，目前的经营核算模式为：供热企业根据热源电厂供出的热量支付电厂热量费，再根据末端用户的供热面积收取供热费，其利润从按照面积收取的热费与按照热量支付给热源电厂的热费的差额中产生。

这样的管理体制和经营核算模式下，供热企业就不欢迎甚至抵制"热改"，这是因为：（1）对于供热企业来说，当采暖按面积收费时，只要保证一定的供热面积和一定的热费收缴率，全年就有稳定的收入，基本上不存在经营性的风险。当改为按热收费后，则可能由于不同类型建筑的耗热量和缴费差异造成企业收益减少。像商场、办公楼这类保温好，能耗低，很少拖欠热费的用户是目前供热企业主要的盈

利对象，当按面积收费时，某种程度上从这类建筑获取的热费客观上弥补了住宅建筑欠费的损失。当改为按热收费后，商用建筑由于耗热量低，热费大幅度减少，而住宅建筑能耗高，应收缴的高热费又收不上来。丢失了原来的盈利渠道，新的高收费对象又交不上钱，供热企业就存在经营性风险。(2) 当按热收费后，供热企业要增加大量额外的维护管理工作，在计费、收费上也比较复杂，而"热改"却并未给供热企业带来太多的好处，甚至存在效益降低的风险。如此的利益机制就很难让供热企业积极地参与进来。

此外，目前的集中供热管理体制不利于终端采取灵活的收费制度，一定程度上也阻碍了"热改"。由于我国供热系统终端的建筑状况、室内供热系统形式多种多样，而目前很难找到一种热计量方式完全解决所有问题，因此若能根据终端特点，灵活采取相适应的收费制度，将有可能实现在不同的条件下采用不同的收费方式，并且可以分期分步地逐渐实现供热收费体制改革。然而，按照目前的供热管理体制，当一个热网中部分用户实行"按照热量收费"，部分实行"按照面积收费"时，由于这两类用户的调节目标彼此相反，供热企业对热网集中调度和运行调节就出现极大的困难。

上述的热电联产集中供热管理体制也不适合推广前述的高效热电联产与分布式燃气调峰方式。这是因为采用"吸收式换热循环"的高效热电联产方式不仅要求供热企业热力站进行改造外，还要求在电厂进行一定的改造，投资比例相当。由于二者都需要改造，都需要一定的资金投入，就需要供热企业和电厂通力合作。而在实际操作中，由于目前的"厂网分离"现状和二者按热量结算的模式，就会出现回收余热所获取的经济利益应如何分配的问题。二者利益博弈的结果往往是最终无法协调成功而导致项目无法实施，从而在某种程度上阻碍了提高热源效率新技术的推广。目前的供热管理体制也不适合"分布式燃气调峰"方式的推广。按照目前供热企业的管理模式，调峰热源设置在一次网，有利于热网总调度室进行均匀性调节，降低总耗热量。而当采用"分布式燃气调峰"方式，由于各个热力站单独设立热源，就要求各个热力站管理人员独立承担起调节任务，而在目前的供热管理体制下，各个热力站没有独立的热量计量装置或设有计量装置也不作为热力站管理人员业绩考核的指标，管理的好坏只看终端用户满意率的高低，这样当调峰热源设置在二次侧时，热力站管理人员就会尽可能加大供热量以满足末端的供热品质，提高用户满意率，而不计较所消耗的热量，很可能导致末端用于调峰的燃气消耗量增加，既造成能源的浪费，又造成供热成本的增加。

此外，目前的供热体制下，各地名义上取消但实质上仍存在的管网配套有可能导致供热企业"依赖于扩充"的经营模式，使本来应用于供热基础设施投资的资金成为企业效益的主要来源，就可能掩盖供热企业经营中的各种问题，供热企业也没有节能的紧迫感。同时，目前的供热体制下，臃肿庞大的供热企业难以实现终端高效率的管理，给予困难群体的供热补贴也难以发挥最大效能。这些在本书 3.11 节有详细的叙述。

鉴于目前的热电联产集中供热管理体制存在上述问题，不利于节能工作的开展，建议在管理体制上进行如下改革：将目前"电力公司管热源电厂，供热企业管供热网和末端服务"的现状，调整为"热源公司管理发电、调峰与一次管网，若干个供热服务公司分别管理各个二次管网与终端用热服务"的模式。同时取消以各种名义收取的管网配套费，以实际计量的一次管网进入二次管网的热量作为热源公司与供热服务公司之间唯一的结算依据，并且热源公司按照每年瞬态的一次网进入热力站的最大流量从供热服务公司收取一定的容量费。供热服务公司可以根据所服务的建筑群性质，以多种形式存在。例如对于住宅小区可归入物业公司，对于机关学校大院可直接由原来的运行管理部门管理，对于公共建筑，则可交由大楼的运行管理机构管理，对于多种性质混合的二次网，则可以成立专门的供热管理服务公司以合同能源管理的模式对末端用户进行供热服务管理。无论何种形式，每个独立的管理实体都要根据实际计量的热量和最大瞬态流量，向热源公司缴纳热量费。而这些供热管理服务机构可依据自身的不同组成形式和不同的服务对象，在最终用户间采用不同的计量和收费结算方式。例如机关学校大院和单一业主的公共建筑很多情况下是直接报销的方式；住宅小区可以根据情况采用按照面积分摊，按照各单元楼的计量热量分摊或直接进行分户计量收费。

这样，热源公司的经营发展目标将转为努力提高能源生产与输送效率，降低能耗；而供热服务公司的发展目标则成为降低供热二次管网损失和过量供热损失，并为终端用户提供更好的服务。上述出现的各类问题在这样的新模式下就都有可能解决：

1）新的管理体制下，热源公司不会抵制"热改"。这是因为：对于热源公司来说，由于其通过卖热从供热服务公司获取收益，与终端的收费方式没有直接关系；管网配套费的取消也使得热源公司的目标转为尽可能地提高能源生产和输送效率；同时由于热源公司与供热服务公司是企业间的商业行为，即使发生欠费情况也容易循求司法途径解决，因而不用担心欠费对效益的影响，这样，热源公司就不再有抵制"热改"的理由。和现有的经营模式相比，实际是把原来在电厂出口的热量计量结算点移到了各个热力站的入口。

2）新的管理体制下，热源公司通过卖热获取效益，其提高效益的唯一方法就是提高能源生产和输送效率，加强管理，节约管理成本，再加上"厂网一体"的体系结构使得利益得到统一。热源公司出于自身利益的考虑，必然愿意采用提高热源效率的新技术，这样也才有可能在中国北方城镇全面推广以热电联产方式为热源的高效集中供热系统。

3）对于供热管理服务机构来说，在做好末端供热服务的前提下，节省从一次网获得的热量是其产生经济效益的最重要的途径。由于每个独立核算的供热管理服务机构（公司）所服务的一个热力站所连接的建筑面积一般只在5万～10万 m^2，依靠专业的运行管理人员可以通过精细调节，有效地减少过量供热量。这时如果减少热量的费用直接就转换为供热管理服务机构（公司）的收益，对管理服务公司和直接进行服务与运行调节的人员来说，这将是他们的全部收益。这样，即使对末端用户仍维持按照面积收费的模式，只要在楼内有足够的调节手段，使运行调节人员能够进行各种调节操作，就可以起到有效的节能效果。由于运行调节人员更具备调节能力，因此通过把节能省下来的费用转给专业运行调节人员，可能比留给末端用户所产生的节能效果更大。

4）可以设计恰当的机制使供热服务（机构）公司拥有所管理的二次网的产权（这对于公共建筑和"大院模式"已经不成问题），这样供热服务公司为了使系统有更好的调节能力以获得更好的节能效果，就会自行筹资，进行系统改造甚至对建筑进行节能改造，从改造后的节能效果中获得收益回报。

5）分布式燃气锅炉调峰方式可以有效运行。采用上述新的体制，对热源公司来说，最佳的运行方式是在整个供热季恒定地供应热电联产高效产出的热量，使热源设备和城市一次管网一直处在最大负荷下工作，因此是具有最高的经济效益的运行工况。对于末端的供热管理服务公司，则担负起运行末端调峰燃气锅炉的任务，根据气候状况和供热需求，调整燃气锅炉的出热量。燃气锅炉比安装在热力站的一次网与二次网间的换热器有更大的调节能力，使得供热管理服务公司有能力应付可能出现的各种情况，从而保证更可靠的供热效果，因此对他们来说也是愿意接受的方式。热网提供的热量的价格大约仅为燃气产生的热量的价格的 60%，尽可能多从热网获得热量，尽量少用燃气再热，又与他们的经济利益直接挂钩，而这也与热源公司的利益一致。实际上，在这种状况下热源公司与供热管理服务公司的关系是：供热服务公司从技术上可以任意减少从热网获得的热量，而热源公司则从技术上可以限制每个热力站可从热网获得的最大热量。这样，经济利益与技术条件相互制约，在热源公司与供热管理公司之间形成一个有效的相互制约和相互促进的机制，导致这种燃煤燃气联合供热的方式可以得到推广和很好地运行。

6）无论是热源公司还是供热服务公司的管理都可得到加强。这是因为在新的管理体制下，以服务型人才需求为主的终端服务和以技术型人才需求为主的前端服务清晰分开。因而处于自动化水平较高，并且以技术型人才需求为主的热源公司就可以借鉴欧洲的管理模式，在现有的基础上大幅度减少管理人员，节约管理成本。对于供热服务公司来说，完全不同于当前带有一定垄断性质的供热企业，由于管理范围相对较小，各种职责和分工就可以做到很明确，管理模式、激励机制也可以相对灵活，管理的好坏也很容易从效益上体现，加上市场的竞争压力使其必然主动采取各种措施加强自身的管理。

7）政府补贴更能发挥应有作用，令供热企业头疼的欠费问题造成的影响大幅度减小。欠费的原因主要是供热企业提供的服务不到位或是由于经济困难难以负担造成。在新的供热管理体制下，完全靠提供服务获取效益的供热服务公司基于自身利益考虑，必然会大幅度改善服务质量，从而减少由于服务质量问题引起的欠费。北京市某能源托管企业 90% 以上的收费率相比托管前 80% 的收费率就是很好的证明。对于困难群体的欠费，与终端用户密切接触的供热服务公司可通过提交详细的用户资料向政府申请补贴，这样一方面保障了供热服务公司的利益，另一方面也使得政府补贴用在最恰当的场合，充分发挥补贴设置的初衷。

综上所述，北方城镇采暖要实现上述节能目标，必须改革不适宜的管理体制，和配套相应的机制：

1）改革现行的集中供热管理体制，即将目前"CHP 归电力公司管，城市供热归供热企业管"的现状，调整为"热源公司管理发电、调峰与一次管网，供热服务公司管理二次管网与终端用热服务"的模式。

2）改革现行的价格体系。取消对终端用户收取的管网配套费。以实际计量的热量作为唯一的热源公司与供热服务公司之间的结算依据。督促供热服务公司根据终端用户的特点选择合适的终端收费制度，并逐渐建立在不影响供热效果前提下的节能长效机制。

3）鼓励采用合同能源管理等市场机制参与采暖系统运行管理，工业余热回收以及热电联产新技术的推广，分享节能效益，促进节能技术的推广。

第3章 北方供热节能技术讨论

3.1 北京住宅建筑冬季零能耗采暖可行性

如何采用技术措施降低北方城镇建筑的本体需热量，这对北方城镇采暖节能工作至关重要。近年来，随着建筑节能工作的不断推进，"零能耗建筑"的概念在我国北方地区已日益受到关注，是否在我国北方地区只要做到足够的保温与气密，同时采用排风热回收装置，就可以使得冬季的采暖负荷为零，从而实现冬季零能耗？

我国北方地区的采暖负荷主要由围护结构负荷、渗风（冷风侵入）负荷和室内产热三部分组成。通过增强围护结构的保温，可以有效地降低冬季通过围护结构的失热。而对于渗风负荷部分，虽然增强围护结构的气密程度可以使得通过门窗缝隙渗入室内的风量减少，但是为保证室内人员的卫生需求，必然需要配备机械通风系统同时采用排风热回收装置，持续为室内进行通风换气。与传统的通过门窗通风的方式相比，机械通风的方式可以通过热回收装置回收部分排风热量，但是由于住宅的排风中很大一部分是通过卫生间、厨房的排风装置排出，回收这些排风的热量需要集中新风和热回收系统，分户独立的风系统很难全部回收。因此通过机械通风和热回收的方式往往很难充分地消除渗风负荷，同时还会增加额外的风机电耗。进一步从全年总的能耗来看，非常好的建筑保温、气密性和热回收，就不容易实现住户自行的开窗通风，从而在夏季和过渡季有可能增加使用空调的时间。

由此可见有必要对这种超保温、全密闭和热回收的零能耗居住建筑在我国北方地区的适用性进行全面评价，以明确我国北方地区居住建筑的发展方向。

为此，以下选取北京地区一栋典型住宅建筑中最有利于实现零能耗的户型为例，通过全年能耗模拟分析的方法，对北京地区住宅建筑采用"超保温、全密闭、排风热回收"方式是否可以实现冬季零供暖进行分析，同时也对零能耗方式在全年的能耗水平进行定量计算。

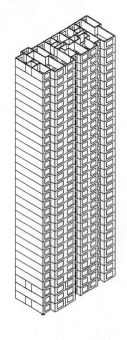

图 3-1　建筑立体图

3.1.1　案例建筑总体介绍

选取的计算案例为北京地区一栋 30 层的南北向板式住宅建筑，如图 3-1 所示，该建筑的层高为 3m，整栋建筑南、北立面的窗墙比分别为 0.35、0.25。每层分为 3 户。选取其中最有利于实现零能耗的中间户型作为研究对象，对象户型的室内面积为 139.4m²，其中功能房间包括起居室、卧室、厨房和卫生间，各房间的布置图如图 3-2 所示。

3.1.2　基础案例

为了反映北京地区居住建筑的基本情况，并与零能耗建筑建筑性能进行对比，参照《北京市居住建筑节能设计标准》❶，建立基础案例建筑模型，并进行模拟分析，计算其全年逐时耗冷热量。

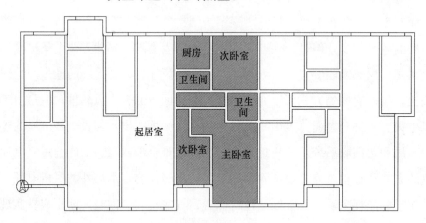

图 3-2　对象户型建筑平面图及房间功能划分示意

（1）基础案例参数设定

1）围护结构参数

参照《北京市居住建筑节能设计标准》，基础案例的围护结构性能如表 3-1 所示。

---

❶　DBJ 11-602—2006《北京市居住建筑节能设计标准》[S]. 北京市规划委员会　北京市建设委员会发布，2006.

基础案例围护结构性能　　　　　　　　　　　　表 3-1

外窗 K 值 [W/(m² · K)]	外窗 SC 值	外墙 K 值 [W/(m² · K)]	屋顶 K 值 [W/(m² · K)]
2.20	0.5	0.62	0.6

2) 室内设定温度

冬季供暖室内设定温度为 20℃，相对温度不低于 30%。

夏季空调室内设定温度为 26℃，相对湿度小高于 60%。

3) 室内发热量

各功能房间的人员、灯光、设备的产热设定如表 3-2 所示，作息时间如图 3-3 所示。

室　内　发　热　量　　　　　　　　　表 3-2

房 间 类 型	房间最多人数 （人）	最大灯光设备产热 （W/m²）
主卧室	2	4.5
次卧室	1	4.5
起居室	3	4.9
卫生间	0	4.9
厨 房	1	4.9

4) 通风设定

根据普通居住建筑的使用特点，可将通风分为以下三种情况：

①冬季卧室起居室的通风

由于普通居住建筑一般未设置机械新风系统，通风主要通过外窗外门无组织渗风及开启时的冷风侵入实现。目前在我国北方冬季较为普遍的情况是：大部分时间房间门窗全部关闭，室内人员所需的新风由门窗的渗透来供给，当室内人员觉得空气质量不好的时候或定时间段，通过打开门窗进行短时间、大换气量的通风（时间约 20min~1h 不等），之后又会将门窗紧闭。因此对北方地区普通住宅建筑，平时通风量主要为渗风量，在计算案例中按 0.5 次/h 计，即每户 209m³/h。

②夏季及过渡季卧室起居室的通风

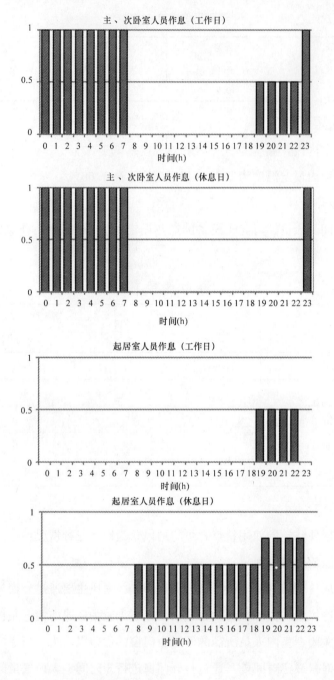

图 3-3 各功能房间人员作息图（1—有人，0—无人）

在过渡季和夏季室外较为凉爽的时间段，普通住宅一般都可以通过打开窗户来加强自然通风，从而带走室内的发热。当室外较为炎热需要开启空调时，用户通常关闭窗户同时开启空调，此时的通风量主要为渗风量。因此，在计算案例中开窗通风时，通风次数按 10 次/h 计，即为每户 4181.6m³/h，关闭窗户开启空调时的渗风量按照 0.5 次/h 计，即为每户 209m³/h。

③厨房、卫生间通风

由于厨房、卫生间的空间需要一定量的排风，以维持室内空气的清洁，因此《住宅设计规范》[❶] 推荐厨房和卫生间的全面通风换气次数不宜小于 3 次/h。因此，在计算案例中厨房的排气量按 400m³/h 计，折算到整户为 0.96 次/h，设定每天厨房使用 2 次，每次为 1h。卫生间排气量按 100m³/h 计，折算到整户为 0.24 次/h，为 24h 开启。

综合以上三种通风情况，基础案例中除开窗通风的工况外，全天的通风量如图 3-4 所示。

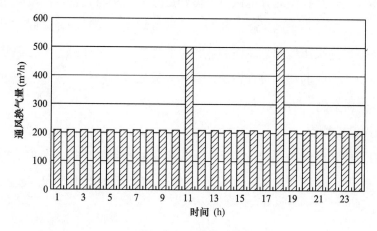

图 3-4　基础案例通风作息

（2）基础案例模拟计算结果

采用住宅全年建筑能耗分析软件 DeST-h[❷] 对基础案例的全年逐时耗冷热量进行计算，得到如图 3-5 所示基础案例的全年累计热负荷、冷负荷以及厨房卫生间排风风机电耗。

❶　GB 50096—1999（2003 年版）《住宅设计规范》[S]. 中华人民共和国建设部，1999.

❷　燕达，谢晓娜，宋芳婷，江亿. 建筑环境设计模拟分析软件 DeST 第 1 讲　建筑模拟技术与 DeST 发展简介 [J]. 暖通空调，2004，34（7）：48-56.

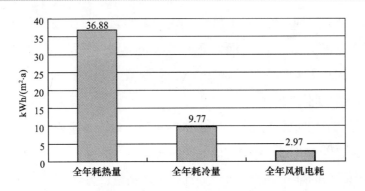

图 3-5 基础案例全年累计耗冷热量及风机电耗

3.1.3 零能耗案例

为了检验是否在我国北方地区只要做到足够的保温与气密，同时采用排风热回收装置，就可以使得冬季的采暖负荷为零，即可实现冬季零能耗，同时也为了检验在这几种节能措施采用后对夏季空调耗冷量的影响，通过在模型中根据零能耗建筑保温、气密、热回收的特点进行设定，具体参数如下：

（1）零能耗案例参数设定

1）围护结构性能

根据有可能达到围护结构性能极限，设定零能耗案例建筑的围护结构性能如表3-3所示，其中，外墙为 250mm 聚苯板外保温，屋顶为加气混凝土保温屋面（147mmXPS）。

零能耗案例围护结构性能　　　　　　　　　　　　　　表 3-3

外窗 K 值 [W/(m²·K)]	外窗 SC 值	外墙 K 值 [W/(m²·K)]	屋顶 K 值 [W/(m²·K)]
1.00	0.5	0.1	0.2

2）室内设定温度

室内空气计算参数均与基础案例相同。

冬季供暖室内设定温度为 20℃，相对温度不低于 30%。

夏季空调室内设定温度为 26℃，相对湿度小高于 60%。

3）室内发热量

室内发热量的大小和作息均与基础案例相同。

4）通风设定

由于零能耗建筑普遍采用了高气密等级的门窗，可以使得通过门窗缝隙渗入室内的风量大大减少。同时由于为保证室内人员的卫生需求，建筑内需要配备机械通风系统，持续维持室内外之间的通风换气。同普通居住建筑类似，零能耗建筑的通风也可分为以下三种情况。

①冬季卧室起居室的通风

由于零能耗建筑一般都设置有机械新风系统，通过完美的密闭，杜绝了门窗的冷空气渗透，室内外之间的通风换气主要通过机械通风实现。在计算案例中机械通风风量设为 0.5 次/h，即每户 209m³/h。

②夏季及过渡季卧室起居室的通风

与普通住宅不同，在过渡季和夏季室外较为凉爽的时间段，高气密机械通风的零能耗建筑类型一般不容易实现住户自行的开窗通风，来加强自然通风，从而带走室内的发热。因此，在计算案例中夏季及过渡季卧室起居室的通风与冬季相同，机械通风风量设为 0.5 次/h，即每户 209m³/h。

③厨房、卫生间通风

与基础案例类似，由于厨房、卫生间的空间需要一定量的排风，以维持室内空气的清洁，因此，在计算案例中厨房的排气量按 400m³/h 计，折算到整户为 0.96 次/h，设定每天厨房使用 2 次，每次为 1h。卫生间排气量按 100m³/h 计，折算到整户为 0.24 次/h，为 24h 开启。

综合以上三种通风情况，零能耗案例的全天的机械通风量如图 3-6 所示。

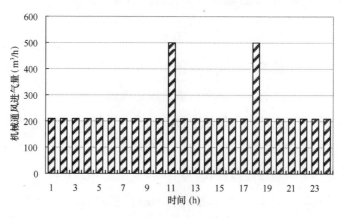

图 3-6　零能耗案例机械通风作息

5）热回收设定

为了进一步减少由于室内外换气造成的能量消耗，采用在排风和机械送风之间按照热交换器实现显热回收，但是卫生间、厨房排风由于分散和清洁的问题难以全部回收，因此仅回收除卫生间和厨房之外的排风。

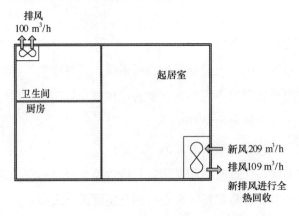

图 3-7 厨房通风机关闭时室内通风示意图

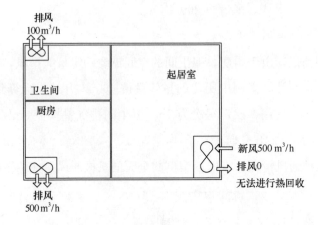

图 3-8 厨房通风机开启时室内通风示意图

例如当厨房排风机未开启时，由机械通风送入起居室的新风，一部分从卫生间排走，另一部分从起居室热回收排风中排走。其中从起居室热回收排风可以与新风进行显热回收。如图 3-7 所示，机械送风 209m³/h 进入室内后 100m³/h 的风量由卫生间排走，此部分一般难以热回收，其余的部分 109m³/h 可与新风进行热回收。当厨房通风机开启时，此时由机械通风送入起居室的新风 500m³/h 全部由厨房、卫生间排走，此时无法回收排风中的热量，见图 3-8。热回收工况全天的机械通风量如图 3-9 所示。

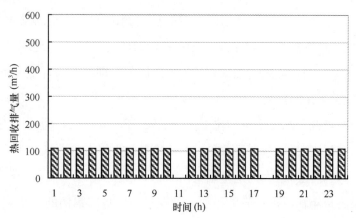

图 3-9　热回收排气量

在本计算案例中，显热热回收装置全年平均热回收效率设为 70%。热回收装置全年运行。

（2）零能耗案例模拟计算结果

采用住宅全年建筑能耗分析软件 DeST-h 对零能耗案例的全年逐时耗冷热量进行计算，得到如图 3-10 所示零能耗案例的全年累计热负荷、冷负荷以及排风风机电耗。

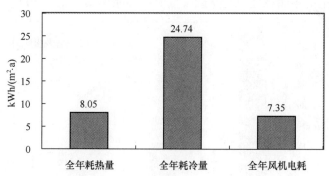

图 3-10　零能耗案例全年累计耗冷热量及风机电耗

3.1.4　基础案例与零能耗案例结果对比分析

（1）全年累计能耗比较

如图 3-11 所示，通过基础案例与零能耗案例全年累计耗冷热量及风机电耗的比较，可以看到：

1）零能耗案例与基础案例相比，零能耗案例全年累计耗热量为基础案例的 21%，这说明通过围护结构的保温、气密和热回收，可以有效地降低建筑的耗热量。但由于卫生原因，新风无法实现 100% 热回收，即使是位于建筑正中的户型，也无法实现完全零采暖能耗。

2）零能耗案例与基础案例相比，由于采取了围护结构的保温、气密和热回收，造成了自然通风的不畅，从而导致夏季的耗冷量的大幅上升。从图中可以看到零能耗案例的全年累计耗冷量大约是基础案例的 2.5 倍。

3）如果将全年耗冷热量简单相加，可以看到，基础案例的全年累计耗冷热量为 46.65kWh/m²，零能耗案例的全年累计耗冷热量为 32.79kWh/m²，零能耗案例能耗约为基础案例能耗的 70%，因而本文中介绍的这种零能耗建筑模式未能真正实现能耗的大幅下降。

4）此外，由于增加了排风及热回收装置，零能耗案例的风机电耗比基础案例高出 4.4kWh/m²，大致为基础案例的 2.5 倍。如果认为冷热量都可以通过 $COP=3$ 的电动热泵来获得，那么这里多出来的 4.4kWh/m² 的电力，可以转换成 13.2kWh/m² 的热量或冷量，几乎等于零能耗案例与基础案例热量冷量的差。这样一来，本文讨论的零能耗建筑与基础案例的实际能耗几乎完全相同！

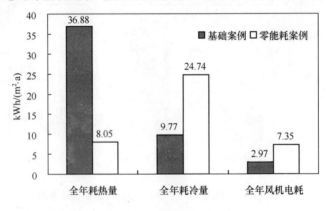

图 3-11　基础案例与零能耗案例全年累计耗冷热量及风机电耗比较

（2）逐月冬季供热能耗比较

为了进一步对分析基础案例与零能耗案例的差异，如图 3-12 所示，通过两个案例逐月耗热量的比较，可以看到零能耗案例与基础案例相比，零能耗案例不仅逐月的耗热量要远小于基础案例，而且有效地缩短了需要热负荷的时间段。

如图 3-13 所示，从冬季典型日两个案例单位面积耗热量的比较可以看到，实现零能耗案例耗热量大幅下降的主要原因是减少了室内外通风换气的耗热量，以及降低了围护结构的热损失。

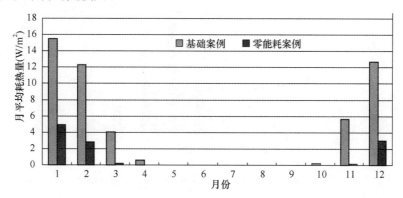

图 3-12　基础案例与零能耗案例逐月耗热量比较

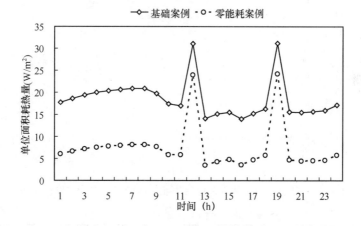

图 3-13　冬季典型日基础案例与零能耗案例单位面积耗热量比较

（3）逐月夏季及过渡季空调能耗比较

通过基础案例与零能耗案例逐月空调耗冷量的比较可以看到（图 3-14）：

1）零能耗案例与基础案例相比，零能耗案例不仅逐月的耗冷量要远大于基础案例，而且需要供冷的时间段也大幅增加；

2）基础案例需要供冷的时间段大致为 4 个月，而零能耗案例需要供冷的时间段大致为 6 个月。

为了进一步说明造成零能耗案例耗冷量大幅上升的原因，选取了过渡季（图

3-17）和夏季典型日（图3-15）的耗冷量变化曲线，以及主卧对应的室温变化（图3-16、图3-18）。可以看到，基础案例在过渡季及夜间通过开窗通风，不仅大大缩短了空调开启时间，也降低了空调所需耗冷量。

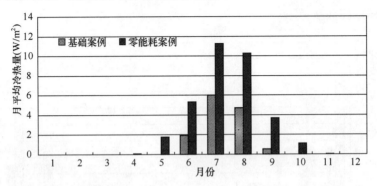

图 3-14 基础案例与零能耗案例逐月耗冷量比较（kWh/m²）

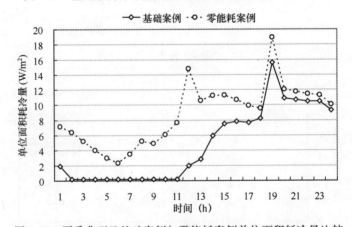

图 3-15 夏季典型日基础案例与零能耗案例单位面积耗冷量比较

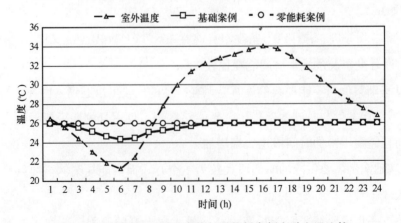

图 3-16 夏季典型日基础案例与零能耗案例主卧室温比较

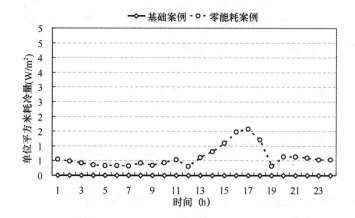

图 3-17　过渡季典型日基础案例与零能耗案例单位平方米耗冷量比较

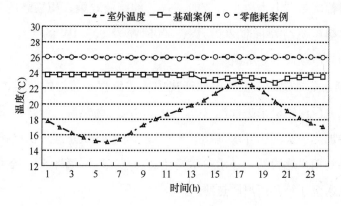

图 3-18　过渡季典型日基础案例与零能耗案例主卧室温比较

3.1.5　结论

1) 随着我国北方地区建筑节能事业的不断推进，墙体保温与气密等措施有效地降低了北方城镇建筑的本体需热量，为这一地区的节能工作做出了重要的贡献。

2) 但随着保温厚度和气密程度达到一定水平，继续盲目加强保温厚度和气密并不是总能够实现能耗的大幅下降，不注意各个细节，做的不完善，反而有可能导致夏季空调负荷的大幅上升。

3) 结合我国的实际情况和人居习惯，本节中提到的超保温、全密闭和热回收的零能耗居住建筑要慎重在我国北方地区大量推广。

4) 要解决这一问题，关键是要使得外窗能够在需要密闭的时候做到非常好的气密性，而在过渡季和夏季需要通风时，又能开启，实现有效的自然通风换气。这在目前还没有非常合适的外窗产品，可能也是门窗行业努力的一个方向。

3.2　基于吸收式换热的热电联产集中供热新方法

结合以煤为主的能源结构（煤在我国一次能源结构中约占70％左右），我国已形成以热电联产为主、区域锅炉房为辅、其他热源方式为补充的城市供热格局。近年来，我国北方各大中城市已经建设了不同规模的城市热力管网，并向管道大口径、供水高参数方向发展；电力工业为了实现"十一五"能源消耗和主要污染物排放总量控制目标实施"上大压小、节能减排"的能源政策，积极鼓励建设大容量、高参数抽凝式热电机组，目前200MW、300MW及600MW的大型抽凝两用机组已经成为我国热电联产的主导机型。

图3-19所示为常规的大型热电联产集中供热流程，热量的转换、输送经历了如下环节：以电厂汽轮机采暖抽汽（0.3～1.0MPa）为热源，经热网供热首站内的汽－水换热器加热一次网循环水（130/70℃）；130℃的供水经一次网循环泵送至各个热负荷中心的用户热力站，经水－水换热器加热二次网循环水（80/65℃）；再经二次网循环泵送至建筑各用户散热终端。

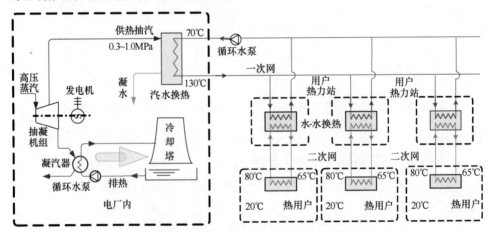

图3-19　常规的大型热电联产集中供热流程

显然，这样的大型集中供热系统存在着两个问题：

第一，汽轮机冷凝热排放造成巨大的浪费。

　　大型抽汽式供热汽轮机，即使在最大抽汽工况下仍然必须有一部分做功后的低压蒸汽通过低压缸排出，以避免低压缸达不到最小蒸汽流量时可能造成的机械损坏。因此，即使在冬季最大供热工况下，也必须有相当一部分凝汽热量通过冷却塔排放到电厂周围环境。

　　该冷凝热数量很大，占到机组煤耗折合热量的 20%～30% 左右，约为发电耗热的 0.6～1.3 倍，相当于机组抽汽供热量的 30%～50%，见图 3-20。这些热量的温度只在 30℃ 左右，因此对发电来说完全是废热，但是对于建筑供热来说，在室外为低于零度的环境下，则是可能应用的热源。如果能将之有效地回收利用，将会使热电联产产热量在不影响发电的前提下大幅度提高，从而使电厂的综合热效率得到显著提高，同时还可以减少冷却水蒸发量，节省宝贵的水资源，并减少向环境的

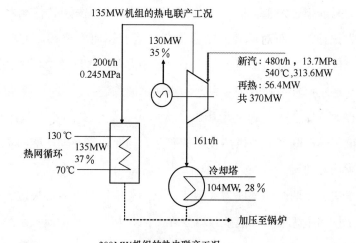

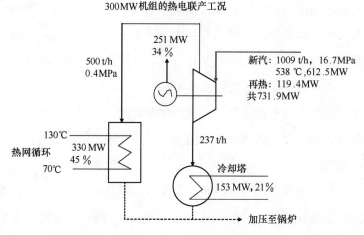

图 3-20　哈尔滨汽轮机厂生产的 135MW 及 300MW 热电联产机组热平衡图

热量和水蒸气排放。以北京市为例，目前作为城市热网热源的石景山热电厂、大唐高井电厂、华能北京热电厂和国华热电厂四家热电厂可利用的循环水余热资源量达1200MW左右，如果这些热量能够得到有效利用，可增加供热面积3000万 m² 左右，每年将为北京市减少采暖用燃料耗量约40余万 tce，减少循环水损失70万 t 以上，减少 SO_x 排放 6500t，减少 NO_x 排放 2000t，减少烟尘排放 2500t，具有非常显著的经济、环境与社会效益。

第二，管网输送能力不足的瓶颈问题。

另一方面，承担热量输送的城市热网具有投资高、周期长的特点。随着我国城市迅猛发展，城市热网供热半径不断加大，现有热网的输送能力已严重不足。以北京市为例：城市热网覆盖范围内的建筑达到近 3 亿 m²，但按照目前的供热参数，热网输送能力只能担负约 1.4 亿 m²，缺口部分则不得不采用其他相对低能效、高成本的供热方式补充。而对于北京城区复杂的地上和地下现状，重新扩大热网管径，不仅投资巨大，而且几乎不可能施工。另一方面，大型热电厂通常远离城市中心区，热量输送距离较远，若按照目前的供回水温差进行供热，其单位热量的投资和输送能耗很大，这在一定程度上影响了大容量、高参数的热电联产项目的经济性，进而影响了热电联产集中供热技术的普及。因此，管网输送能力不足也是集中供热发展必须面对的又一瓶颈。

因此，解决上述两个问题成为大型热电联产集中供热发展的关键。进一步提高热电联产集中供热系统能力和能效，既要充分回收利用汽轮机凝汽余热，同时又要必须提高管网的输送能力，解决热量长距离输送问题。采用热水循环输送热量，最有可能实现加大输送能力的是尽可能的加大循环水供回水温差。

汽轮机排汽冷凝热的另一个特点是品位低，其排汽压力低，水冷 4～8kPa，空冷 10～15kPa；相对的冷凝温度为：水冷 20～40℃，空冷 45～54℃。这样的温度很难直接供热。尤其是为了加大热网的供回水温差时，更不能直接用这样的热量来加热热网循环水，必须设法适当提高其温度。目前可采用的方法有两个：一是降低排汽缸真空，提高排汽温度，即通常所说的汽轮机组低真空运行；二是以电厂循环冷却水（水冷）或冷凝器乏汽（空冷）作为低品位热源，在电厂设置热泵吸取其中余热实现供热；三是设法使热网的回水温度低到 20～25℃，从而有可能直接吸收部分热量。

（1）汽轮机组低真空运行

汽轮机低真空运行供热技术在理论上可以实现很高的能源利用效率，对于中小规模（125MW 以下）的发电机组，国内外都有很多成功的研究成果和运行经验。

对小容量汽轮机组进行改造，降低其排汽真空度，热网回水直接进入凝汽器加热后，输送至热用户散热末端进行供热，通常从热用户出来的热网回水约为 40℃，受汽轮机排汽压力的限制，仅能实现较小的供、回水温差（20℃左右），因此这种模式仅适用于热源距用户负荷中心较近（1km）、供热负荷较小的情况；即使利用汽轮机抽汽对热网水再热，凝汽热量约占总供热量的 30%，如热网回水 40℃，加热后凝汽器出口 55℃，则抽汽即使提供 70% 的热量也仅能将热网水升温至 90℃，仅能实现 50℃左右的供、回水温差，显然这还不能满足大容量供热机组实现大规模的集中供热的要求。

此外，对于大容量、高参数的发电机组，传统的低真空运行就会出现严重的安全性问题，除非对汽轮机结构进行改造，否则不能低真空运行，而对汽轮机结构改造后又会严重降低非供热期的发电效率。因此目前尚没有采用低真空方式运行的大容量、高参数的供热机组的案例。

（2）电动热泵技术

利用电动热泵技术，通过调整用电量可实现全部回收汽轮机凝汽余热，满足热网加热的匹配要求。此种模式其实可等效于热电联产低真空加热方式，见图 3-21，定义能源利用效率 COP_e＝输出供热量/用电量（或少发电量），电动热泵 COP_e＝4，采用抬高背压，低真空运行方式与常规方式相比，多供出 1 份热量，少产电约 0.15 份，则这种方式的能源利用效率就相当于一个 $COP=1/0.15=6.67$ 的热泵。显然，用电动热泵提升凝汽余热的供热方式，需要经过汽轮机和热泵的两次转换，

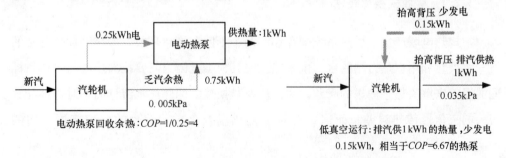

图 3-21　电动热泵与常规热电联产能效对比

其能效要低于低真空热电联产方式，在经济上和能源利用率上都是不合理的。

（3）吸收式（热驱动）热泵技术

采用吸收式热泵技术，利用汽轮机采暖抽汽驱动吸收式热泵实现凝汽余热的提取，实质上是利用了常规热电联产系统中汽—水换热过程中的㶲损失，和电动热泵回收余热相比，能源利用效率 COP 可达 10，见图 3-22。显然利用吸收式热泵技术应该是凝汽余热回收利用最佳的方式。

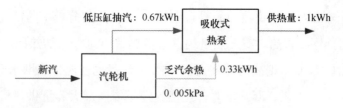

吸收式热泵回收余热：供出1kWh的热量需要0.67kWh的低压缸抽汽，少发电0.10kWh，相当于 $COP=1/0.1=10$ 的热泵

图 3-22 吸收式热泵技术能效分析

应该指出，常规的热泵技术，无论是电驱动的还是热驱动，都仅解决了一部分余热利用的问题，但是对于大容量机组，其所服务的供热规模大，因此供热半径必然很大，因此就必须长距离输送热量，为了保证输送系统的经济性，一次管网的供回水温差就要尽可能的大，简单地采用热泵从凝汽器提取热量，就很难满足大温差加热的要求。

通过深入研究和分析目前热电联产集中供热系统存在的问题及其节能潜力，就怎样同时解决了电厂凝汽余热利用和大温差输送热量这两个问题，近年来提出了"吸收式换热"的概念和"基于吸收式换热的热电联产集中供热新技术"。

3.2.1 吸收式换热技术

常规热电联产集中供热系统中存在的两个不匹配换热环节，即热网加热首站的汽—水换热和用户热力站的水—水换热。究其根本是因为需要拉大热源与供热目标间的温差来解决热量输送的问题，由此使参与换热的两侧热水流量的不对称性导致很大的三角形传热温差。而这一三角形换热温差存在着较大的可用能再利用的空间。

通过在热力站设置吸收式换热机组，替代原来的板式换热器，可以使上述三角形换热温差得以应用。所谓吸收式换热机组（图 3-23）是由热水型吸收式热泵和水－水换热器组成，一次网高温供水首先作为驱动能源进入吸收式热泵发生器中加热浓缩溴化锂溶液，然后再进入水－水换热器直接加热二级网热水，最后再返回吸收式热泵作为低位热源，在热泵蒸发器中降温至 20℃ 左右后返回一次网回水管；二级网回水分为两路进入机组，一路进入吸收式热泵的吸收器和冷凝器中吸收热量，另一路进入水－水换热器与一级网热水进行换热，两路热水汇合后送往热用户。这种吸收式热泵－换热器组合的吸收式换热方式，利用蕴涵于热力站环节的大温差换热环节的可用能，对一级网的热水进行有效的梯级利用，进而使得热网回水降低至 20℃（显著低于二级网回水温度），由此为热能工程的供热系统方式带来很大的变化：

1）通过大幅降低一次网回水温度，拉大管网的输送水温差，降低热网的输送水量，从而大幅提高热网的输送能力，降低一次网初投资和循环水泵电耗；

2）低温回水（20℃ 左右）可以直接接收冷凝器中的低温热量，从而使一部分低品位热量直接用来加热低温回水，减少了提取冷凝器低品位热量的任务。

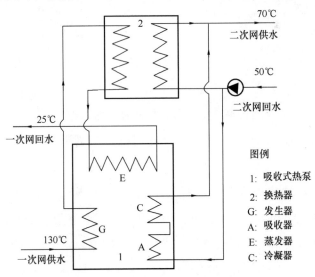

图 3-23　吸收式换热机组流程示意图

3.2.2　基于吸收式循环的热电联产集中供热技术

如图 3-24 所示，通过在用户热力站处安装吸收式换热机组，将一次网回水温度降至 20℃返厂后，首先进入电厂设置的余热回收专用吸收式热泵机组，以汽轮机的采暖蒸汽作驱动动力，凝汽器内 30℃左右的低温汽轮机排汽作为低位热源，将一次网 20℃回水加热至 90℃，再经过汽—水换热器加热至 130℃送出。

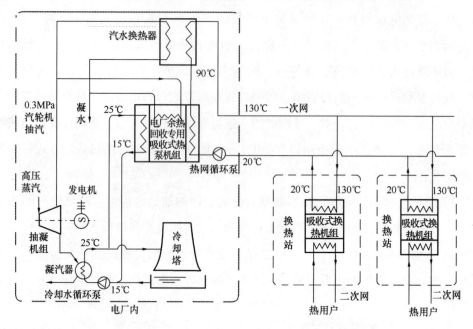

图 3-24　基于吸收式循环的热电联产集中供热技术流程

上述流程应用于大型燃煤热电联产机组，可以在不增加总的燃煤量和不减少发电量的前提下，使目前的热电联产供热能力增加 30％～50％，城市热力管网主干管的输送能力提高 70％～80％，全面突破目前城市发展热电联产集中供热的瓶颈。

这样，按照我国热电联产供热面积 30 亿 m² 计算，通过推广使用这一技术，利用现有的供热机组和供热管网，就可增加供热建筑面积 9 亿 m²，实现约 39 亿建筑平方米的供热规模，每年可节能约 1800 万 tce 标煤，减少碳排放量 6930 余万 t。

目前，该技术已被国家发展和改革委员会列入《国家重点节能技术推广目录（第二批）》中。同时，作为重大节能示范技术，被列入国家战略性新兴产业规划《节能环保产业发展规划》中。2010 年 12 月，大同市完成了第一热电厂乏汽余热利用示范工程，标志着该项技术在大型集中供热系统的成功推广。

3.3 以室温调控为核心的末端通断调节与热分摊技术

3.3.1 原理与特点

供热改革是我国建筑节能工作的重要组成部分,然而经过十多年的努力,以"分户调节"和"计量收费"为核心的"热改"一直未能在我国集中供热地区全面实施,迄今为止尝试热计量收费的建筑面积还不到北方集中供热建筑面积的 1%,供热改革举步维艰。为此,有人提出:按面积计费是计划经济体制福利社会的最后堡垒,分户计量改革可能比住房改革还要困难。这其中除体制和机制原因外,更主要的是现有各种技术措施都无法适应我国国情,在技术上存在很多实际困难。

关于分户调节,现有计量方案都是在散热器安装恒温阀,问题是:①恒温阀要实现良好的调节性能需要热源精细调节和外网有效控制,目前国内很难做到;②恒温阀易堵塞,可靠性低、调节量小并且易滞后,控温精度低;③不适应地板辐射等新型末端;④无法应用于单管串联系统,而我国大部分既有建筑户内采暖系统即为单管串联方式。

关于按照热量计量收费,在基本原理上和技术上也都存在很多难题,包括:①建筑端部和顶层单元与中间单元相比,单位面积耗热会多 2~3 倍;②户间通过隔墙传热,使得室温低或不采暖的用户可以从采暖的邻室得到热量,而采暖的邻室则增加了耗热量;③高额的改造和设备费用;④装置的标定与装置损坏所带来的管理、维护与维修工作。

针对上述问题,提出一种同时实现热计量和热调节的方案,其原理如下:如图 3-25所示,在每座建筑物热入口安装热量表,计量整座建筑物的采暖耗热量,对于分户水平

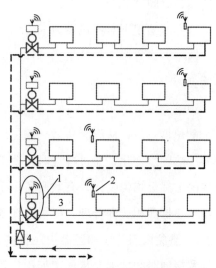

图 3-25 通断控制装置及热分摊
技术原理图

1—室温通断控制阀;2—室温控制器;3—供热
末端设备;4—楼热入口热量表

连接的室内采暖系统，在各户的分支支路上安装室温通断控制阀，对进入该用户散热器的循环水进行通断控制来实现该户的室温控制，同时在每户的代表房间放置室温控制器，用于测量室内温度同时供用户自行设定要求的室温。室温控制器将这两个温度值无线发送给室温通断控制阀，室温通断控制阀根据实测室温与设定值之差，确定在一个控制周期内通断阀的开停比，并按照这一开停比确定的时间"指挥"通断调节阀的通断，从而实现对供热量的调节。通断阀控制器同时还记录和统计各户通断控制阀的接通时间，按照各户的累计接通时间分摊各户热费。即：

$$q_j = \frac{\alpha_j \cdot F_j}{\sum_{i=1}^{n} \alpha_i \cdot F_i} Q \tag{3-1}$$

$$\alpha_j = \frac{T_{\mathrm{open},j}}{T_{\mathrm{o}}} \tag{3-2}$$

式（3-1）、（3-2）中 q_j 为分摊给某指定用户 j 的采暖耗热量；α_j 为某指定用户 j 入口阀门的累计开启时间比；F_j 为某指定用户 j 的供暖面积；Q 为楼栋入口处热量表计量的热量；$T_{\mathrm{open},j}$ 为某指定用户 j 入口阀门的累计开启时间；α_i 为全楼各用户入口阀门的累计开启时间比；F_i 的全楼各用户的供暖面积。T_{o} 为楼栋入口热计量的累积时间。

这样既实现了对各户室内温度的分别调节，又给出相对合理的热量分摊方法。

这一方式集调节与计量为一体，以调节为主，同时解决了计量分摊问题。其特点为：

1）改善调节。当散热器串联连接时，采用连续调节很难均匀地改变所串联的各个散热器热量，从而无法做到均匀调节。而采用通断调节方式，所串联的各个散热器冷热同步变化，通过接通时间改变散热量，因此可使一个住户单元中的各个散热器的散热量均匀变化，有效避免由于流量过小导致前端热、末端凉的现象。只要各组散热器面积选择合理，就可以在各种负荷下都实现均匀供热。

2）避免用户开窗和室温设定偏高。采用这种方式，开窗、调高室温设定值都会导致接通时间增加，从而增加用户热费分摊量。因此这种方式能有效抑制开窗现象，同时可促进用户合理地设定室内温度，实现用户行为节能。

3）减少邻室传热带来的问题。为了防止无人时室内冻结，控制器可限定最低设定温度，如 12℃，使得用户入口阀门不会长期关闭，当用户长期外出时，既大大削弱了邻室传热的影响，也避免了室内冻结。由于不是以热量分摊采暖费用，而是以接通的时间比例来分摊，因此大大降低了邻室传热的影响，缓解了热分摊中的不公平。

4）解决建筑物不利位置住户热费缴纳问题。由于是按照供热面积与累计接通时间的乘积分摊热量，顶层和端部单元按照设计会多装散热器，所以也不会出现多分摊热费的问题。

5）安装方便、经济可靠。研制开发的供热控制和热分摊计量一体化智能装置，不像热量表、温控阀等对水质要求较高，也不像热分配表那样对散热器类型和安装条件有要求，并适合于各种末端形式的供热系统，其结构简单，安装使用方便，可靠性高。然而从用户的可接受性出发，要求采用这种方式的每个用户的散热器型号和面积统一设计安装，不得擅自更换。

上述分析表明：分户计量收费改革的各项目的用这一方法都可以实现，而所出现的相应问题和改造费用却大大减少。但上面给出的只是总体思路，要真正应用于实践还需要解决以下几个具体问题，也是该技术的核心内容：

1）实现具体的通断调节方式和控制策略，使得在任何状况下都能保证室温仅在很小的范围内波动；

2）对末端分散的通断控制不会带来整个水系统流量大起大落的波动；

3）可靠的硬件设备。

下面将对这几个问题逐一展开讨论。

3.3.2　预测阀门开启占空比的智能通断调节方法

工程应用中最常见的通断调节方式是位式调节，即预先设定一个偏差值，当温度高于"设定温度＋偏差值"时，阀门关断；当温度低于"设定温度－偏差值"时，阀门开启（图 3-26）。这种方式若直接应用于散热器采暖系统，由于建筑巨大的热惯性，调节容易滞后，室温控制精度非常低。为此，不是采用位式调节，而是"智能占空比"调节。根据系统的热惯性确定固定的调节周期（例如半个小时），在每个调节周期内根据供暖要求确定"占空比"，也就是这个周期内接通时间所占的比例。根据室内实际温度和设定温度之差，按照模糊算法可得到当前周期阀门开启占空比，并按照该占空比控制阀门的通断，其原理如图 3-27 所示。

　　智能通断控制实现的关键是合理的确定当前周期阀门开启占空比。实际过程中，当前周期阀门开启占空比是按照式（3-3）对上一周期的阀门开启占空比修正得到，这样问题就转化为如何获得占空比的修正值。

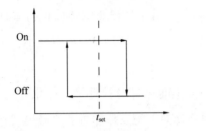

图 3-26　位式通断调节原理图

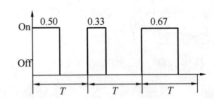

图 3-27　智能通断调节原理图

$$\kappa(T_i) = \kappa(T_{i-1}) + \Delta\kappa(T_i) \tag{3-3}$$

式中　$\kappa(T_i)$——第 i 个控制周期阀门开启占空比；

　　　$\Delta\kappa(T_i)$——第 i 个控制周期阀门开启占空比修正值。

　　具体地，修正值 $\Delta\kappa(T_i)$ 是通过查询一张控制表（表 3-4）得到。该表的列表示温度需求，通过用户设定温度和当前实际温度之差来描述。如用户设定温度高于当前实际温度，则为升温需求，反之为降温需求。按照需求程度不同分为高、中、低三档。该表的行表示当前温度的变化速率，可通过前一个周期内的温度变化来描述，并按照温度变化程度分为快、中、慢三档。这样就得到一张 6 阶的控制表格，每一周期的阀门占空比修正值都可以通过当前时刻温度、当前设定温度、上一周期结束时的实际温度三个参数查询表格得到。

占空比修正系数模糊控制表　　　　　　　　　　表 3-4

		降温需求 ($t_{set}(\tau) < t_a(\tau)$)			升温需求 ($t_{set}(\tau) \geqslant t_a(\tau)$)		
		高	中	低	低	中	高
降温速率	快	a11	a12	a13	a14	a15	a16
	中	a21	a22	a23	a24	a25	a26
($t_a(\tau) < t_a(\tau-T)$)	慢	a31	a32	a33	a44	a55	a66
升温速率	慢	a41	a42	a43	a44	a45	a46
	中	a51	a52	a53	a54	a55	a56
($t_a(\tau) \geqslant t_a(\tau-T)$)	快	a61	a62	a63	a64	a65	a66

　　注：$t_{set}(\tau)$ 为 τ 时刻温度设定值；$t_a(\tau)$ 为 τ 时刻室内实际温度。

图 3-28 是处于楼内不同位置，设定不同温度的 8 个典型用户的室温控制曲线，图中直线为设定温度，点线为用户实际温度。可以看到，不管用户位于楼内哪个位置，以及设定温度是多少，只要用户处于调控状态，被控房间的室温均可控制在"设定温度±0.5℃"，控制策略展现了良好的鲁棒性。

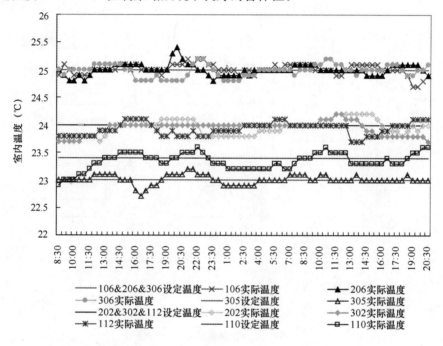

图 3-28　部分用户的室温连续变化曲线（12 月 27～29 日）

3.3.3　错开用户控制周期的水力均匀性方法

采用预测阀门开启占空比的智能通断调节方法会使得所有用户阀门的开启时间集中在一个周期的前半段，所有用户阀门关闭的时间集中在后半段，这就使得阀门动作一致性的概率大大增加。如图 3-29 所示，某干管上有三根立管，每根立管有六个用户，以立管 1 为例，当控制周期为 30min，各个用户的阀门占空比均为 0.5 时，如果阀门动作的起始时刻相同，则下一个周期内的前 15min（30min×0.5）内 6 个用户的阀门同时开启，后 15min 阀门又将同时关闭（图 3-30），如果三根立管状态一致，则整个系统的循环水量就会大起大落。

为了解决水力工况问题，提出一种控制周期错开的水力均匀性方法。其基本原理是：

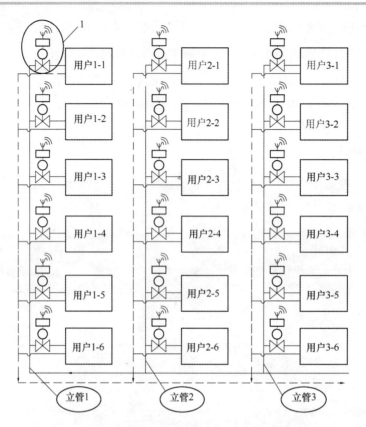

图 3-29   通断控制装置安装示意图

1—室温通断控制阀

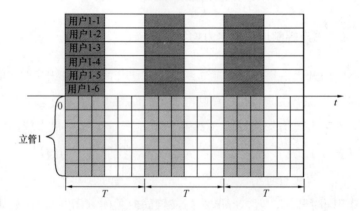

图中：阴影部分代表阀门开启，空白部分代表阀门关闭，T 代表一个控制周期

图 3-30   智能通断调节模式下水力工况示意图

1）依据某个参数，按照一定的方法固定错开各个用户热入口通断控制阀门的起始时刻，使得各个用户的阀门开启时间和关闭时间互相错开，在时间上保证用户的水力均匀。如图 3-31 所示，时间轴 t 下方代表立管 1 的总流量，当错开各个用户的控制周期后，前述案例在任何时刻均只有三个用户的阀门全开，避免了图 3-30 所示在每个周期的前半段 6 个用户阀门均打开、后半段 6 个用户阀门均关闭时流量剧烈变化。

2）为保证空间上的均匀以及操作上的方便，在实施时以立管为依据，即只考虑同一根立管上用户错开即可，不同立管之间的起始时刻可以一致，从而使得关闭用户和开启用户在空间上分布均匀。

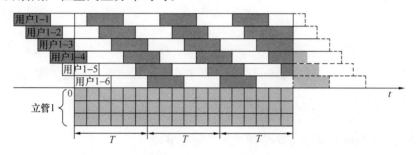

图中：阴影部分代表阀门开启，空白部分代表阀门关闭，T 代表一个控制周期

图 3-31　控制周期交错的水力均匀性方法示意图

理论分析表明：采用控制周期错开后，有六个用户的单根立管，开启 3 个用户的概率为 47%，开启 2 个用户的概率为 26%，开启 4 个用户的概率为 22%，全部关闭或全部打开的概率为 0，整体呈正态分布。当不采用错开的方式后，开启不同用户数量的概率相差不大，全部关闭的概率为 12%，全部打开的概率为 10%（图 3-32）。

图 3-33 是长春某栋建筑分别在严寒期（12 月 27～29 日）和末寒期（3 月 28 日～3 月 30 日）每隔 5min 的楼栋总流量变化曲线，从测试结果看到：不管是严寒期还是末寒期，楼栋的总流量瞬态变化基本在 3% 以内，楼栋的总流量短时间内变化不

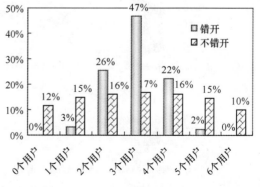

图 3-32　不同开启用户数量的概率统计

大，水力工况平稳。

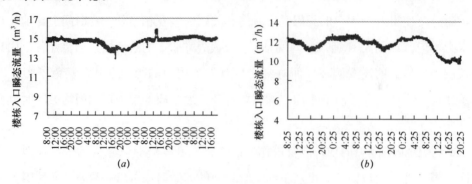

(a)　(b)

图 3-33　楼栋总流量瞬态变化曲线

(a) 12 月 27 日 8：00～29 日 20：00　(b) 3 月 28 日 8：30～30 日 20：30

无论是理论分析还是实测结果均可以看到：这种时间和空间上均使得用户阀门控制周期交错的方法，能够保证智能通断调节系统水力工况的稳定，避免系统循环水量出现大起大落。

3.3.4　末端通断调节与热分摊技术的硬件介绍

如图 3-34、图 3-35 所示，末端通断调节系统由手持式操作器（简称手操器）、室温遥控器（简称遥控器）、室温通断控制器（简称控制器）、无线转发器（简称转发器）四部分组成，它们之间全部采用无线射频通信，室温遥控器和手操器由锂离子电池供电，通断控制器和无线转发器由交流 220V 或交流 24V 供电，具体各部分

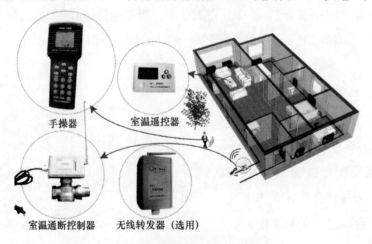

图 3-34　末端通断调节系统示意图

的功能如下。

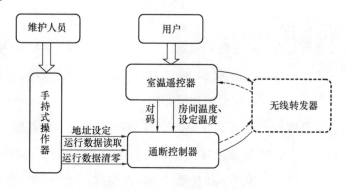

图 3-35　末端通断调节系统设备功能介绍

（1）手持式操作器功能

手操器主要提供给维护人员用于系统维护以及数据读取、清零，通断控制器地址设定等，这些工作均不需入户，只要在通断控制器的射频范围内就可以随时进行。手操器由锂离子电池供电，当电池电压不足时，手操器会间断发出警示音，提示维护人员及时更换电池。

（2）室温遥控器功能

为削弱邻室传热的影响以及避免室内结露，室温遥控器限定最低设定温度为12℃，在12～25℃之间用户可以任意设置为某一温度，同时室温遥控器自动测量房间温度，并且每隔一个周期将这两个温度发送给通断控制器。其面板液晶显示屏实时显示设定温度、实际温度、信号强度、地址以及阀门累计开启时间比（阀门累计开启的时间比上采暖计量的总时间）。室温遥控器由锂离子电池供电，正常情况下，可以连续使用三年以上。当电池电压不足时，室温遥控器会间断发出警示音，提示用户及时更换电池；当和通断控制器通信不上时，液晶屏显示提示信息，从而避免阀门常开使得用户热费增加。另外室温遥控器在首次使用前，需进行对码操作，以便同特定的通断控制器建立联系。

（3）室温通断控制器功能

通断控制器主要完成两个功能，一是通断控制器通过接收室温遥控器发来的温度信息，按照内置的算法控制阀门的通断，从而控制室温；二是通断控制器对运行数据进行双备份保存，防止不正常掉电丢失数据。另外通断控制器还可以同手操器通信，完成数据读取和清零等维护操作，其在首次使用前应进行地址设定，以获取唯一的身份。

（4）无线转发器功能

无线转发器主要是在通断控制器和室温遥控器因距离较远，或楼内结构复杂而无法可靠通信时，用于中间数据转发，即通过接收遥控器数据转发给通断控制器，同时将通断控制器的反馈数据转发给遥控器。在转发器的支持下，通信距离得到明显的延伸，并且一个转发器可以支持多个遥控器和控制器之间的数据转发。

具体工作过程如下：室温遥控器在每个控制周期（0.5h）自动将用户设定的房间温度和实际测量的房间温度无线传输给通断控制器，通断控制器经过其内置控制算法计算后，得到一个介于 0~1 之间的阀门瞬态开启时间比（该周期内阀门开启时间比上控制周期），并依此瞬态开启时间比对阀门进行 ON—OFF 控制，从而控制室温。同时，通断控制器自动记录其累计开启时间比。

（5）设备的可靠性和用热安全性

为了保护用户的用热安全性以及防止部分用户采取某些措施进行窃热，控制器在出现故障时采用表 3-5 的处理方式。

设备故障处理　　　　　　　　　　　　　　　　表 3-5

故　　障	处 理 方 法
通信中断	通断阀处常开状态，保证供热； 控制器按照常开计算累计值，保证计量分摊； 定期联络，自动恢复
阀门控制器电源切断	阀门处常开状态，保证供热； 断电后按照常开计算累计值
移动室内温控器到不当位置 （如冰箱、火炉）	温度偏低时，阀门打开，供热并计时； 温度偏高时，阀门切断，供热停止； 通信不上，阀门处常开状态并计时

3.3.5　工程应用简介

该技术从 2006 年 6 月开始进行理论研究，到如今大规模的应用，具体可分为三个阶段。

第一阶段：实验性阶段（2006~2007 年）。在 2006 年 10 月开发出第一代产品，并于 2006～2007 年采暖季在长春一栋住宅楼进行了实验性应用，同时进行了相关数据的测试，取得了良好的实验效果，相关设备工作可靠，室温控制在预期的"设定温度±0.5℃"范围内，同时调控用户的阀门累计开启时间在 50％ 以下，虽然没有安装热量表进行能耗计量，但可看到良好的节能效果。

第二阶段：示范中期阶段（2007～2008 年）。在第一阶段取得良好应用效果的情况下，对相关硬件、软件进一步完善升级为第二代产品的基础上，进一步扩大应用规模。依据室内采暖系统不同，分别重点选取了室内采用水平单管串联系统的长春车城名仕家园小区、室内采用双管并联系统的国务院机关事务管理局的新海苑小区，室内采用垂直单管串联系统的清华大学紫荆学生公寓进行重点示范。为提高用户节能的积极性，在示范过程中，通过海报传单等形式进行了节能宣传，采暖中期和结束后两次发放了节能奖励，采集了大量实验数据，同时还对用户满意度，用户节能行为等进行了相关调查，从而能够对技术的应用效果、用户可接受性等进行较为细致的分析，技术再一次经受了实践的检验。

第三阶段：大规模的推广应用阶段和按热收费示范阶段（2008 年至今）。鉴于之前示范应用取得了良好效果，迄今已在北京、吉林、内蒙古、黑龙江等省份进行了总计采暖面积近 700 万 m² 的应用，经过近四个采暖期的实验，效果良好，采暖期间可以使房间温度维持在"设定温度的±0.5℃"之间，采用这一方式的建筑与未采用这一方式的建筑相比，节省热量 10％～20％（由于没有改变收费方式，仍按面积收费，有一半左右的用户把室温设定值调得很高，从而这些用户也就没有节能效果）。

3.4　工业余热作为城市采暖热源

3.4.1　工业余热利用前景

能源是关系国计民生、与日常生活息息相关的大问题。但我国目前的能源利用模式和能源利用技术还不能适应经济社会快速发展的要求，供需矛盾日益突出。鉴于能源供需紧张的现状和现阶段工业余热大量过剩及利用率低等各种问题，大力开展工业余热的有效利用不失为可持续发展的一大战略途径。随着全社会对于节能事业重视程度的日益提高，政府机构、建设单位乃至社会各界都陆续出台了一系列的法规和方针政策，对工业企业的节能减排提出了明确的要求和措施。

工业生产中，化学原料和化学制品制造、水泥加工、窑炉、有色金属冶炼和钢铁加工领域其能源消耗占到工业总能耗的约 70%。工业余热来源于上述各种工业炉窑、热能动力装置、热能利用设备、余热利用装置和各种有反应热产生的化工过程等。目前，各行业的余热总资源约占其燃料消耗总量的 17%～67%，可回收利用的余热资源约为余热总资源的 60%❶。据统计，截至 2005 年底，我国运行的各种工业炉约有 95 万台，其中有大量的余热仍没有被充分利用。例如，冶金行业中可利用的余热约占其燃料消耗量的 1/3；建筑材料约占 40%；机械制造加工业约占 15%；化工、玻璃、搪瓷业占 15% 以上；造纸、木材业占 17%；纺织业约占 10%。这些工业生产大量分布在我国北方地区的地级城市，占到北方地级以上城市总数的 64%（人口约 20 万～100 万），工业生产中消耗能源约 150 亿 GJ。上述工业生产中能源利用率普遍较低，若按照现有生产过程能源热值效率估计，则仅中国北方全年就有约 98 亿 GJ 的工业余热热量排放。

另一方面，随着城镇建设飞速发展和城镇人口的增长以及人们生活水平的提高，北方城镇供热建筑面积逐年增加。从统计结果来看，北方城镇建筑面积从 1996 年的不到 30 亿 m²，到 2008 年已增长到超过 88 亿 m²，增加了 1.9 倍。目前北方城镇有采暖的建筑占当地建筑总面积的比例已接近 100%。上述工业广泛分布于我国北方地级市，这类城市人口普遍为 20 万～100 万，采暖总量约 50 亿 GJ（0.55GJ/m²）。因此，如何解决这些新增面积的供热是目前城市发展亟待解决的问题。

从能源总量上来看，如果能够将工业工程余热回收 50% 并用于北方城市冬季采暖，可解决上述城市大部分的采暖热源问题。因此，有效的回收低品位工业余热，并通过城区供热管网改造，将这部分余热应用于北方城市城区采暖，对于工业节能减排，进一步提高能源利用率，降低城市能源消耗和解决城市冬季供热热源紧缺等具有非常重要的意义。

3.4.2　工业余热利用的技术路线

工业余热属于二次能源，它是一次能源和可燃物料转换过程后的产物，是燃料

---

❶　周耘，王康，陈思明. 工业余热利用现状及技术展望. 科技情报开发与经济，2010 年第 20 卷第 23 期，p162～164.

燃烧过程中所发出的热量在完成某一工艺过程后所剩下的热量。一般分成下列七大类：高温烟气余热、高温蒸汽余热、高温炉渣余热、高温产品余热（包括中间产品）、冷却介质余热、可燃废气余热、化学反应及残炭的余热、冷凝水余热等。

目前对于工业余热利用的方式主要有如下几种：

（1）工业余热在工艺流程中的直接利用。这种方式最为简便，主要用来加热温度较低的物料，改善工艺过程中的换热流程，或者副产温度较低的蒸汽，提高能量有效利用率。包括预热空气，利用加热炉高温排烟预热其本身所需的空气，以提高燃料效率，节约燃料消耗；利用工业生产过程的排气来干燥加工零部件和材料，如铸工车间的铸砂模型等；还可以干燥煤、天然气、沼气等燃料。在医学上，工业余热还能用来干燥医用机械。

（2）余热的动力回收。对于中高温余热，可使其产生动力，直接作用于水泵、风机、压缩机，或者带动发动机发电。例如，各种工业窑炉和动力机械的排烟温度大都在 500 ℃以上，甚至达 1000℃左右，可装设余热锅炉产生蒸汽，推动汽轮机产生动力或发电；对于中温余热，采用低沸点介质，按朗肯循环进行能量转换，达到余热动力回收的目的。目前随着技术的发展，这部分余热回收利用的温度也在逐步降低，就余热发电或动力回收来看，120℃以上已经属于应用范围。

（3）工业厂房建筑供冷供热。利用低温余热来带动吸收式制冷剂或作为热泵的低温热源，达到制冷或者制热的目的。

同样多的热量，在不同的温度下提供，可以利用的价值也不同：温度越低，热量的品位越低。从目前余热利用的现有途径来看，在化学原料和化学制品制造，水泥加工，窑炉，有色金属冶炼和钢铁加工这些工业领域的余热利用主要用于优化生产流程，提高产能比；高中温（高于 200℃）的余热利用也较为广泛，各个生产领域都有相对成熟的余热发电或者动力回收等技术措施，并取得了非常好的社会效益。但对于低位余热（200℃以下）的利用目前还存在很大的不足。特别是随着高、中温工业余热开发利用的增多，低位余热在尚未被利用的工业余热中占越来越大的比重。据美国冶金、化工、炼油、造纸、建材、食品加工六大耗能工业的统计：在工业余热中，低于 100℃占 42%，100～200℃占 21.6%，两项共计大于 63%❶。以

---

❶ 王补宣，王维城. 低位工业余热利用. 中国能源，1982，(04).

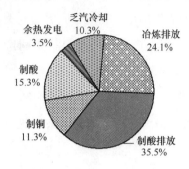

图 3-36　某北部地区铜厂
能源利用拆分

我国北方某有色金属冶炼厂为例（图 3-36），据 2010 年统计，其铜厂全年制铜和制酸工艺总余热量约 150MW，约占总生产能源的 73%。上述工业余热中，除少部分高温尾气通过余热发电的方式回收约 3.5%，大量的余热直接通过散热装置排放到环境中。而在上述余热中，如果按照温度品位分，低于 100℃ 的占 69%，100～200℃ 占 17%，200℃ 以上占 14%。这部分余热排放一方面造成了环境污染，同时也造成大量的能源浪费。由此可见低温余热在工业余热中占有相当大的比例，必须对其进行综合利用。

低位余热由于品位较低，如果用作回收动力的投资效益的经济竞争性较差，必须考虑直接利用的方式。现有低位余热利用方案多用于优化生产流程，提高产能比及用于工业厂房和办公和宿舍区域的空调采暖。但其中最大的问题在于余热资源和负荷的不匹配，工业生产过程中产生的低位余热量远远大于工艺流程所需的热量以及厂区建筑冷热负荷，大量余热直接排到环境中，造成能源浪费和环境污染。因此必须开发新的余热利用用户，为低位余热的利用寻求合理的对象。而目前随着北方城市规模的扩大，城市供热需求为低位余热利用开辟了一个全新的应用领域。

3.4.3　工业余热应用于城市采暖的设想方案

利用工业低品位余热通过参数的合理匹配进入城市热网，为城市建筑提供热源，符合国家节能减排、循环经济的发展政策，可以进一步提高工厂的能源利用率，降低城市供热能耗，减少碳排放，降低工厂水耗，并实现较大的经济效益。这一方式为节能减排给出了一个新的途径，具有重大意义。

图 3-37 中给出了工业余热应用于城市采暖的设想方案。工业

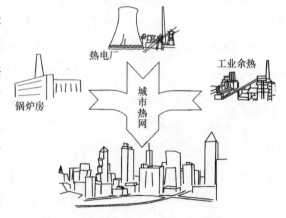

图 3-37　工业余热应用于城市采暖的设想方案

余热作为重要补充和热电厂以及锅炉房一起并入城市热网为城市集中供热提供热源。工业余热的利用与生产工艺过程紧密相关，需要在特定的条件下才能实现。且工业生产过程产出较为稳定，在不影响工厂工艺生产的前提下，余热取热量也比较稳定，受室外温度和其他参数的影响较小。而城市建筑采暖负荷随室外参数的影响较大。因此在工业余热应用的实际运行中，需要考虑与其他热源形式配合起来提供热源。具体的操作方式可以是，由工业余热提供整个采暖季（初寒和末寒期）的基础负荷，而由其他热源如锅炉房等，提供高寒期的供热负荷调峰。这样既可以最大程度的利用工业余热，同时也更有效的利用其他热源提供的高品位热源进行调峰，实现不同品位能源的阶梯型有效综合利用。

3.4.4　工业余热应用于城市采暖核心技术问题

工业余热应用于城市采暖具有非常广阔的前景，但由于使用的生产方法、生产工艺、生产设备以及原料、燃料条件的不同和工艺上千变万化的需要，从而给余热利用带来很多困难。一般说来工业余热热源往往有以下特点：

1）热负荷不稳定性。不稳定是由工艺生产过程决定的。例如：有的生产是周期性的，有的高温产品和炉渣的排放是间断性的，有的工艺生产虽然连续稳定，但热源提供的热量也会随着生产的波动而波动。

2）热源复杂，对换热设备提出更高的要求。例如高温烟气中含尘量大，容易粘结、积灰，从而对余热回收的设备有可能产生严重磨损和堵塞的后果；某些热源还有腐蚀性，这些物质都有可能对余热回收设备造成受热面的高温腐蚀或低温腐蚀。

3）工厂分散，规模小。上述工业多属于资源型产业，大多数生产单位的建设是就地而建，依资源而建，因此导致产业分散、地理区位不够集中、生产规模较小的现况。在这样的情况下，单一追求生产而忽视能源利用效率的问题就表现得尤为严重，从而给工业余热的回收利用带来了技术和经济上的多方困境。

4）长途输送的经济性。随着中国城市化和城市现代化的加深，工业厂房的选址都远离城市中心区。如若考虑工业生产余热利用于城市供暖，则需要解决能源长途输送的问题。针对这类问题，现阶段多为就地使用，即余热提供工厂产业园区内的供热和热水需求，但由于负荷不匹配等问题，仍然导致大量的浪费。所以如何高效长途输送热量是工业余热利用于城市供暖的关键问题。并应研究如何将分散，规模小以及远离市中心的工业余热高效的通过城市热网输送到用户末端。

因此将工业余热回收应用于民用供暖，还存在如下核心技术问题有待研究解决：

（1）供回水温度标准

工业余热的品位参差不齐，从对热源性质的分析可以看出，大量余热热源集中在30~150℃的温度段内，特别是30~80℃内的热源更为集中。如果将此部分余热直接按照用户侧供回水温差（65/50℃）取热，直接用于城市采暖，势必会造成取热有限，且供回水温差小，水量极大，在长距离输送过程中，将损失大量的输配能耗。所以，需要设计一套大温差输送小温差供热的供回水温度标准，同时对于取热系统而言，要求回水温度越低越好，以便更容易地提取工业余热。

要达到适宜于工业余热利用的大温差输送、低回水水温、宜提取这三个目的，有三点主要的技术途径：

第一，根据热源品位的高低梯级取热，减少换热损失；

第二，利用吸收式方式通过高温热源提取低温热源；

第三，从末端需求设计出发，尽可能降低回水温度，以便提取更多的低温热源。

（2）合理的热量采集整合

工业余热的形式和载体多种多样，余热量和能量品味也有很大的差别，针对不同的工业流程应当采取不同的余热利用手段并开发相应的取热设备。现有的工业余热回收中，高温余热的利用比较普遍，例如锅炉或炉窑烟气预热助燃空气或煤气，节约一次能源。但这类热回收过程换热温差较大，常常是用高品位热来做最基本的加热，热量传递的不可逆损失较大，使得能源未能达到梯级利用的效果。虽然再热回收中节约了一部分能量，但却大大降低了能源品位，未能充分发挥余热的利用价值。并且，现阶段余热综合利用水平较差。大部分余热仅利用一次，仅仅将高温余热降低为中、低温余热，没有从高到低分级采用不同的系统形式回收不同品位的余热，真正做到物尽其用。为此需要研究针对工艺流程中不同品位热源的高效余热回收流程。针对不同类型和不同品位的余热，采用不同的技术手段，合理的设计余热回收流程，是提高余热利用率的根本保障。同时还应研究余热回收流程中不同热源的热量匹配和运行控制问题。

对工业余热进行分类,总结起来可分为以下三类:

1) 循环冷却水:水是工业冷却流程中使用最为广泛的媒介。大多数工艺流程中,已广泛采用冷却水循环回收余热来提升化学反应的初始温度。但在工艺需求的使用之后,冷却水往往就直接排掉,或经冷却塔冷却已达到排放要求后排掉。这部分冷却水温度普遍在 $30\sim100℃$,可以直接通过换热或者热泵热回收后用于采暖和生活热水。这类余热广泛存在于化工、金属冶炼和加工等领域。

2) 高温烟气:高温烟气分为两类,一是燃烧排放的气体,二是风冷冷却产生的烟气。锅炉的燃烧排气多被利用于空气的预热,而被用于空气预热之后的排气温度通常为 $150\sim200℃$,可以考虑作为热源进行热回收。第二类烟气是在某些工业生产中,不能或不便使用水作为冷却介质,而采用空气。例如水泥生产中要提高水泥的 ISO 强度,就要求在熟料煅烧阶段采用快烧、急冷的方法。这就导致了大量高温烟气的排放,这部分烟气量大,温度也可达 $300℃$ 以上,具有热回收的价值。

3) 高温固体:此类余热多为燃烧剩余物或反应剩余物,温度通常都可达到 $800℃$ 以上,在多数工业流程中经空气热回收后再排放,此时的温度仍可高达 $500℃$。这些高温固体废物在窑炉和金属冶炼等领域大量存在,具有较大的利用价值。

因此必须研究针对不同类型、不同温度、不同品位的余热,采用合适的余热利用换热设备,使得采集过程合理化,避免混合损失。余热回收换热设备在余热回收利用中占有重要地位。当前国内使用的余热利用换热设备主要有以下几种:

1) 换热器:多用于回收炉窑的烟气余热预热助燃空气或煤气,节约一次能源。近几年热管换热器正在兴起。

2) 余热锅炉:产品分烟道式和管壳式两类,已生产 15 个类别近千台,能基本满足行业需要。

3) 汽化冷却装置:冶金行业使用较多。

4) 热管:目前热管换热器用于回收中温(400℃ 左右)余热是很有效的。

5) 热泵:主要回收低温余热,已用于工艺过程的热回收(如蒸馏、浓缩)、供热、空调、干燥等领域,取得了一定成果。现在研制生产的大都是电动式热泵,中型热泵正在开发,大型热泵尚属空白。

上述设备也主要应用于高中温余热回收,所以开发如何回收 $30\sim200℃$ 的低温余热的设备和流程是研究重点。为此还需要研究:基于吸收式换热的余热收集供热热源流程，包括循环冷却水结合分布式水源热泵的流程；吸收式换热和水源热泵结合，回收烟气低位热量的流程，以及高温固体余热与分散吸收式水源热泵联合的流程。基于吸收式换热流程的系列化关键设备，包括能实现大温差的可满足多种参数需求的蒸汽驱动吸收式热泵，烟气驱动吸收式热泵以及热水驱动吸收式热泵，以及其他相关的换热设备和上述系统的运行调节问题。

（3）供热温度变换技术

由于工业余热本身不稳定等特点，使得在实际工业余热应用于城市采暖工程中，往往需要几个工业余热热源点并联或与其他热源方式（如大型热电厂和锅炉房等）配合供热，形成互补和备用，以保证城市供热系统的稳定性。不同工厂其工艺生产流程以及热量采集方法的不同，导致其余热采集供回水参数不尽相同，因此必须研究供热温度变化技术，减少热量传递的损失的同时，将不同余热热源的热量整合到同一参数由城市热网统一采集和输送到用户末端。图 3-38 中介绍的吸收式变温换热器是上述问题的一种有效的解决途径。

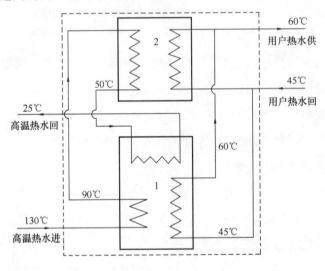

图 3-38　吸收式变温换热器❶

该变温换热器由热水型吸收式热泵、一级水—水换热器以及连接管路附件组成。水路系统分为一次侧热水管路（余热热源侧）和二次侧热水管路（用户侧）两

---

❶ 付林，江亿等. 一种热泵型换热机组. 发明专利，专利号 ZL 200810101064.5.

部分。实际运行中，来自余热热源采集到的高温热水首先作为驱动热源进入热水吸收式热泵机组，在其发生器中加热浓缩溴化锂溶液，降温后进入水—水换热器作为加热热源，加热二次网热水回水，进一步降温后流出，然后作为吸收式热泵的低温热源，在其蒸发器中降温，返回集中热源，如此循环；二次侧的热水回水分为两路进入换热器，一路进入热水型吸收式热泵，在其吸收器和冷凝器中吸收热量，加热后流出，另一路进入水—水换热器，与一次网热水进行换热，加热后流出，两路热水出水汇合后送到热用户。通过对该变温换热器设计参数进行调整，可实现不同温度的一次侧热水供回水参数，其二次侧热水供回水温度保持一致。

(4) 供热末端技术研究

从工业余热的采集方式来看，末端用户回水温度越低，对余热热源取热越有利。降低供热回水温度是实现工业余热利用的核心，这需要采用新型的系统形式和采暖方式，是供热理念和形式的重大转变。传统散热器末端回水温度约 50℃，导致大量低于 60℃（考虑 10℃换热温差）的低温工业余热无法直接利用，或者必须采用其他高温热源对这部分热量进行提升利用。因此必须研究各种不同的供热末端形式，在保证用户热舒适性的前提下，尽可能地降低回水温度，以便提取更多的低温热源热量。

低温热水地板辐射采暖末端是一种有效的解决方案。由于地板采暖所需供水温度较低，在换热面积设计较为合理的情况下，供水 40℃ 就能满足负荷要求，且回水温度能降低到 30℃，这为工业余热取热创造了非常有利的条件，既增加了工业余热的取热范围，同时又降低了取热难度。

图 3-39 中给出了一种采用地板辐射采暖实现的末端梯级供热的系统形式，可有效地降低末端回水温度。

在设计工况下，工厂余热高温干管（主网供水）温度 90℃，中温干管温度 50℃，低温干管（主网回水）温度 30℃，对应这三类末端也有多种形式可以选择。

高温末端系统形式与传统的二级供热系统相同，一次侧 90/50℃，经过板式换热器换热后给末端供热，末端运行参数为 60/40℃。由于传统散热器末端的回水温度不能过低，否则会影响室内热舒适，这使得一次侧回水温度也不能降得很低，维持在 50℃ 左右，这将对低温末端供热系统产生一定的影响。

低温末端采用地板采暖，这样可以尽可能降低回水温度。考虑地板采暖设计的

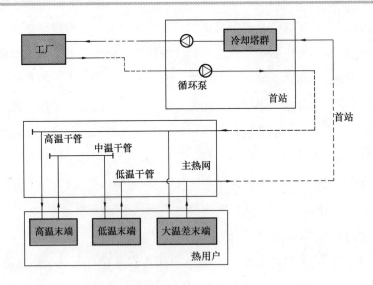

图 3-39 梯级供热末端系统图

供水温度不宜过高，而高温末端回水保持在 50℃左右，所以需要采用先换热或混水的方式适当降低供水温度。具体方法有以下两种：其一，先换热后直连，即 50℃的中温水先进入板式换热器，与末端地板采暖 30℃回水进行换热，中温水被降温至 40℃，采暖水升温至 40℃，这两股水相混合，由供水泵输送至热用户，同时采暖回水也是一分为二，一部分进入板换、另一部分作为主网回水流入低温干管。其二，采用旁通加混水的方式，调低流向热用户的水温至 40℃。

大温差末端也采用地板采暖，其系统形式可分为两种：其一，先换热后直连，与低温末端的第一种形式相同，只是参数略有不同；其二，采用吸收式换热器，二次侧运行参数为 45/35℃，同样适用于地板采暖末端。

3.5 燃气锅炉排烟余热回收新技术

随着清洁能源天然气的大量应用，天然气热电联产和燃气锅炉供热成为一种重要的供热方式。

由于天然气的主要成分为甲烷（CH_4），含氢量很高，燃烧后排出的烟气中含有大量的水蒸气，当烟气中的水蒸气冷凝析出时，可释放出冷凝热，若能将此冷凝热全部回收利用，可使天然气的利用效率在现有基础上大幅提高。图 3-40 为对应不同排烟温度下天然气利用效率的关系曲线，对燃气锅炉而言，其过量空气系数 a 约为 1.1 左右，现状燃气锅炉的排烟温度一般为 120℃ 左右，如果可将排烟温度降低至 30℃，则可使燃气锅炉的效率提高约 14%；对于燃气热电联产而言，燃气轮机的过量空气系数约为 3 左右，如果将其排烟温度从 120℃ 降低至 30℃，则可回收余热量更大，可使天然气的利用效率提高 21%。因此，天然气排烟余热中可回收的热量潜力巨大。

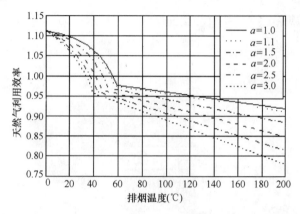

图 3-40　排烟温度与天然气利用效率的关系曲线

　　天然气锅炉余热回收的关键在于两点，一是要找到低温的介质能够回收烟气余热，二是在回收余热的同时，要不会使锅炉内受热面温度过低造成冷凝，腐蚀锅炉，因此回收烟气余热主要有以下两种方式。

　　一种是在烟道安装烟气冷凝换热器的方式。这种技术针对低温供热用户才能取得较好的余热回收效果。该技术的关键点一是设置烟气冷凝换热器，二是需要获得较低回水温度，为避免炉内结露，可在锅炉入口水管加旁通，引入一部分锅炉出水，保证最低温度不超过下限，如图 3-41 所示。该技术的应用可参考第 4 章最佳实践案例 4.5（燃气热能回收利用）。该技术因为热网的回水温度不够低，因此不能充分回收烟气的冷凝热。

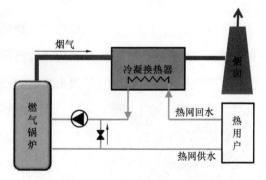

图 3-41　针对低温供热用户在烟道安装烟气冷凝换热器的方式

　　另一种是在锅炉房安装吸收式热

泵直接回收烟气余热的方案。该方案的系统流程如图 3-42 所示。吸收式热泵产生冷水回收低品位的烟气余热，其热量被吸收机提升到较高的温度水平，用来加热热网回水。这样，经过烟气回热器的冷水可以比进入锅炉受热面的回水温度低得多，这就彻底避免了炉内结露的危险。同时由于烟气回热器内是吸收式热泵制出的冷水，比热网回水温度低得多，与第一种余热回收方式相比，就能回收更多的烟气余热。以 10t 燃气锅炉为例，烟气排烟从 120℃ 经过机组降为 30℃，则回收烟气热量约为 1MW，年增加收益 60 万元，增量投资回收年限约为 3.5 年左右（以北京的气价计算）。

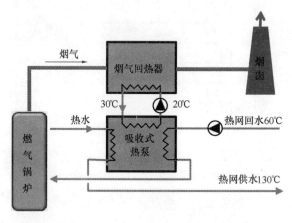

图 3-42　安装吸收式热泵得回收烟气余热利用方式

3.6　燃气热电联产供热新技术

对于区域供热而言，天然气应用的一种典型方式是燃气蒸汽联合循环热电联产供热。其系统的主要形式是由燃气轮机和蒸汽轮机（朗肯循环）联合构成的循环系统。燃气轮机排出的高温烟气通过余热锅炉回收转换为蒸汽，再将蒸汽注入蒸汽轮机发电。近年来，燃气—蒸汽联合循环热电联产技术得到了较大发展，许多地方开始将其作为燃气采暖的一种方式推广。提高天然气热电联产效率，对用好天然气、节约能源、降低成本有重要意义。

采用天然气热电联产方式也不一定都是节能的，是否节能取决于其流程和效率。当热电联产时，和纯凝发电相比，减少了发电量、增加了供热量，增加的供热量和减少的发电量之比可以得到一个等效的当量性能系数 COP，这个 COP 应该高于空气源热泵，也就是至少要高于 3，否则不能认为该种热电联产模式是节能的。

有些热电联产系统节能与否，关键在于其流程和效率。要提高效率就要从系统中可能挖掘的热量入手：一方面是烟气中的潜热，这部分余热量可占机组额定供热量的 33%～60% 以上，这部分潜热的特点可以参考 3.5 节，此处不再赘述；另一方面是蒸汽轮机排出的冷凝热，保证机组安全运行，需通过冷却塔排放大量低温余热，可占到机组额定供热量的 23%～38%，因为城市热网回水温度较高，回到热电厂里难以提供低温冷媒将两部分余热量回收，由此造成巨大的热量浪费。针对这一问题，可能的系统模式有以下三种方式。

（1）模式 1

热网供回水温度不变，利用抽出的蒸汽作为动力驱动吸收式热泵机组提取烟气和汽轮机凝汽器中的热量，系统流程如图 3-43 所示，热网回水被梯级加热后送至热用户。这种模式下，为了充分回收余热要消耗更多的蒸汽抽汽量，但是因为热电厂抽汽量有限，不能全部回收余热。对于常规热电联产系统，当量性能系数 COP 约为 5 左右，模式 1 相对于常规系统，COP 约为 6.4～6.6，系统供热能力可提高约 20%～30%。

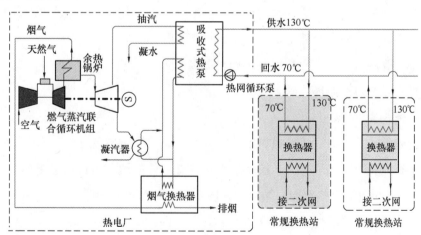

图 3-43　在热电厂内安装余热回收机组的系统流程

（2）模式 2

基于吸收式换热的热电联产集中供热系统模式。该模式系统流程如图 3-44 所示，该模式针对部分热力站进行改造，或者建设新型热力站，在热力站内采用吸收式换热机组，可使热网的回水温度在原来的基础上降低，进入热电厂后可回收更多的烟气潜热或凝汽器中的热量，降低电厂侧蒸汽抽汽负荷，使得在末端换热站中的㶲损失得到充分利用。该模式可以充分回收余热，系统当量 *COP* 约为 8.9～10.6，统供热能力可提高约 0.7～1 倍。

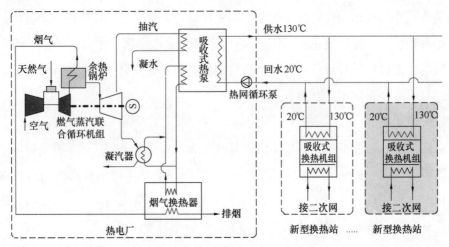

图 3-44　基于吸收式换热的热电联产集中供热系统示意图

同时，该种方式解决了管网输送能力不足的问题，采用大温差供热，拉大了一次网供回水温差，如果全部是新建项目，则热网供回水温差可由 60℃ 提高到 110℃ 甚至更多，管网输送能力同常规系统相比提高了 80%，管径缩小 30% 以上，降低了管网投资以及热网循环泵的泵耗。

（3）模式 3

即使末端采用了吸收式换热机组，实现了 130℃ 供水 20℃ 回水，换热站中的㶲还没用被充分利用，仍可进一步挖掘潜力，在有条件的地方可以结合低品位地源、水源热泵，利用 130℃ 热水同时做驱动回收更多的低位热量（图 3-45 所示）。这种方式的特点是具有灵活性，哪里有地下水或污水的条件就在哪里装，不需要整个系统全部一致。该模式在充分回收热电厂余热的同时，热力站处还可回收更多的热量，系统等效 *COP* 可达 9.7～11.5，供热能力比常规系统增加 0.9～1.27 倍。

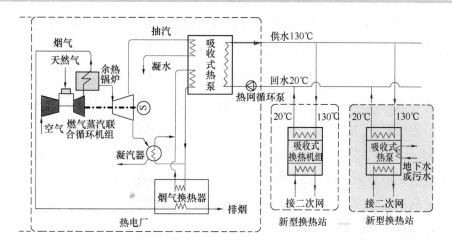

图 3-45 末端回收地下水或者污水热的系统示意图

3.7 大型集中供热网的分布式燃气调峰技术

3.7.1 分布式燃气调峰供热技术

目前，对大多数北方城镇的供热系统来说，或多或少存在以下几方面的问题：

1）燃煤热电厂作为城市集中供热系统的主要热源形式，在初末寒期由于供热需求小，热电厂供热能力过剩，导致部分负荷运行，部分热量甚至从冷却塔排出，系统的能源利用率低。

2）对于燃煤独立供热系统，燃煤量随天气变化，会造成严寒期污染物集中排放，大气环境污染超标天数增加。

3）一个城市中部分地区采用燃煤热电厂供热，价格低，而另一些地区采用燃气锅炉供热，价格高，导致一个城市供热方式不同，尽管末端采暖效果相同，但价格不同，不利于社会的公平化。

4）热网一次侧设置天然气锅炉调峰热源进行集中调峰，加重了城市管网的负担。完全没有必要通过耗资巨大的城市管网长途输送由天然气转换出的热量，同时还增加了热网的输送能耗和调节不均匀造成的热损失。由于管网规模大，热惯性非常大，系统也不能根据气候变化及时调节，从而造成天气突然变暖时的过量供热。

5) 供热安全性差。对于没有备用供热设备的采暖系统，一旦集中热源或主干网出现事故，整个供热系统都将受到影响。

我国的能源消费主要以煤炭为主，煤炭价格较低且储量丰富，以燃煤热电联产为主要热源的形式适合我国国情。为了改善大气环境，近些年清洁能源作为采暖燃料也在逐渐发展，特别是天然气采暖，在部分城市已经推广并形成一定的规模，与燃煤锅炉不同，天然气锅炉的效率和污染排放都几乎与锅炉的规模无关，几百千瓦的小容量燃气锅炉也可实现高效率和清洁燃烧。天然气的问题是成本高，我国的天然气储量并不十分丰富，如何用好有限的天然气资源，充分发挥其清洁、高效、调节便利的特点，从而使其产生最大效益，应是天然气应用时主要考虑的问题。

比较燃煤燃气两种能源方式，可以发现二者正好互补。燃煤方式必须是大规模系统，否则煤的运输存放、灰渣的清理、烟气的处理等都不好解决，而天然气则可以在小规模装置上使用；燃煤系统惯性大，不易调节，而天然气非常灵活，便于调节；燃煤热电联产效率高，初投资高、运行成本低，而燃气初投资低、运行成本高。这样就可以构成燃煤热电联产加天然气分布式调峰的方式，充分发挥这两种能源形式的长处，互补其短处，形成一种高效、可靠、低成本的新型供热系统。

这就是大型集中供热网的分布式燃气调峰供热技术，是以燃煤热电厂产生的热量或工业余热通过集中供热管网，送到各热力站，承担采暖的基础负荷，再在各个热力站设置燃气锅炉，根据供热需要，对二次侧热水进一步加热，补充热量。城市热网提供末端建筑采暖的基础负荷，其供热量和运行参数在整个供热季基本不变，燃气锅炉承担调峰负荷，根据气候的变化和末端用户的需求随时调整，实时地满足各个采暖用户的要求。这样，城市热电联产集中供热网可以长期在最佳状态下运行，充分发挥其高效和低运行成本的优点，并使高投资的热电联产与城市热网能长时间全负荷运行，充分发挥其效益。而天然气末端调峰锅炉也充分发挥其可以分散地清洁应用和调节便捷的特点。尽管天然气调峰锅炉装机容量也很大，但运行时间短，因此正好与其初投资低而运行成本高的特点相适应。系统的连接形式如图3-46所示，表3-6是以北京的气候为例，采用分布式燃气调峰形式时不同外温时一、二次管网的水温参数及燃气锅炉的加热量。

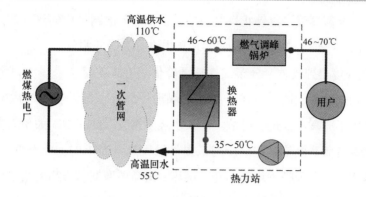

图 3-46　分布式燃气调峰供热技术的系统示意图

不同外温时一、二次管网的水温参数及燃气锅炉的加热量　　　　表 3-6

外温	回水	燃气锅炉前	燃气锅炉后	燃气锅炉负荷
-10℃	50℃	60℃	70℃	50%
-5℃	45℃	55℃	62℃	33%
0℃	40℃	50℃	54℃	16%
5℃	35℃	46℃	46℃	0%

这种搭配形式，具有以下一些特点：

1) 供热能效提高。尽管燃煤热电联产热源在最冷的时候仅承担总负荷的一半，而设在各个热力站的燃气锅炉承担另一半负荷，但整个采暖季节热电联产热源承担总采暖热量约为 70%～80%，燃气热源仅承担 20%～30% 的采暖供热量。在供热初期和末期燃煤热源承担全部负荷；随着外温降低，采暖负荷加大，设在热力站的燃气锅炉逐渐开始加大所承担的负荷比例，直到最冷时，由燃气分担约一半的采暖负荷。这样整个采暖季节燃煤热电联产热源几乎可以做到恒定供热，可以很好地保证较高的能源转换效率。

2) 一次网运行调节简单，二次网可实现局部调节。传统的调峰锅炉设置在一次网侧，热惯性较大，热源调度和水力调度非常困难，不易实现快速调节。而采用在热力站二次侧设置小型调峰燃气锅炉，不仅很容易实现快速调节，还可以根据所负责区域的具体情况进行相应的调整，以满足不同供热需求。包括对于医院、养老院、幼儿园等有特殊要求的区域，可以在集中供热开始之前就利用燃气供热，在正常采暖期，又可以根据需要加大供热量，满足较高的室温要求。反之，对学校、机关等建筑，春节假日就可以停止燃气再热，仅依靠一次网供应的热量维持值班采暖要求（房间温度不低于10℃），从而实现集中供热的局部调节。

3）大气环境得到改善。分布式燃气调峰供热方式使整个采暖季每天燃烧的燃煤量都相同，这样对于同样的冬季采暖燃煤消耗总量，每天造成的污染排放量相同，这就避免了"暖天少烧少排放，冷天多烧多排放"的问题。大型集中热源仅承担采暖的基本负荷，也就是在最冷时只提供最大热量需求的 50%～60% 左右的供热量，从而实现整个采暖季均衡不变的供热，避免严寒期污染物的集中排放，可以使燃煤造成的污染物排放在一个采暖季均匀化，提高大气环境达标天数。

4）节省一次网初投资，或增大一次网输送能力，使已有一次管网承担更多的采暖面积。对于新建系统而言，由于一次网仅承担基础负荷，可减少管径，减少一次网初投资；对于既有系统，由于把调峰锅炉搬到了热力站二次侧，一次主干网仅承担采暖基础负荷的输送任务，这就相当于使一次网的输送能力增加了一倍，从而已有的一次管网就可以承担更多的采暖面积，提高管网利用率。

5）供热安全性得到提高。由于调峰热源的分散设置，当集中热源或主干网出现故障时，热力站的燃气锅炉至少可以提供一半以上的热量，避免采暖建筑受冻。反之，当燃气供应发生问题时，依靠集中供热网提供的基础供热量，采暖建筑也可维持基本的值班采暖标准。这样就可避免各种事故与灾害，提高供热系统的抗风险能力。

6）有利于社会公平化，由全社会共同承担改善大气质量所造成的经济负担。许多城市目前采用燃煤和燃气两类燃料为不同建筑供热。由于燃气成本远高于燃煤，一些城市燃煤燃气供热实行不同价格。然而就末端采暖用户来说，他们接收的供热服务是完全相同的，不应该让燃气采暖的用户为改善大气质量"买单"，而燃煤采暖的用户却单独享受低价采暖。实行分布式燃气调峰供热，就可以实现廉价的低标准供热和高价的高标准供热：当使用燃煤热电联产热源维持基础采暖时，燃料成本低，价格低廉；而高成本的燃气全部用来满足多出来的高标准采暖的要求（如提前和延期采暖、提高室内温度等）。这样就可以既保证社会低收入阶层低价的基本采暖要求（最冷天室内10℃），又满足高收入者高价格实现室内高标准采暖的需要。这样由高收入且实现高舒适性者为改善大气质量买单，也更符合建设和谐社会的要求。

因此，分布式燃气调峰供热应是未来城市集中供热的发展模式，能够使煤和天然气两种能源实现优势互补，也是一些城市从治理大气污染的目的出发，准备用天然气部分替代燃煤采暖时，应优先考虑的方案。

3.7.2　分布式燃气调峰供热技术经济分析

满足相同的供热面积，采用分布式燃气调峰供热（图 3-47）和燃煤燃气独立供热（图 3-48）的热源配置容量相同，热源初投资相当，而分布式燃气调峰供热使得能源利用效率高、初投资高、运行成本低的热电联产整个采暖季较均匀供热，而初投资低、运行成本高的燃气锅炉运行时间短，因此，系统耗气量和运行成本均得到降低。以北京市为例，相对于分布式燃气独立供热和燃煤热电厂独立供热而言，分布式燃气调峰供热方式的燃气消耗量约为燃煤燃气独立供热的 40%（热化系数 0.5 时），运行成本可降低 4～5 元/m²。

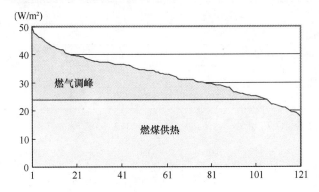

图 3-47　分布式燃气调峰供热的负荷延续时间图（北京市）

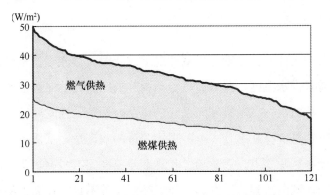

图 3-48　燃煤燃气独立供热的负荷延续时间图（北京市）

以北京市为例，2008 年北京市城市热力网供热面积达到 1.28 亿 m²，占全市总供热面积的 21.4%，燃气锅炉供热面积达 2.56 亿 m²，占全市的 42.60%。对于已有的城市集中供热管网而言，整合城市热力网周边的燃气锅炉房作为分布式调峰热源，在不增加热电联产热源和管网的情况下，北京市现城市热力网的供热面积可增加 6362 万 m²，达到 2.13 亿 m²（热化系数 0.5），如表 3-7 所示。

根据北京市"十二五"供热规划，热电联产供热能力达到 6411MW，若全部采用分布式燃气调峰，那么预计 2015 年城市热力网的供热面积可达到 3.11 亿 m²，比现有规划方案 1 增加供热面积 1.22 亿 m²，如表 3-7 所示，这很大程度上解决了北京市热源和管网能力不足的问题。同时，与发展燃气锅炉单独供热相比，可节约 6.56 亿 m³ 的天然气消耗量，大为缓解首都天然气供应的安全保障问题。

北京市现状及"十二五"城市热网热源发展规划　　　　表 3-7

分项	现状	现状改造	2015 年方案 1	2015 年方案 2
热电联产供热能力（MW）	4377	4377	6411	6411
大型调峰热源供热能力（MW）	3072	0	3072	0
分布式调峰热源供热能力（MW）	0	4377	0	6411
热化系数	0.59	0.5	0.676	0.5
城市热网供热面积（万 m²）	14898	21260	18966	31139

注：城市热网热负荷指标按照 50W/m²，分布式燃气调峰按照 35W/m² 计算。

3.8　气候补偿器技术介绍

3.8.1　工作原理

气候补偿器的主要工作原理是当室外温度改变时，首先根据室外温度计算出一个合理的用户需求供水温度，再通过可自动调节的阀门调节热源或热网的供水温度至该需求温度，从而使得供水温度随天气变化及时调节，在时间轴上实现热量的供需平衡。由于采暖热负荷并不是一个可直接测量的物理量，从而无法通过热负荷直接反馈的方式控制热源出力，只能通过监测室外温度间接预测热负荷后，再控制热源出力与之匹配，试图达到适量供热。为了补偿这种不足，在完善的气候补偿器系统中，还监测用户室内温度，依据反馈回来的房间温度对供水温度进行适当修正。

这样气候补偿器在实际运行时就是利用监测到的室外温度和用户室内温度计算出需要的供水温度（计算供水温度），通过某种控制手段将系统的实际供水温度控制在计算供水温度允许的波动范围之内。其工作流程图如图 3-49 所示。

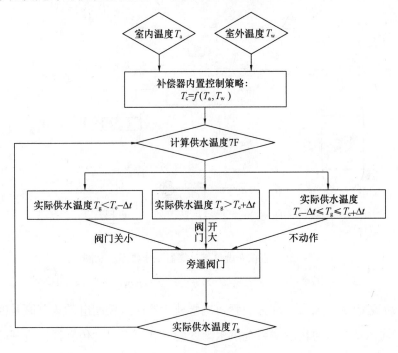

图 3-49　气候补偿器工作原理流程图

气候补偿器温度传感器每隔一定时间采集室外温度和房间温度数据一次，由气候补偿器的处理器根据存储的温度控制曲线 $T_c = f(T_a, T_w)$ 得到计算供水温度 T_c，当实际供水温度 T_g 在允许波动范围 $T_c \pm \Delta t$ 之内时，电动旁通阀不动作；当实际供水温度 T_g 大于允许波动范围上限 $T_c + \Delta t$ 时，控制器就会将旁通阀门开大，使供水温度降低；当实际供水温度 T_g 小于允许波动范围下限 $T_c - \Delta t$ 时，控制器就会将旁通阀门关小，使供水温度升高，如此不断更新，控制的目的是将系统的供水温度控制在允许波动范围 $T_c \pm \Delta t$ 之内。

3.8.2　气候补偿器的连接形式

根据采暖系统是锅炉出水直接进入用户散热器的直供系统还是通过换热器二次换热的间供系统，气候补偿器主要分为以下两种连接形式，下面分别进行讨论。

（1）直供系统

在直供系统中，气候补偿器通过调节系统混水量来控制供水温度，其工作原理如图 3-50 所示。

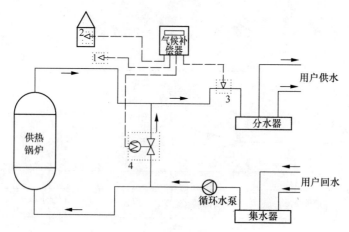

图 3-50   直供系统气候补偿器工作原理示意图

1—室外温度传感器；2—房间温度传感器；3—供水温度传感器；4—电动阀门

在锅炉进出水管道之间加旁通管，气候补偿器通过控制电动调节阀开度来调节锅炉的旁通水量，从而实现对系统供水温度的控制。当温度传感器检测到的供水温度值在计算温度允许波动范围之内时，气候补偿器控制阀门电动机不动作；如果供水温度值高于计算温度允许的上限值时，气候补偿器就会控制电动机将旁通阀门开大，增加混入系统供水中的回水流量，以降低系统供水温度；反之，将旁通阀门关小，减少混入供水中的回水流量，以提高系统供水温度。

（2）间供系统

在间供系统中，气候补偿器通过控制进入换热器一次侧的供水流量来控制用户侧供水温度，其工作原理如图 3-51 所示。

在换热器一次侧旁通管上加电动调节阀，气候补偿器通过控制其阀门的开度来调节换热器的旁通水量，从而实现了对系统用户侧供水温度的控制。当温度传感器检测到的二次侧（用户侧）供水温度值在计算温度允许波动范围之内时，气候补偿器控制阀门电动机不动作；如果供水温度值高于计算温度允许的上限值时，气候补偿器就会控制电动机将旁通阀门开大，通过旁通管的供水流量就会增加，从而减少了进入换热器的一次供水流量，减少了系统的换热量，在二次侧循环水流量不变的

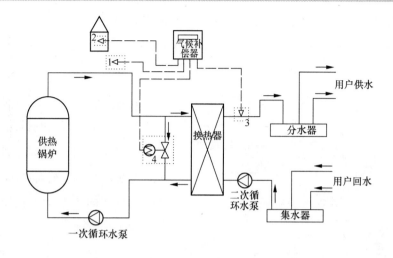

图 3-51　间供系统气候补偿器工作原理示意图

1—室外温度传感器；2—房间温度传感器；3—供水温度传感器；4—电动阀门

情况下，其供水温度会降低；反之，将旁通阀门关小，增大进入换热器的一次供水流量，增加了系统的换热量，从而提高了二次侧的供水温度。

3.8.3　气候补偿器应用中的主要问题

（1）恰当的控制策略是气候补偿器应用的核心

理论上讲，气候补偿器只要控制策略得当，就可以实现时间轴上的热量供需平衡，但是适当的控制策略恰恰是最核心的问题和难题，控制策略不当，就可能无法取得预期的节能效果。

由于不同供热系统所负担的建筑围护结构性能、供热系统形式、水量不均匀程度、散热器面积偏差程度等千差万别，因此对于不同的供热系统，在满足房间供热品质的前提下，同样室外气候条件下对应的系统需求供水温度也就不同。因此，设计一个具有系统参数辨识功能的有效策略，以使系统自身能够根据一段时间的历史数据自动辨识出室外温度和供水温度的对应关系是这些技术目前要解决的首要问题。

由于室温采集、数据处理等复杂，目前实际工作过程中气候补偿器室温的反馈环节基本省略，完全依靠前馈系统带来的不足就得依靠技术人员手动对气候补偿器的温度控制策略进行经验修正。由于技术人员的技术水平、经验等差异较大，控制策略调整好坏的偶然性也较大，从而自动控制的气候补偿器也是不精确的经验控制。这也是为什么同一公司的产品，有的工程应用起来效果很好，有的工程应用起来效果不好。

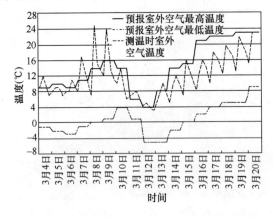

图 3-52　室外空气温度实测值和天气预报值

图 3-52～图 3-54 是某个采用气候补偿器技术工程的测试结果❶，由图 3-52、图 3-53，根据室外空气温度的高低，经过气候补偿器的调节，二次网供、回水温度大体可分为两个区域段，第 1 个区域段在室外空气温度比较低的 3 月 6～8 日、3 月 11～14 日内，剩下为第二区段。在第一区段，由于室外空气温度较低，此时二次网供水温度基本维持在 45℃，供回水温差 5℃左右；第 2 区域段由于室外温度相应较高，供水温度 40℃，二次网的供回水温差为 3℃左右。气候补偿器在一定程度上进行了供水温度的调节。但从图 3-54 的室温效果看，同一用户不同时刻室温差异仍然较大，最大可至

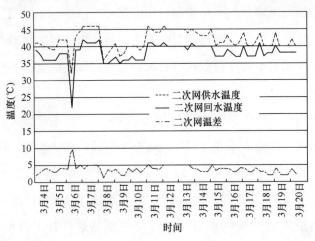

图3-53　气候补偿器控制的二次网供回水温度和供回水温差

---

❶ 陈亮. 气候补偿器在供热系统中的应用. 建筑科学，2010，26（10）42-46.

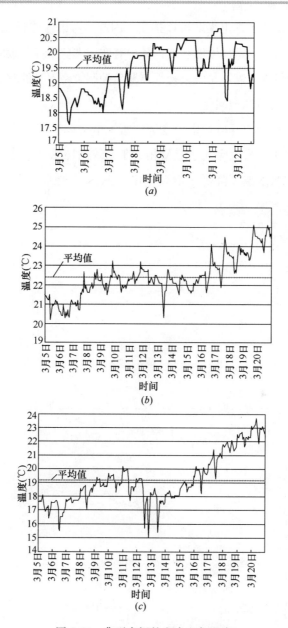

图 3-54　典型房间的室内空气温度
(a) 节能建筑有山墙房间的室内空气温度（平均值为 19.5℃）；
(b) 节能建筑无山墙房间的室内空气温度（平均值为 22.4℃）；
(c) 非节能建筑有山墙房间的室内空气温度（平均值为 19.2℃）

6～8℃。这也是控制策略的缺陷，该工程中的气候补偿技术未能从根本上解决热源在时间轴上的供需平衡。

随着计算机通信与遥测技术的发展，实时测试一定比例的采暖房间温度已经不是遥不可及的事，系统成本也逐渐可以接受。因此，考虑这些相关技术的发展变化，尽可能更多地获取实际的室内温度状况，从而有效地掌握系统采暖的综合水平，更精确有效地实时确定供水温度，是气候补偿器避免控制策略不当的有效途径。

（2）电动调控阀门选型问题

气候补偿器在应用中还应特别注意旁通管上电动调控阀门的选型。旁通管设计过细，阀门选型过小，最大旁通水流量相对于系统循环总流量过小，就会导致阀门全开也无法将用户供水温度降低至需要范围。图 3-55 所示气候补偿器系统的实际

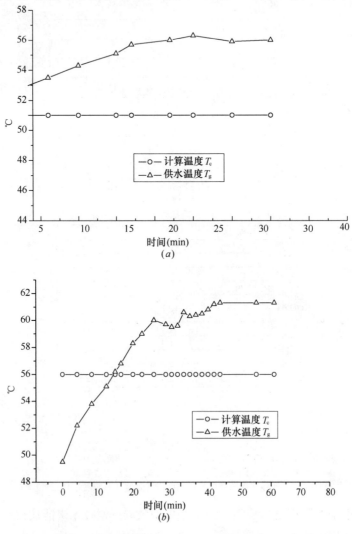

图 3-55　某小区采暖系统供水温度和气候补偿计算供水温度变化曲线

（a）直供系统；（b）间供系统

供水温度始终高于计算温度，即为调控阀门选型过小、旁通管选型过细的一个实际案例。反之，旁通管设计过粗，阀门选型过大，调控阀门的调节性能变差，就容易引起供水温度的控制振荡。因此在实际应用中应通过详细的水力计算，设计合理的旁通管，选取合适的调控阀门。

3.9　各类以采暖为主要目的的热泵

热泵是新的采暖热源方式，随着节能减排和建筑节能工作越来越被各界高度重视，热泵也被列为建筑节能减排和发展可再生能源的主要措施之一，在北方地区的采暖中得以大力推广。然而确定一项技术和措施是否节能，绝不是看是什么技术，而是看其真正的用能状况、节能效果。随着越来越多的热泵工程投入运行，越来越多的应用案例给出实际运行结果，大量运行数据表明，和其他各类建筑节能技术与措施一样，热泵采暖是否节能也取决于实际工程条件、地理和气象状况，以及设计安装和运行管理水平。必须因地制宜，在适当的条件下使用热泵，必须科学设计和精心运行，才能在合适的场合获得真正的节能效果。

3.9.1　热泵采暖的基本原理

热泵是通过消耗能源做功，把处在较低温度下的热量提升到较高的温度水平释放，以满足热量的使用要求。例如目前在采暖中使用的热泵就是从不到 10℃ 或更低的低温热源中提取热量，把它提高到采暖需要的 40℃ 或更高送到室内，满足采暖需要。这样，一个热泵系统就要看从什么样的低温热源取热，取热温度是多少，把热量提升到多少温度，提升多少热量。目前应用最广泛的是电动热泵，那么就要消耗电能实现热量的提升。电能消耗量不仅与所提取的热量数量成正比，还与提升温度的程度，也就是高温与低温间的温差成正比。例如，从 10℃ 的低温热源提取热量，在 40℃ 下释放，热泵提升温度 30℃，提取同样的热量，所消耗的电能就仅为从 −10℃ 的低温热源中提取热量在 50℃ 下释放（此时热泵提升 60℃）时的一半。这样，尽可能找到较高温度的低温热源，从较高的温度下提取热量，仅可能降低采暖要求的热水循环温度，降低要求热泵提升的温度，是获得较高的热泵用能效率，使热泵产生真正的节能效果的重要条件。此外，热泵采暖系统不仅要消耗动力驱动热泵，还需要消耗电能用于低温取热端和高温放热端的热量输送，这通常表现为风机水泵的耗能。对于有些系统，热量输送的能耗可以达到整个热泵采暖系统能耗的三分之一以上。而热量输送系统的参数不同，风机水泵能耗不同，要求热泵提升温度的程度也不同。于是，围绕降低能源消耗，热泵采暖就需要面对如下问题：

从什么样的低温热源提取热量？

怎样从这一低温热源中提取热量？

采用什么样的采暖系统形式和末端放热方式？

需要热泵把热量提升到什么温度以满足采暖要求？

3.9.2　低温热源和相应的热量采集方式

正是由于采用不同的方案应对上述各问题，才有了各种不同形式的热泵采暖系统。

(1) 空气源热泵：从室外空气中提取热量。通过风机驱动室外空气流过安装在室外的采热装置（也就是热泵的蒸发器），获取室外空气中的热量。冬季室外温度在$-10\sim0$℃时，热泵的蒸发器内的温度就要降低到$-20\sim-10$℃，这样低的温度下把热量提高到采暖要求的温度，热泵耗功就很大，很难产生好的节能效果。而在室外温度处在$-5\sim3$℃之间时，空气中的水蒸气又很容易在热泵的蒸发器表面结霜，影响空气流动，从而也就影响了热量的采集。化霜以恢复蒸发器热量采集的功能，则需要耗能并降低系统能效。而在冬季室外温度大多数时间都高于3℃的华中、中南地区，空气源就成为非常合适的采暖用热泵的低温热源。因为到处都可以获得室外空气，所以如果不存在低温和结霜问题，空气源热泵的使用条件限制最少，最灵活，适用于各种情况，尤其是分户、分室的小型系统。

(2) 地下水源热泵：从地下水中提取热量，再把提取了热量后温度降低了的水回灌到地下。这样，只从地下取热，不占用和破坏任何地下水资源。对于从几十米地下抽取的地下水，其水温基本上常年处于当地的年平均温度。例如北京冬季地下水温度可以在$13\sim14$℃，济南$15\sim16$℃，沈阳10℃，远高于冬季室外空气温度，因此和空气源相比，就会获得更高的低温取热温度。如果地下水循环温差5℃，蒸发器换热温差2℃，在北京的地下水源热泵的蒸发器温度就可以工作在$6\sim7$℃，远比空气源温度高，同时也不存在冻结问题。这是地下水源热泵最主要的长处，也是近年来在很多地方推广这一方式的主要理由。但是地下水源热泵必须打井，必须使地下水经过热泵设备循环。怎样保证提取了热量的水全部回灌地下而没有任何地面排放，怎样保证这样做没有对地下水造成任何污染，这一直是社会各界质疑之处。目前已具有有效的技术手段保证能够实现循环水的全部回灌并不造成任何地下水污染，但这需要足够的投入和精心的运行管理。只有全面和严格的监管与严厉的惩罚机制才能实现这一要求。

（3）地下土壤源热泵：在地下埋入大量的换热用塑料管，循环水经过这些地下埋管与地下土壤进行热交换，从而提取地下土壤中的热量作为热泵的低温热源。本书 4.7 节就是在山东济南某建筑采用这一技术的一个最佳实践案例。此时通过地下埋管的循环水温度与地下埋管的数量有关（更科学的说，是与单位埋管长度需要提供的热量有关），也与夏季是否向地下输入足够的热量有关。一般来说，通过地埋管的循环水温度在冬季总是低于当时抽出的地下水温度，在夏季高于当时抽出的地下水温度。这就是说，其作为热泵低温热源的效果不如地下水源好。但是，地埋管可以保证不破坏地下水资源，因此许多西方国家和地区法律禁止地下水源热泵的使用，但允许和支持地下埋管的土壤源热泵。冬季地下埋管循环水温度完全由冬季提热量和夏季注入的热量决定，一般情况下，冬季从地下埋管中返回到热泵的循环水温度会比当地年均气温低 4～8℃。即使循环水供回水温差为 3℃，在北京的许多工程中，热泵的蒸发器温度都已经降到了 0℃ 以下。因此地埋管热泵在北方地区性能要低于地下水水源热泵，但优于空气源热泵。此外，地下土壤源热泵需要大量的土地面积以埋入取热管道。高层建筑没有足够的占地面积，无法埋入足够的取热管道，因此也就无法采用这一方式。

（4）原生污水源热泵：从民用建筑排出的生活污水在冬季温度一般可达约 20℃，高于地下水温度，因此是更好的低温热源。当建筑周围有污水大干管时，有可能利用原生污水（即没有处理的、直接排出的污水）作为低温热源。这时最大的问题是污浊物污染腐蚀和堵塞取热换热器的问题。哈尔滨工业大学发明了从原生污水中提取热量的热量提取装置，并成功地应用于东北华北地区的污水源热泵工程中（见《中国建筑节能年度发展研究报告 2007》）。对于精心设计和精心运行的原生污水源热泵系统，可以使得蒸发器温度在 8℃ 以上，这就使这种热泵具有较高的低温热源温度从而有可能获得较好的能耗性能。然而这种原生污水源热泵必须科学统筹规划。如果沿污水管道密集布置这样的装置，反复从污水中提取热量，则下游用户的温度就会很低，从而完全达不到应有的效果。

（5）中水、海水和地表水水源热泵：污水处理厂处理后的中水、海水以及邻近的江河湖水，如果温度高于5℃（考虑到降温后还可以高于0℃），都可以用来作为热泵的低温热源。除了防止提取热量水温降低后的冻结问题外，这里的关键问题是通过水在管道中循环输送热量时的循环水泵电耗问题。利用这些水面暴露于外的地表水作为低温热源，如果热量提取装置高于水面很多，则就要消耗较大的循环水泵电耗来提升水位实现水的循环。如果水源距离被采暖建筑较远时，也要消耗较大的水泵电耗实现水源到采暖建筑之间的热量输送。不要以为北方常规的集中供热热量可以在5km甚至10km的范围内实现经济输送，所以忽视热量的长途输送问题。常规的集中供热长途输送热量时，供回水温差可以在30～70℃之间，这是保证实现经济的热量输送的必要条件。而采用地表水热泵时，低温循环水的供回水温差只能在3～6℃（否则会使蒸发器取热温度太低），远远小于常规的集中供热系统，这会使循环水泵电耗增大10倍，导致由于循环水泵电耗高而使系统的能耗性能很差。即使把热泵布置在水源周围，长途输送高温热量，由于热泵也不希望高温侧循环水温差太大（否则需要非常高的制热温度，恶化热泵性质），因此输送热量的循环水供回水温差也只能在5～8K，这同样会导致巨大的循环泵电耗。因此这一方式的被采暖建筑不能与水源距离太远。

3.9.3　热泵采暖的室内形式和放热末端

热泵的冷端希望尽可能高的温度，而热泵的热端则希望尽可能低的温度，只有这样，才有可能降低要求热泵提升的温差，从而获得较高的能效。所谓热泵的热端温度，指热泵冷凝器中的冷凝温度。当使用小型空气源热泵时，热端直接向室内送热风，这时，送风温度如果低于35℃，使用者会感到吹冷风而不适。这样，热泵的热端，即冷凝器的冷凝温度就需要在40℃以上。而对于一般的水源热泵（水源、地源、污水源等），热端往往是通过水循环进入采暖建筑室内，再通过采暖末端释放出热量。当末端采用风机盘管，向室内送热风时，风机盘管内的水温就需要在40℃以上，从而冷凝器温度要在43℃以上。当末端是常规的散热器系统时，尤其是以前与热水锅炉相配合的单管串联的散热器系统时，热水系统的供回水温差要到

10~15℃，很难再进一步减小，回水温度要在 35℃以上，这样，供水温度就要求在 45~50℃，热泵冷凝器的温度就要达到 48~53℃。但是如果室内是地板采暖，各户或各房间的管道是并联连接，地板采暖的供回水温差可在 5℃，供回水温度可以为 37℃和 32℃，这样，热泵冷凝器的温度就可以在 40℃或者更低一些，从而获得较好的性能。

作为上面论述的总结：

小型空气源-热风：冷凝温度 40℃，在华东地区室外温度为 0℃时，蒸发温度 -10℃，热泵工作温差 50℃；

地下水源热泵-风机盘管：冷凝温度 43℃，在北京，蒸发温度 6℃，热泵工作温差 37℃；

地下水源热泵-常规散热器：冷凝温度 50℃，在北京，热泵工作温差 44℃；

地下水源热泵-地板采暖：冷凝温度 40℃，在北京，热泵工作温差 34℃；

地下土壤源热泵-风机盘管：冷凝温度 43℃，蒸发温度 0℃，热泵工作温差 43℃；

地下土壤源热泵-常规散热器：冷凝温度 50℃，蒸发温度 0℃，热泵工作温差 50℃；

原生污水源热泵-地板采暖：冷凝温度 40℃，蒸发温度 8℃，热泵工作温度 32℃。

可以看到，不同的低温热源方式和不同的室内末端形式，即使在同一气候条件下热泵的工作温差可以从 50~32℃，这表明提升同样的热量的耗电要相差三分之一以上。所以不是什么热泵都可以节能，而要看其低温热源方式和室内末端方式。

另外，为了减少热泵的工作温差，取热的低温热源侧和放热的高温热源侧的循环水都希望是"大流量、小温差"，一般温差都应在 3~6℃之内，这就使得循环流量比一般的热水采暖系统的热水流量大得多，从而也就使得循环水泵的装机容量和耗电量也远高于一般的热水循环泵。很多水源热泵、地源热泵系统运行能耗高的原因都是因为循环水泵的高能耗所致。严格注意循环水系统的设计，尽可能避免各种不必要的阻力损失，尽最大可能减少系统压降从而减少循环水泵扬程，是降低循环水泵电耗的最有效措施。

3.9.4　热泵采暖是否节能的判断标准

采用热泵采暖是否节能呢？一些说法认为"采用热泵消耗1度电如果可以从地下水中提取2度电的免费热量，从而一共可以输出相当于3度电的热量，当然节能了"。但是要注意这里消耗的电力和所获取的热量不属于一个品位的能源，不能这样简单地合起来计算。电动热泵消耗的电力属于高品位能源，我国目前的电力绝大多数来源于燃煤的火力发电厂，每输出1kWh电力要消耗约350gce，而这些燃煤大约有3kWh的热量。这样，如果1度电通过热泵最终只能输出3度电的热量，最多相当于效率接近100%的燃煤锅炉。由于我国燃煤锅炉的效率在70%～85%，所以当1度电产生3度热，也就是$COP=3$时，它的用能效率要优于燃煤锅炉。但是与采用燃煤热电联产的产热方式比，用能效率就要低得多（见第2章，燃煤热电联产的产热等效COP高达4～8）。所以，这种情况下，燃煤热电联产最节能，热泵次之，燃煤锅炉最差。

但是热泵方式消耗1度电能够输出3度热量吗？这里的耗电量不能仅指热泵压缩机耗电，还应该包括热泵低温侧和高温侧循环水泵的电耗。如上一节所述，尽管常规采暖系统也有循环水泵，但由于温差不同，输送单位热量消耗的循环水泵电耗有巨大差别。在很多情况下两侧循环水泵的电耗可达到热泵压缩机电耗的40%～60%，这样，当热泵压缩机本身制热COP达到4时，系统的综合$COP=1/(0.25+(0.1～0.15))=2.85～2.5$。也就是说这时的综合$COP$很难达到3，这时按照发电煤耗折合到燃煤后就会得到，它与大型燃煤锅炉的效率基本相同。也就是说，实质上所消耗的燃煤量相同，并不节能。而在实际运行时，如果不采用变频循环泵而是用定速泵，在采暖的初末寒期不能降低循环水量，而使供回水温差进一步减少，则此时期的循环水泵能耗不变，但热泵压缩机因为采暖负荷低而相应降低，这样，循环水泵的电耗所占比例还会更大。降低循环水泵电耗但不增加两侧各自的供回水温差，是热泵系统能够实现节能的要点之一。这时就要采用变频泵，随时根据实际的温差调节转速，维持供回水的恒定温差，同时还要尽可能减少管路系统中的各种局部阻力，从而降低要求的水泵扬程。合理地选择水泵，使其工作在效率最高点，也是实现节能的要点之一。

3.9.5　实际系统案例的运行能耗

沈阳市是我国推广水源热泵采暖最早、力度最大、范围最广的城市。已经有很大一批项目有了较长时间的运行经验。总结其实际的运行能耗对认识水源热泵的实际节能应该有一定帮助。

日本贸易振兴会资助日本环境技研株式会社组织的研究测试班子从 2008 年起连续对沈阳市的一些运行较好的水源热泵系统的能耗状况进行了实际测试。表3-8 为部分实测结果❶。

日本环境技研株式会社报告的沈阳市水源热泵测试案例　　　　表 3-8

名称	低温侧水泵电耗	热泵压缩机电耗	高温侧水泵电耗	产生热量	综合 COP
A	0.21	1	0.15	4.15	3.05
B	0.14	1	0.14	3.18	2.48
C	0.06	1	0.04	3.11	2.83

这三个系统都是地下水水源热泵方式，每个系统的供热面积都在 10 万～20 万 m²，这是冬季连续测试的结果。

2010 年 4 月住房和建设部组织的水源热泵调查专家小组也专程到沈阳对热泵采暖的实际能耗状况进行了调查。根据运行记录和电费交纳状况，初步估算出所调查的 6 个项目的综合 COP，见表 3-9。

2010 年建设部专家组赴沈阳调查水源热泵能耗状况的部分结果　　　　表 3-9

项目名称	建筑面积 (m²)	冬季热泵系统耗电总量 (kWh)	单位建筑面积耗电 (kWh/m²)	单位面积供热量 (kWh/m²)	折合 COP	备注
B1	19 万	597 万	31.5	95（估计）	约 3	住宅，水源热泵
B2	10.05 万	369 万	36.8	100（估）	约 2.7	住宅，水源热泵
B3	10 万，供热 8.5 万	286 万	33.8	100（估）	约 3	医院，水源热泵
B4	14 万	400 万	28.6	100（估）	约 3.5	住宅，水源热泵
B5	5.79 万	130.8 万	22.6	86.4（实测）	3.82	住宅，水源热泵
B6	6 万	220 万	36.7	100（估）	约 2.7	办公楼，地源热泵

❶ 日本环境技研株式会社，增田康广：中国东北地区集中供热的现状及节能建议，沈阳供热节能技术研讨会，2010 年 12 月 20 日.

表中，项目 B6 是地埋管式土壤源热泵。当时实测地下换热器的进出口水温分别为 3.7℃ 和 4.2℃，这样小的温差是导致循环水泵电耗很大的原因，但这一温差很难再加大，因为从地下换热器来的出水温度已经很低，加大温差将导致冻结。

B1、B2、B4、B5 都是新入住的商品住宅，保温做得都非常好，这就是为什么 B5 实测的全冬季累计热量仅为 86.4kWh/m²。这是一个精心设计精心管理的系统，所以取得了全年综合 $COP=3.82$ 的效果。其他各住宅小区无有效的热量计，根据对保温状况的观察，其保温水平应该接近 B5，也就是 90kWh/m²，如果这样，那么综合 COP 还要减少 10% 左右，其结果就与日本小组测出的结果处于同一水平。

上面两个列表的实测建筑，除个别外，大多数建筑采用地板采暖末端，实现了较低的冷凝器侧温度，除了 B6 的土壤源热泵外，各水源热泵冬季低温热源循环水温度在 5～10℃ 间，属于尽力通过各种措施提高系统效率，系统设计和运行都比较好的案例。其结果表明，这种热泵方式在沈阳其能源转换效率优于燃煤锅炉房，但低于燃煤热电联产方式。因此当有燃煤热电联产条件时，还是应该尽可能发挥和挖掘热电联产的潜力，利用热电联产热源作为北方地区城市供热热源。只有没有条件接入热电联产热源时，才可以适当发展地下水源热泵和土壤源热泵，用它替代燃煤锅炉，产生节能效果。

对于冬季外温高于沈阳的北京和北京以南地区，水源热泵的性能就会更好一些，如果严格管理，保证抽取地下水不会造成水资源的浪费和地下水的污染，可以适当发展一些水源热泵系统替代燃煤锅炉，既可产生节能效果，还可以大幅度减少燃煤锅炉带来的当地大气污染。然而要使得水源热泵真正产生节能效果，必须充分注意如下几点：

1）尽可能采用低温末端方式，如地板采暖，使供水温度不超过 40℃。

2）两侧的设计流量应使得各自的供回水温差在 3～5K 左右，通过加大管径和减少阻力部件来减少管道系统阻力，从而通过低扬程来避免循环水泵能耗过高。

3）两侧的循环水泵都应变频，维持在小负荷时供回水温差不变，同时精心选择循环水泵，使其在效率最高点附近工作。

4）当热泵压缩机容量达到 2～3MW 时，再增加其容量，热泵的效率已经很难进一步增加。2～3MW 热量对应的采暖面积为 4 万～5 万 m²，这应该是采用水源热泵的一个系统的适宜规模。系统规模再大，热源效率不能进一步提高，但低温和高温热量的输送能耗、管网热损失和输送能耗，以及系统调节不均匀造成的浪费等却会迅速增加，因此，热泵系统要适度规模，绝不是"越大越好"。

3.10　公共浴室洗澡水余热回收技术

为集中住宿的在校学生、部队战士、民工等集体宿舍人员提供足够的生活热水，满足每日的洗浴需求，是提高他们的生活水平的重要措施。目前这些集中浴室绝大多数依靠定期运行的锅炉提供热水，能耗高，还造成一定的污染。一些单位试图采用太阳能热水器提供热源，但为满足这样大量的热水供应，很难找到足够大的空间安装太阳能热水器，同时还过多地受到天气的影响。鉴于这类公共浴室定点开放，用热和排热都相对集中，则可以根据不同情况采取以下两种热泵系统进行余热回收，实现热的循环利用。

3.10.1　电动热泵余热回收系统介绍

如图 3-56 所示，电动热泵余热回收系统由两级电动热泵机组 1，水/水换热器

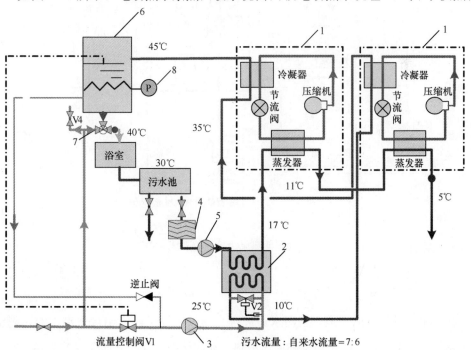

图 3-56　电动热泵余热回收系统原理图

1—水—水热泵机组；2—水—水换热器；3—给水泵；4—过滤器；
5—污水泵；6—蓄热水箱；7—三通混水阀；8—电加热器

2，给水泵3，过滤器4，污水泵5，蓄热水箱6，电加热器8组成。洗浴开始时，污水池中没有污水，无法进行余热回收，此时启动电加热器8对蓄热水箱中的蓄水进行加热，给第一批洗浴者提供洗浴热水。洗浴开始后，污水池开始收集洗澡污水，当收集到一定程度后，热泵机组启动，污水首先经过滤器过滤后，由污水泵送至水—水换热器2与待加热的冷水（10℃）进行热交换，冷水温度加热到25℃，排除的污水温度则降到17℃（水箱里热水45℃，用于洗澡水温40℃，因此会和自来水掺混，导致污水流量大于水箱补充的热水流量，二者比例7：6）。25℃的冷水再通过两级热泵从排除的污水中进一步提取热量，每级热泵使待加热水升高10℃，最终加热到45℃，而每级热泵使污水降低6℃，并最终在5℃排放。

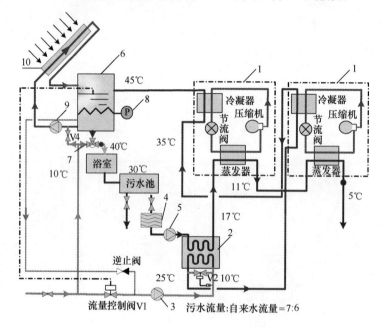

图3-57 太阳能热泵余热回收系统原理图

1—水—水电动热泵机组；2—水—水换热器；3—给水泵；4—过滤器；5—污水泵；

6—蓄热水箱；7—三通混水阀；8—电加热器；9—集热器水泵；10—太阳能集热器

由热平衡计算可以知道，当污水最终排水的温度等于或低于自来水水温，则整个浴室需要的热量仅是围护结构和通风散热。在此例中，这部分损失温差为40−30＝10℃，其中由于污水最终排水温度5℃低于自来水温度10℃，补充了5℃，剩下的5℃温差就由电动热泵耗电量来补充。热泵的$COP＝(45−25)/(40−30−5)＝4$。

该热泵系统依靠从污水中回收热量，因此需要预先有足够的热量才能启动。当采用图 3-56 所示的电动热泵形式，就需要电加热器和蓄热水箱提供热量。也就是说第一批洗浴者是利用电加热器制备的热水洗浴，之后才能通过热泵余热回收，实现热循环利用。在加热的 30℃ 温升中，耗电量相当于 $40-30-5=5$℃温升，同时若每天洗浴批次为 8 次，也即污水热量循环利用 7 次，整个系统相当于性能系数 $COP_s=(40-10)\times8/(5\times7+(45-10)\times1)=3.42$ 的热泵，由于启动热量耗电原因，相比燃气锅炉，可以节省 30% 的运行费用(电 0.6 元/kWh，天然气 2.3 元/Nm³)。

为了降低运行费用，可以结合太阳能技术进一步对上述系统进行改进，如图 3-57 所示。该系统与图 3-58 所示的系统差异在于增加了一个太阳能收集系统用于提供系统启动热量，太阳能收集系统由集热器 10、集热器水泵 9 组成，平板集热器朝南倾斜置于浴室屋顶。集热器水泵根据集热器出口水温与蓄热器底部水温之差来控制启泵，通常当温差大于 3～5℃ 时启动，温差在 -0.5～2℃ 停泵。当水温达不到要求时，启动电加热器补充。其他与电动热泵基本相同，不再赘述。

这样热泵的 COP 依旧为 4，而系统的 $COP_s=(40-10)/5=6$，相比燃气锅炉，可以节省 60% 的运行费用（电 0.6 元/kWh，天然气 2.3 元/Nm³）。

3.10.2　直燃吸收式热泵余热回收系统介绍

除采用太阳能提供启动热量的电动热泵回收方式，考虑到目前很多高校的生活热水采用燃气锅炉，具备直接燃气管网接入的条件，因此提出另一种采用直燃吸收式热泵进行热回收形式。如图 3-58 所示，将直燃吸收式热泵机组替换图 3-56 中的两级电动热泵，同时取消电加热器。工作流程为：洗浴开始时，污水池中没有污水，无法进行余热回收，热泵机组进入给自来水直接加热状态。此时，溶液环路的 V3a、V3b 以及蒸汽环路的 V3c 均关闭，三通阀 V2 转向使得自来水进入发生器。热泵开启，但此时由于溶液不循环，自来水直接在发生器中被加热至需要的热水温度后进入蓄热水箱。当污水收集到一定程度后，热泵机组切换至余热回收工作状态，此时溶液环路的阀门 V3a、V3b 以及蒸汽环路的 V3c 均打开，三通阀 V2 切换至使得自来水进入旁通管路。自来水经给水泵加压后，首先在水—水换热器中与污水直接换热后，再依次进入热泵机组的吸收器和冷凝器升温至需求热水温度后进入

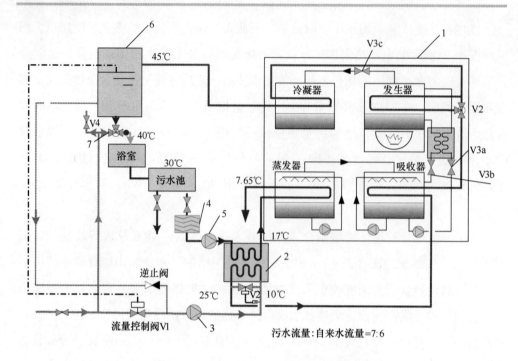

图 3-58 直燃吸收式热泵余热回收系统原理图

1—直燃吸收式热泵机组；2—水—水换热器；3—给水泵；4—过滤器；

5—污水泵；6—蓄热水箱；7—三通混水阀

蓄热水箱。

直燃吸收式热泵与电动热泵的差异在于：启动热量无需电加热器而是直接通过直燃吸收式热泵机组内燃气燃烧提供，同时由于吸收式热泵的 COP 要小于电动热泵，在总热量相同的条件下，吸收式热泵从污水中的取热量要小于电动热泵，污水的温度相对较高。在前述案例中，采用制热系数 $COP=2.2$ 直燃吸收式热泵，可以将污水排水温度降低至 7.35℃，在加热的 30℃ 温升中，燃烧天然气提供的温升相当于 $(40-30)-(10-7.35)=7.35$℃ 温升，同时若每天洗浴批次为 8 次，也即污水热量循环利用 7 次，整个系统相当于性能系数 $COP_s=(40-10)\times8/(7.35\times7+(45-10)\times1)=2.78$，相比燃气锅炉，运行费用可节省 67%（电 0.6 元/kWh，天然气 2.3 元/Nm³），与太阳能热泵系统相当。

从整个余热回收系统热平衡计算可以知道，当污水最终排水的温度等于自来水水温，热泵耗电和消耗天然气所产生的热量就等于浴室围护结构保温和通风换气的热量。当围护结构保温较好，通风合理时，这部分损失的热量（电或天然气补充的热量）相比回收的余热量就小，就需要 COP 较高的热泵系统与之匹配，太阳能＋电动热泵比较合适；反之，当围护结构保温较差，通风较大时，这部分损失的热量相比回收的余热量就大，就需要 COP 较低的系统与之匹配，直燃吸收式热泵系统较为合适，此时，若要使用太阳能＋电动热泵系统，就要加强浴室保温和控制通风。

3.11　北方集中供热体制改革的研究

通过应用"吸收式换热"、"燃气锅炉分布式调峰"等新技术大幅度提高采暖系统热源效率，通过落实供热收费体制改革促进建筑围护结构保温降低建筑需热量、同时改善末端调节避免各种不均匀损失及过量供热是北方集中供热采暖节能的关键。现在的核心问题是怎样的机制可以有效推广和发展这些可大幅度提高热源效率的新技术以及怎样的体制可以充分调动供热企业和居民共同的节能积极性，改变目前供热改革履步维艰的现状，从而落实供热收费体制改革的各项预期设想。

3.11.1　目前的集中供热体制不利于热源效率的提高和供热收费体制改革

（1）目前的集中供热管理体制及其特点

1）目前的集中供热管理体制

如图 3-59 所示，热电联产集中供热系统由热源，输配系统，末端散热设备三部分组成。其中热源包括承担基础负荷的电厂和承担尖峰负荷的调峰热源。输配系统则包括一次管网，热力站，二次管网。涉及全过程的商业与消费主体有电力公司、供热企业和终端用户。根据消费特点的不同，终端用户可分为三类：作为独立消费者的住宅用户，作为集团消费者的公共建筑用户（如大商场、办公楼），以及作为消费联合体、其内部实行不同核算方式的大院式用户（如大学、机关大院）。在管理体制上，目前的基本模式是"厂网分离"：热电联产热源电厂归电力公司管理；城市供热网（包括调峰热源、一次网、热力站）归供热企业管理；而二次网和终端服务则取决于终端用户方式。对作为独立消费者的住宅用户，供热企业直接服务到户；对公共建筑用户，供热企业服务到热入口，楼内设施的运行和维护由大楼的管理者自行承担；对大院式用户，供热企业也只服务到大院的热入口，院内系统

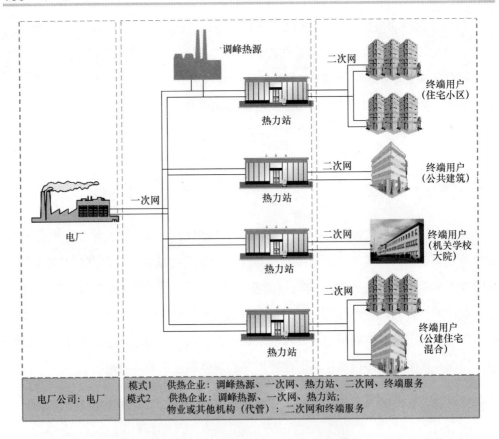

图 3-59   热电联产集中供热管理体系示意图

运行和维护则由大院管理者承担。对于现在大量出现的商品住宅区，也有由供热企业支付一定的费用委托给小区物业或其他机构代管的模式。

根据上述运行管理责任的划分，目前的经营核算模式为：供热企业根据热源电厂供出的热量支付电厂热量费，再根据末端用户的供热面积收取供热费，其利润从按照面积收取的热费与按照热量支付给热源电厂的热费的差额中产生（图3-60）。

热源电厂希望在整个采暖季恒定供热，以获得热源电厂最佳的能源转换利用效果，但供热企业需要根据气候变化改变供热量。为了协调这一矛盾，大型城市热网一般都设若干调峰热源，承担供热峰值负荷。从能源成本和设备运行时间看，这些调峰热源产出单位热量的成本要远高于热电联产电厂，但这是供热系统特性所决定的。此外，供热企业要维护和管理大量设置在热力站的循环水泵和补水设备，同时

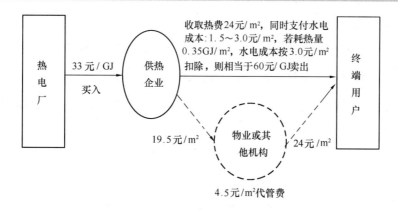

图 3-60　某热电联产集中供热运营管理示意图

承担运行电费和补水水费。根据不同情况，电费和水费与从电厂购热的热费之比为 1：4～1：8 之间。供热企业同时还要承担整个热网和热力站其他设备的维修、改建、扩建工作。这些工作也都构成供热企业的成本。

供热企业按照供热面积从末端用户收取的热费是其主要收入，但由于其面对众多不同情况的热用户，多年来热费收缴一直是供热企业的老大难问题。根据各城市具体状况不同，热费收缴率在 60%～90% 之间，很少有热费能够全部收缴到位的供热企业。拖欠热费的主要是一些直接进行服务和收费的住宅，效益不好的企业，以及经济状况不良的公共机构（如学校、某些政府机构等）

2）"按照面积收费"与目前集中供热的管理体制一致

按照上述管理体制和经济核算模式，供热企业增加效益的主要途径就是在满足末端供热质量的前提下，通过合理的运行调节减少供热量，降低过量供热，从而降低从电厂购买热量的费用和自管调峰热源的运行费，而按照面积从采暖末端收取的费用不变，由此产生利润。沈阳市原第二供热公司在 20 世纪 90 年代依靠先进的计算机调控技术实现热网的均匀化调节，使单位建筑面积供热量降低了近 20%，产生了巨大的经济效益，从而在热网全面投入运行后的六年内依靠运行利润还清全部管网的基建投资贷款。北京市城市热力集团在系统调节上下功夫，大幅度减少了调峰热源的运行时间和调峰热源供热量，从而获得较大经济效益。从这一点看，目前按照面积收费的机制与目前集中供热的管理体制是一致的，从利益机制上可以促进供热企业通过改善调节降低供热量而增加效益，同时也节约了能源。按照目前供热企业的管理模式，这种均匀性调节主要由热网的调度室完成。因为只有从全网总的供需关系上才能反映出通过调节造成的热量降低。因而这一调节也主要发生在通过对热力站的调节实现各个热力站之间的均匀供热上。而对于住宅楼间的调节和住宅楼内各户间的调节，则很难由供热企业全面介入。这是由于热网总调度室很难直接了解掌握个别建筑的状况。并且局部的细致调节所产生的节能在总量上很难有明显的反应，从而使有可能承担这一调节工作的末端维护管理者不能直接看到其调节工作的收益。另一方面，入楼入户的调节与末端建筑管理的不同体制与模式有密切关系，在很多情况下很难实际操作。对于由另一经济主体管理的公共建筑和"大院系统"，其内部就没有任何机制推动末端调节和节能。只要满足供热需要，热量消耗多少与这些直接管理和调节者的利益无任何关系。因此目前的"按照面积收费"对这类管理方式的末端用户是不利于其内部的调节与节能管理的。

（2）目前的供热体制不适合推广新的高效热电联产方式与"燃气锅炉分布式调峰"模式

采用"吸收式换热循环"的高效热电联产方式要真正应用实际工程并发挥作用，在技术上有一定的要求：首先要求供热企业对所有热力站进行改造，安装专门的吸收式换热设备来降低一次网回水温度，从而能够有效回收电厂冷却塔排放的余热，这部分投资约占整个系统改造投资的 50％左右；其次也要求电厂进行一定的改造，包括安装专用吸收式热泵机组实现冷却塔余热梯级利用和相应管路系统改造，其投资占了总投资另外的 50％。由于二者都需要改造，都需要一定的资金投入，因此该技术实现的关键是供热企业和热电厂的通力合作。而在实际操作中，由于目前的"厂网分离"现状和二者按热量结算的模式，就会出现回收余热所获取的经济利益如何分配的问题。如采用"同热不同价"的方式，即从冷却塔回收的余热免费或采用很低的价格；从机组抽汽换取的热量采用较高的价格。这样，不仅使计量热量非常复杂，还会出现供热企业由于承担较大的风险而失去合作的动力。出于各自利益的考虑，供热企业希望尽可能地让电厂提供冷却塔回收的余热，而电厂选择提供热量的方式则要求自己的利益最大化，所追求的目标未必就是提供更多冷却塔回收的余热，这样供热企业的投资和收益就可能不对等。若电厂所有热量采用同一个价格，又会带来定价过程中的博弈，价格定得过高，供热企业不同意，价格定得过低，电厂由于回收余热的成本和供热企业管理的一次网回水温度直接相关，所承担的风险也较大，也不愿意。二者利益博弈的结果往往造成最终无法协调成功而导致项目无法实施，从而在某种程度上阻碍了提高热源效率新技术的推广。

此外，目前的供热管理体制也不适合"燃气锅炉分布式调峰"技术的推广。按照目前供热企业的管理模式，调峰热源设置在一次网，有利于热网总调度室进行均匀性调节，降低总耗热量。而当采用"燃气锅炉分布式调峰"方式，由于各个热力站单独设立热源，就要求各个热力站管理人员独立承担起调节任务，而在目前的供热管理体制下，各个热力站没有独立的热量计量装置或设有计量装置也不作为热力站管理人员业绩考核的指标，管理的好坏只看终端用户满意率的高低，这样当调峰热源设置在二次侧时，热力站管理人员就会尽可能加大供热量以满足末端的供热品质，提高用户满意率，而不计较所消耗的热量，很可能导致末端用于调峰的燃气消耗量增加，既造成能源的浪费，又造成供热成本的增加。

（3）目前的供热体制有可能导致危险的"依赖于扩充"的经营模式

除了从热用户按照面积收取供热费外，目前城市供热企业的另一项重要经济收入是收缴"增容费"。在城市集中供热发展的历史上，为了解决管网和热力站建设的资金问题，曾要求申请接入集中供热的末端用户缴纳"增容费"。以后，收取增容费逐渐发展为各地的普遍方式。增容费收取标准在各地一般为 $30 \sim 100$ 元/m² 间不等，名义上用于管网的扩充建设和热力站建设。但实际上不同情况下管网改造和热力站建设需要的经费差异非常大，因此增容费与实际发生的扩容改造费用无直接关系。管网和热力站的产权也都属于供热企业，与支付了增容费的末端用户无关，由此使得维护维修费用在大多数情况下也由供热企业负责。

随着城市建设的飞速发展和扩充，供热企业服务面积每年的扩充速度非常快，增容费成为供热企业收入的主要部分。例如当总供热面积为 1000 万 m² 的供热公司，每年收取的供热费 2 亿元，扣除热、电、水这些供热的直接成本约 1.6 亿元，包括维修费、折旧费和人工费在内的毛利润不到 4000 万元。而当一年中增加热用户 100 万 m² 时，收缴的增容费可达 5000 万元～1 亿元，远超过主营业务的毛利润。这样，一些供热企业就把收缴增容费变成企业的主要创收途径。只要每年能持续扩容，就能得到足够的收益。供热系统运行如何，是否节能已经不再考虑，供热系统运行中的各类问题也就都被高额收取的增容费所掩盖。当扩容与运行节能发生矛盾时，一定是优先从扩容的需要出发。当城市建设放缓，不再有新增用户时，这些供热企业的经营就会出现问题。

鉴于这一状况，原国家计委、财政部2001年就发布《关于全面整顿住房建设收费取消部分收费项目的通知》（计价格［2001］585号），明令取消暖气集资费，但北方各城市仍以诸如初装费、热力开口费、管网配套费等名目广泛存在。这类费用的存在不仅容易引起供热企业和用户之间的纠纷（媒体的公开报道经常可见），更重要的是这类费用的存在使得热力公司的目标从减少能源消耗转为尽可能地增加供热面积，以获取更多的热网接入费，使本来应用于供热基础设施投资的资金成为企业效益的主要来源，从而直接掩盖了供热企业经营中的各种问题，供热企业没有节能的紧迫感。

在目前这种体制下，具有一定垄断性质的供热企业对是否提供供热服务有决定权，相比房地产开发企业，处于绝对强势地位，从而可轻易地获取这部分费用，于是这种现象就很难制止。体制不改变，各方面利益关系不改变，仅靠发布文件禁止的方法可能很难使其真正改变。

（4）目前的供热体制不欢迎"热改"

1）按面积收费改为按热量收费后，供热企业存在经营性风险

对于供热企业来说，当采暖按面积收费时，只要保证一定的供热面积和一定的热费收缴率，全年就有稳定的收入，基本上不存在经营性的风险。经营收入的提高，就要靠供热面积的增加。当改为按热收费后，则可能带来以下两个方面的影响：

①不同类型建筑的耗热量和缴费差异造成企业收益减少。

目前供热企业服务对象包括两类，一类是公共建筑，另一类是住宅建筑。这两类建筑的能耗特点完全不一样，其中商场、办公楼这些公共建筑，一般来说围护结构性能相对较好，同时由于人员密度较大、办公设备较多造成室内发热量较大，因而这类建筑的平均供热能耗要明显低于住宅类建筑，同时这类热用户又很少拖欠、拒缴热费，因此是目前供热企业主要的盈利用户。相反，对于住宅建筑，平均能耗比上述公共建筑高，并且越是低收入群体，建筑围护结构性能一般都相对较差，耗热量越大，同时还越容易拖欠、拒缴热费。当按面积收费时，某种程度上从公共建筑获取的热费客观上弥补了住宅建筑欠费的损失，一定程度上保证了供热企业的效益。当改为按热收费后，商用建筑由于耗热量低，热费大幅度减少，而住宅建筑能耗高，应收缴的高热费又收不上来。丢失了原来的盈利渠道，新的高收费对象又交不上钱，这就使得供热公司的实际收益大幅度减小。长春某热力公司率先对公司经

营的 59.58 万 m² 公共建筑实行了按热计量收费尝试。当按面积收费时，每年固定收益 2047.5 万元，改为按热收费后，仅收入 1166.6 万元，收入减少 879 万元，减少了 43% 的经营收入。

②供求关系对调，不一定产生节能效果。

当改为按照热量收费后，前述的三类采暖末端管理模式的用户反映各不相同。目前热改主要强调的是前述第一类终端管理模式的用户，即作为独立消费者的住宅用户。这时为了节省热费，用户一定设法调节，尽可能降低热量的消耗；而供热企业是按照热量收费，无论其价格如何制定，必然是供热量越多，收入越多。这样供热企业的行为就不再是像以前那样设法通过调节在满足供热要求的前提下尽可能减少供热量，而变成设法使末端用户消耗更多的热量，因为"多供热，多赚钱"。而在目前的管网调节手段和调节能力上，采暖末端用户与供热企业之间，供热企业是"强势"，是影响调节的主导方；而采暖用户末端既不具备便捷的手段，作为普通百姓又不具备调节知识，因此在调节关系上属于弱者。这样，很难保证把调节的目的对调后，采用分户按照热量收费，就一定能够得到理想的节能效果。

而对于另外两类管理模式的终端用户，即作为集团消费者的公共建筑用户和"大院"型统一核算的用户，按照进入建筑或进入大院系统的总热量计量收费，可以促使其内部的管理者通过调节减少浪费产生效益。而且供热企业从外部的任何调节活动也很难增加进入大楼或"大院"的热量，因此事情最终的结果将与预想的一致，有可能产生节能效果。然而，如前所述，目前推广"按热量收费"的主要对象却不是这两类用户。因为这两类用户由于其建筑的保温效果相对较好，因此平均单位面积的供热量实际上低于平均水平，所以大多属于热力企业盈利的主要用户。在这些用户上实施按热量计量收费，很可能大幅度减少这些单位的热费，严重影响供热企业的经济效益。

这样，原本依靠"按照面积收费"可以获得稳定的经营收入的供热企业在改为按照热量计量收费后，经营收入将变成很不确定，使供热企业产生很大的危机感。当供热总面积不变时，如果按热量收费真的能刺激用户节能，总耗热量必然减小，供热公司的收益也会减少。假设按照目前的能耗水平预测，改为按热收费后，整体能耗预估可降低 20%～30%，相应地供热公司的经营收入就有可能减少 10%～15%，这对于供热企业来说是不愿意看到的。

2）供热企业不愿意承担由于按热收费增加的管理、维护工作

当按热收费后，由于各个用户要增加计量调控设备，维护量大增；在计费、收费上也比较复杂，甚至有些热计量方式的计费和维护还需要供热企业支付额外费用聘请专业公司来进行。此外，按热收费后，还将涉及抄表、退费等很多额外工作。用于结算的热量表还存在年检等费用支出以及用户之间可能由于热计量和热分摊不合理引起的各种纠纷等，这些潜在的因素必然会引来大量的管理工作和费用支出，而热改却并未给供热企业带来太多的效益，甚至存在前述效益降低的风险，因而这也是供热企业抵制热改的原因。

3）目前的集中供热管理体制不利于终端采取灵活的收费制度

供热改革举步维艰的另一个原因是我国供热系统终端的建筑状况、室内供热系统形式多种多样，而目前很难找到一种热计量方式完全解决所有问题，因此若能根据终端特点，依靠某种机制，灵活采取相适应的收费制度，将有可能实现在不同的条件下采用不同的收费方式，并且可以分期分步地逐渐实现供热收费体制改革。然而，按照目前的供热管理体制，当一个热网中部分用户实行"按照热量收费"，部分实行"按照面积收费"时，供热企业对热网的运行调节就出现极大的困难：采用"按照热量收费"的末端应该保证充分的压力、流量，以使各个末端用户在需要时能够得到足够的热量，这既是保证供热服务质量的要求，也是供热公司保证足够的经营收入的需要；而采用"按照面积收费"的末端，则需要维持传统的调节方法，在满足采暖的基本要求的前提下，尽可能降低压力、减少流量。一个管网同时按照这样两个彼此相反的目标进行调节，往往互相影响，甚至两类用户的两种调节目标都没达到。

（5）臃肿庞大的供热企业难以实现终端高效率的管理

目前我国热电联产集中供热系统各个环节中，电厂和城市一次热网输配系统都具备较高的自动化水平，管理相对方便。而终端的用户服务，由于涉及千家万户，包括户内供热设备维护、供热质量保证、收费、调节等，管理更多的是涉及各方面问题，与各方面打交道。但这是整个供热企业管理体系中的核心环节。这是因为：供热质量不能保证，系统维护不及时，终端服务不到位将直接涉及最终热费的收缴率；系统的运行调节不合理，就会导致更多能源的浪费，增加企业供热成本。这一环节的管理好坏对于企业的经济效益和能源节约带来的社会效益影响很大，但这一重要环节，一方面由于供热企业的臃肿庞大，很难实现高效率的管理。图3-61所示

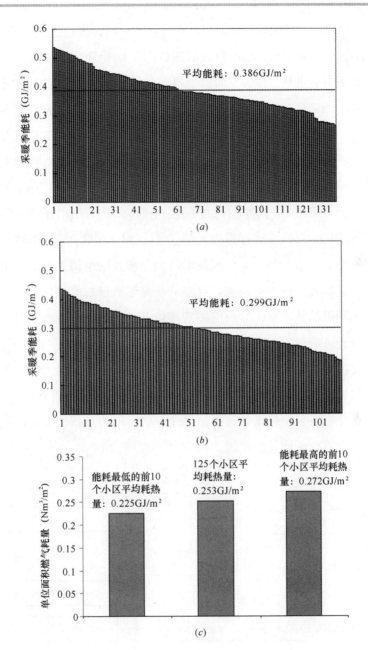

图 3-61　不同管理方式下的供暖平均能耗

（a）城市集中供热各热力站采暖能耗；（b）燃气锅炉供暖采暖能耗（已经扣除锅炉效率的影响）；

（c）北京市采用能源托管服务方式的小区采暖能耗

实测供暖能耗可以间接证明这一点，可以看到，大型城市供热企业管理的供暖平均能耗要高于小区自管锅炉房，小区自管的锅炉房平均能耗要高于依靠节能获取收益的能源托管服务企业❶。另一方面由于目前的体系结构中，供热企业管理环节存在职能差异，所需求的人员类型也有差异，若不能清晰的分开，将直接造成管理成本的增加。如电厂和一次网由于较高的自动化水平，以技术型人才需求为主，就要求"精而简"，即对人员的技术水平要求较高，所需数量却不多。丹麦VEKS热力公司的热用户约为12.5万~15万户，人口34万人，供热管网100km，有7个泵站和43个热交换站（其中有19个热力站内还设有调峰锅炉），供热量为778.45万GJ，而运行管理人员仅44人❷（图3-62）。而对于终端服务来说，以服务型人才需求为主，兼顾技术，由于涉及的事情繁杂，当服务用户数量一定时，要达到较好的服务质量，要求的是足够数量的维修服务人员而并不要求非常深入和精湛的技术水平。目前的管理体系中，供热企业未能对这两个环节进行清晰的分开，难以实现高效率的管理。面对与上述丹麦案例中同等规模的供热服务，在我国，热网运行管理人员可能超过300人。由于庞大数量的管理人员加上热力公司要靠4个月的采暖费收入来维系供热成本和12个月的人员福利、工资，因此企业自身负担较重，这也是供热企业过度追求新增采暖面积以获取管网配套费用来维系企业效益的原因。

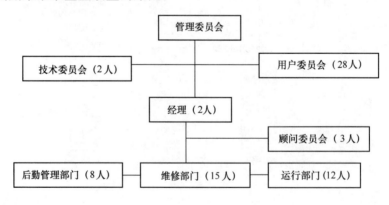

图3-62　丹麦VEKS热力公司管理结构

---

❶　清华大学建筑技术科学系. 中央国家机关锅炉采暖系统节能分析报告，2006.

❷　曾享麟，蔡启林，解鲁生等. 欧洲集中供热的发展，区域供热，2002，1.

此外，这种臃肿的企业模式也不利于发挥终端服务人员的节能积极性和节能工作的开展，对于庞大的供热企业，某几个小区的节能对企业本身的效益很难有直接影响，因此考查的标准往往成为单纯地考查其对末端用户的服务质量和态度。而在很多情况下，单纯地追求服务质量和态度，很可能使得维护管理人员采用不同的运行调节方式，从而造成运行能耗的增加。

（6）目前的供热体制下，给予困难群体的供热补贴难以发挥最大效能

用户拖欠费用、定价过低一直是供热企业要求政府部门给予补贴的理由，仔细分析用户拖欠费用的原因主要是供热企业提供的服务不到位或是由于用户确实经济困难难以负担，对于前一类主要是服务管理上的问题，应通过加强管理、改善服务解决，对于后一类问题，地方政府会给予一定的供热补贴，以维持社会稳定和保障弱势群体的基本生活。但鉴于目前供热企业从热源出口到用户末端都进行统一管理的体制，很难分清热费拖欠是由于服务管理不善还是由于困难群体所致，政府的补贴就成了"用小勺向大锅中舀水"，很难补贴到位。这样大大降低了政府给予供热补贴的效能，甚至还掩盖了供热企业的经营性亏损。

3.11.2　热电联产集中供热管理体制改革的建议

鉴于目前的热电联产集中供热管理体制存在上述问题，不利于节能工作的开展，建议在管理体制上进行如下改革：将目前"电力公司管热源电厂，供热企业管供热网和末端服务"的现状，调整为"热源公司管理发电、调峰与一次管网，若干个供热服务公司分别管理各个二次管网与终端用热服务"的模式（图 3-70）。同时取消以各种名义收取的管网配套费，以实际计量的一次管网进入二次管网的热量作为热源公司与供热服务公司之间唯一的结算依据，并且热源公司按照每年瞬态的一次网进入热力站的最大流量从供热服务公司收取一定的容量费。供热服务公司可以根据所服务的建筑群性质，以多种形式存在。例如对于住宅小区可归入物业公司；对于机关学校大院可直接由原来的运行管理部门管理，对于公共建筑，则可交由大楼的运行管理机构管理，对于多种性质混合的二次网，则可以成立专门的供热管理服务公司对末端用户进行供热服务管理。无论何种形式，每个独立的管理实体都要根据实际计量的热量和最大瞬态流量，向热源公司缴纳热量费。而这些供热管理服务机构可依据自身不同组成形式和不同的服务对象，在最终用户间采用不同的计量

和收费结算方式。例如机关学校大院和单一业主的公共建筑很多情况下是直接报销的方式；住宅小区可以根据情况采用按照面积分摊，按照各单元楼的计量热量分摊或直接进行分户计量收费。

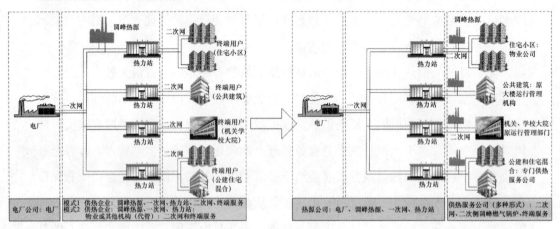

图 3-63   热电联产集中供热管理体制改革示意图

这样，热源公司的经营发展目标将转为努力提高能源生产与输送效率，降低能耗；而供热服务公司的发展目标则成为降低供热二次管网损失和过量供热损失，并为终端用户提供更好的服务。上述出现的各类问题在这样的新模式下就都有可能解决：

1）新的管理体制下，热源公司通过卖热获取效益，其提高效益的唯一方法就是提高能源生产和输送效率，加强管理，节约管理成本，再加上"厂网一体"的体系结构使得利益得到统一。热源公司出于自身利益的考虑，必然愿意采用提高热源效率的新技术，这样也才有可能在中国北方城镇全面推广以热电联产方式为热源的高效集中供热系统。

2）新的管理体制下，热源公司不会抵制"热改"。这是因为：对于热源公司来说，由于其通过卖热从供热服务公司获取收益，与终端的收费方式没有直接关系；管网配套费的取消也使得热源公司的目标转为尽可能地提高能源生产和输送效率；同时由于热源公司与供热服务公司是企业间的商业行为，即使发生欠费情况也容易循求司法途径解决，因而不用担心欠费对效益的影响，可以看到热源公司没有抵制热改的理由。和现有的经营模式相比，实际是把原来在电厂出口的热量计量结算点移到了各个热力站的入口。

3) 对于供热管理服务机构来说，在做好末端供热服务的前提下，节省从一次网获得的热量是其产生经济效益的最重要的途径。由于每个独立核算的供热管理服务机构（公司）所服务的一个热力站所连接的建筑面积一般只在 5 万～10 万 m^2，依靠专业的运行管理人员可以通过精细调节，有效地减少过量供热量。这时如果减少热量的费用直接就转换为供热管理服务机构（公司）的收益，那么这部分收益对管理服务公司和直接进行服务与运行调节的人员来说，将是他们的全部收益。而采用分户计量，按照热量收费，各个住户通过减少热量来降低供热费所产生的经济效果对用户本人来说只是其各项经济支出中的一部分，因此其重视与关注程度不会高于这些运行调节人员。这样，即使对末端用户仍维持按照面积收费的模式，只要在楼内有足够的调节手段，使运行调节人员能够进行各种调节操作，消除过量供热，就可以起到有效的节能效果。换句话说，由于运行调节人员更具备调节能力，因此通过把节能省下来的费用转给专业运行调节人员，可能比留给末端用户所产生的促进作用更大。

4) 可以设计恰当的机制使供热服务公司拥有所管理的二次网的产权（这对于公共建筑和"大院模式"已经不成问题），这样供热服务公司为了使系统有更好的调节能力以获得更好的节能效果，就会自行筹资，进行系统改造甚至对建筑进行节能改造，从改造后的节能效果中获得收益回报。

5) 无论是热源公司还是供热服务公司的管理都可得到加强。这是因为在新的管理体制下，以服务型人才需求为主的终端服务和以技术型人才需求为主的前端服务清晰分开。处于自动化水平较高，并且以技术型人才需求为主的热源公司就可以借鉴欧洲的管理模式，在现有的基础上大幅度减少管理人员，节约管理成本。而对于供热服务公司来说，则完全不同于当前带有一定垄断性质的供热企业，由于管理范围相对较小，各种职责和分工就可以做到很明确，管理模式、激励机制也可以相对灵活，管理的好坏也很容易从效益上体现，加上市场的竞争压力使其必然主动采取各种措施加强自身的管理。

6) 政府补贴更能发挥应有作用，令供热企业头疼的欠费问题造成的影响大幅度减小。如前文所述，欠费的原因主要是供热企业提供的服务不到位或是由于经济困难难以负担造成。在新的供热管理体制下，完全靠提供服务获取效益的供热服务公司基于自身利益考虑，必然会大幅度改善服务质量，从而减少由于服务质量问题引起的欠费。北京市某能源托管企业90％以上的收费率相比托管前80％的收费率就是很好的证明。对于困难群体的欠费，与终端用户密切接触的供热服务公司可通过提交详细的用户资料向政府申请补贴，这样一方面保障了供热服务公司的利益，另一方面也使得政府补贴用在最恰当的场合，充分发挥补贴设置的初衷。

7）燃气锅炉分布式调峰的城市最佳供热模式可以有效运行。

采用上述新的体制，对热源公司来说，最佳的运行方式是在整个供热季恒定地供应热电联产高效产出的热量，使热源设备和城市一次管网一直处在最大负荷下工作，因此是具有最高的经济效益的运行工况。对于末端的供热管理服务公司，则担负起运行末端调峰燃气锅炉的任务，根据气候状况和供热需求，调整燃气锅炉的出热量。燃气锅炉比安装在热力站的一次网与二次网间的换热器有更大的调节能力，使得供热管理服务公司有能力应付可能出现的各种情况，从而保证更可靠的供热效果，因此对他们来说也是愿意接受的方式。热网提供的热量的价格大约仅为燃气产生的热量的价格的60％，尽可能多从热网获得热量，尽量少用燃气再热，又与他们的经济利益直接挂钩，而这也与热源公司的利益一致。实际上，在这种状况下热源公司与供热管理服务公司的关系是：供热服务公司从技术上可以任意减少从热网获得的热量，而热源公司则从技术上可以限制每个热力站可从热网获得的最大热量。这样，经济利益与技术条件相互制约，在热源公司与供热管理公司之间形成一个有效的相互制约和相互促进的机制，导致这种燃气锅炉分布式调峰的方式可以得到推广和很好地运行。

上述改革方案中，按照最大瞬态流量或最大瞬态供热量设置的容量费和管网配套费是两种完全不同性质的收费，其设置的主要目的是基于热源公司和供热服务公司实现供热需求良好协调和保证供热资源的有效利用考虑的。具体操作方法是：供热开始前，供热服务公司和热源公司协议所需要的最大瞬态流量，并按照该瞬态流量缴纳容量费。在采暖季当中，若热源公司不能满足供热服务公司最大瞬态流量，则应给予供热服务公司一定的补偿费用；反之，若供热服务公司在采暖季当中需要更大的循环流量，则按照实际发生的最大流量支付额外费用。这样做的好处一方面可以避免热源公司在严寒期不能满足供热服务公司要求，避免服务质量无法保证。另一方面也激励供热服务公司采取各种节能措施以尽可能地降低峰值负荷，而"燃气锅炉分布式调峰"技术刚好是降低峰值负荷的最有效措施之一。此外，这种容量费每年都要支付，是热费的一部分且与运行状况有关，而不是一次性的初装费，这也可以在一定程度上保障热源公司的利益。

综上所述，通过进一步推动北方地区集中供热管理体制的改革，变社会福利模式为对困难群体给予补贴基础上的市场机制，则前述各种问题都迎刃而解，通过提高热源效率，落实供热收费体制改革，充分调动供热企业、房地产开发商、物业管理企业和居民共同的节能积极性，从而形成节能的长效机制。

3.11.3　政策建议

建议"十二五"期间进行北方地区供热改革的创新试点示范工作，内容包括：

1）体制改革。选择适合的北方集中供热城市，由地方政府出面进行管理和部门协调，进行企业体制改革，即将目前"CHP 归电力公司管，城市供热归供热企业管"的现状，调整为"热源公司管理发电、调峰与一次管网，供热服务公司管理二次管网与终端用热服务"的模式。

2）价格体系改革。取消对终端用户收取的管网配套费。以实际计量的热量作为唯一的热源公司与供热服务公司之间的结算依据。督促供热服务公司根据终端用户的特点选择合适的终端收费制度，并逐渐建立在不影响供热效果前提下的节能的长效机制。

第4章 供热节能最佳实践案例

4.1 既有住宅围护结构节能改造案例介绍

4.1.1 项目概况

进行改造的建筑物为北京市朝阳区惠新西街12号楼，该建筑共18层，总建筑面积约11000m²，计144户。该楼建于1988年，为内浇外挂预制大板结构，围护结构传热系数实测结果如表4-1所示。现场勘查发现，经过20年的使用后，该楼虽经几次维修，但外墙一些部位已出现渗漏、破损现象，导致部分墙体结露发霉，冬季室内温度低。红外热成像仪检测结果显示，结露发霉处外墙内表面温度在9℃左右，较相邻外墙内表面温度低2～3℃。这些部位外墙存在热工缺陷，严重影响外墙保温效果，不少住户反映冬天室内温度低，需通过加开电暖器和穿棉衣来解决热舒适度差的问题。

经现场实测围护结构传热系数数据（表4-1），计算得到12号楼建筑耗热量指标为25.9W/m²，高于北京市节能标准值30％。

现场实测围护结构传热系数　　　　　　表4-1

围护结构部位	组　　成	传热系数[W/(m²·K)]
外墙	280mm厚陶粒混凝土	2.04
屋面	250mm厚加气混凝土	1.26

4.1.2 改造方案

拟通过围护结构改造，保证该建筑物达到北京市65％节能设计标准要求，降低建筑需热量。同时，为最大化地取得节能效果，同步进行了包括安装散热器恒温阀在内的采暖系统改造。

（1）外墙保温改造

1）如图 4-1 所示，外墙保温采用粘贴膨胀聚苯板薄抹灰涂料饰面做法，聚苯板厚度为 100mm。考虑到外保温系统的防火安全，窗口增设防火隔离带；窗井部分也进行了外墙外保温处理。

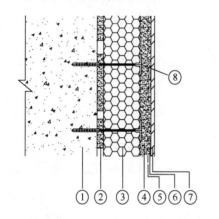

① 280mm 陶粒混凝土墙；
② 粘结砂浆，粘接面积不小于 50%；
③ 膨胀聚苯板 EPS，厚度为 100mm，密度 18kg/m³；
④ 抹面砂浆，4mm；
⑤ 耐碱玻纤网格布，4×4；
⑥ 抹面砂浆 2mm；
⑦ 装饰砂浆 / 涂料；
⑧ 锚固件 160mm。

图 4-1　外墙外保温构造

2）地下一层外墙采用内保温做法，保温浆料厚度为 50mm。

（2）外门窗

1）更换全楼外窗，以符合现行节能标准要求。户内外窗选用断热铝合金型材内平开窗，公共走廊外窗选用同系列旋开窗。

2）外门窗洞口上沿采用岩棉板，设置 200mm 高防火隔离带，宽度超出窗两侧 300mm。窗台构造满足防水、防渗、保温要求，加设金属挡水板（两侧带翻边）。

3）首层、二层安装防盗网，位置在结构窗洞内。三层以上不安装。

4）更换防火门。

（3）屋面

1）屋面在原保温、防水构造的基础上，增设 60mm 挤塑板上加铺防水层一道（如图 4-2 所示）。

2）屋面设备暖沟及女儿墙均做保温改造。

（4）新风系统

由于更换后的外窗气密性好，为了保证室内空气品质，本次在既有居住建筑节

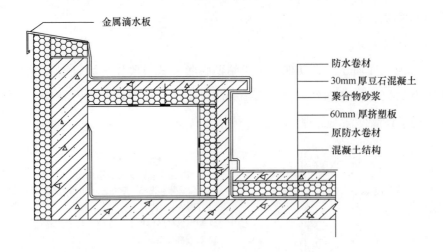

图 4-2　屋面保温构造图

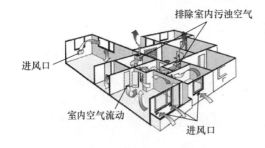

图 4-3　新风系统工作原理图

能改造中首次采用有组织通风。其原理如图 4-3 所示，通过安装在浴室卫生间的排风机，经排风道向室外排风，产生室内负压；从而使得室外新风通过安装在外墙上的进风口，经隔尘降噪处理后进入室内。图 4-4 为节能改造前、后的建筑外观实拍照片。

(a)

(b)

图 4-4　改造前、后建筑外观

(a) 改造前；(b) 改造后

4.1.3　改造效果

（1）建筑外围护结构的热工检测

1）红外热成像仪检测

采用红外热成像仪对建筑物外围护结构进行检测，结果显示：各层外墙外表面温度较均匀，外墙外表面温度略高于室外温度，表明外墙外保温效果较好。外墙内表面温度在 20℃左右，比室温低 2～4℃，且明显高于室外温度（当时室外气温为零下 3℃）。节能改造前，部分住户的外墙内表面温度为 7～9℃。上述结果表明各层外墙外保温性能较一致，且外墙保温效果显著。改造后的外窗外表面温度明显低于改造前的外窗外表面温度，因此建筑物外窗的保温性能也得到明显改善。

2）传热系数测试

采用热流计法检测外墙和屋面传热系数，表 4-2 为节能改造前后的检测结果。从表中可以看出，改造后外墙和屋面传热系数大幅降低，满足北京市 65％节能标准要求。

传热系数检测结果　　　　　　　　　　　　　　　表 4-2

	改造前的传热系数[W/(m² · K)]	改造后的传热系数[W/(m² · K)]
外墙	2.04	0.39
屋面	1.26	0.41

（2）建筑物气密性测试

表 4-3 是进行了节能改造后的 12 号楼与同一小区内未经改造的 4 号楼 6 个典型用户气密性测试结果。从表中可以看出：在 10Pa 压力作用下，改造后的 12 号楼平均换气次数为 1.01 次/h，而未经改造的 4 号楼平均换气次数为 3.25 次/h，相差 3 倍，建筑物气密性得到明显改善。

建筑物气密性测试结果　　　　　　　　　　　　　　表 4-3

12 号楼住户门号	10Pa 压力下建筑物渗漏（m³/h）	10Pa 压力下换气次数（次/h）	4 号楼住户门号	10Pa 压力下建筑物渗漏（m³/h）	10Pa 压力下换气次数（次/h）
108	175	1.4	101	410	3.28
201	75	0.6	108	240	1.85

续表

12号楼住户门号	10Pa压力下建筑物渗漏（m³/h）	10Pa压力下换气次数（次/h）	4号楼住户门号	10Pa压力下建筑物渗漏（m³/h）	10Pa压力下换气次数（次/h）
1003	150	1.25	905	260	3.47
1006			1206	360	3.43
1501	100	0.79	1702	700	5.93
1703	120	1.01	1708	200	1.54
12号楼平均值	124	1.01	4号楼平均值	361.6	3.25

（3）节能效果测试

表4-4是改造后的12号楼与未改造的4、6、10号楼采暖能耗测试结果。可以看出，在室温明显高于其他楼栋的情况下，12号楼仍节能34.55%，节能效果明显。若能进一步有效改善室内调节，降低室内温度，可进一步降低12号楼的采暖能耗。

12号楼与未经改造4、6、10号楼单位采暖面积能耗比较　　　表4-4

楼号	采暖面积（m²）	室内温度（℃）	采暖能耗（kWh/a）	单位面积能耗[kWh/(m²·a)]	节能率
12	10179.94	23.00	547104	53.74	34.55%
10	8967.87	21.32	731974	81.62	—
6	8967.87	19.47	737256	82.21	—
4	8967.87	20.29	740036	82.52	—

（4）室内热舒适度测试

表4-5为12号楼的室内热舒适度测试结果。一般来说，舒适度PMV值在—0.5～+0.5之间为较舒适区域。热舒适度值小于—0.5时，室内偏凉，热舒适度值大于+0.5时，室内偏热。从测试结果看，12号楼的室内温度偏高。

室内热舒适度测试结果　　　表4-5

测试日期	室内热舒适度测试平均值（PMV）
2008年1月22日	0.63
2009年3月5日	0.53

（5）住户节能行为调查

项目组在 2008～2009 年采暖季对住户开窗情况和住户温控阀使用情况进行了调查。调查结果统计如下。

1）住户开窗调查

选取初寒、严寒和末寒期的一天，每小时记录一次住户开窗情况。调查结果表明，虽然安装了新风系统，但是由于室温偏高，住户还是习惯于开窗通风，且南向阳面开窗数量居多。

2）温控阀使用情况调查

入户调查 116 户，结果表明，虽然相对于设计标准室内温度达到 23.8℃，属于偏热，绝大多数住户仍表示满意，而且即使对住户反复进行了温控装置的使用培训，但多数住户仍不习惯使用温控阀来调节温度。因此应采取方便操作，更有效的末端调节措施，同时落实收费体制改革，才能真正改变居民的用能行为。

4.1.4　围护结构各主要部分节能贡献率分析

图 4-5、表 4-6 为按照实测围护结构传热系数计算的改造前、后各围护结构各部位传热量比较。从中可以看到：改造前，外墙的传热量占围护结构传热量的比例为 61%，其次外窗为 36%，屋面仅为 3%；改造后，围护结构各部位传热量所占比例发生了变化，外窗成为围护结构传热的最主要部分，尽管改造前后单位面积的外窗传热量降低最大（139.77kWh/m²）。综上不难看出，对于惠新西街 12 号楼的节能改造来说，其围护结构中最有效的是外墙的改造，其节能贡献率超过了 2/3；其次是外窗；由于是高层，屋面的贡献率相对较小。对于外窗而言，从技术上说如果选用性能更好的外窗降低其传热系数值，其节能贡献率将会更高，但同时则会带来成本的大幅提升。

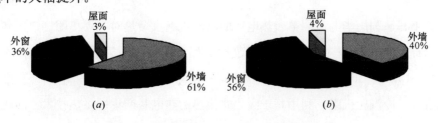

图 4-5　改造前后围护结构各部分传热量比例

（a）改造前；（b）改造后

围护结构主要部分冬季总传热量对比　　　　　　　　　　　　　　　表 4-6

	改造前		改造后		减少量	
	围护结构传热量（kWh）	单位围护结构面积传热量（kWh/m²）	围护结构传热量（kWh）	单位围护结构面积传热量（kWh/m²）	围护结构传热量（kWh）	单位围护结构面积传热量（kWh/m²）
外墙	646311	90.87	112948	15.88	533363	74.99
外窗	389872	235	158010	95.23	231862	139.77
屋面	32688	54.93	10637.1	17.88	22050.9	37.05

值得注意的是，此案例中尽管建筑保温性能和气密性大幅度提高，同时进行了有组织通风，但由于用户开窗所造成的新风能耗的比例急剧上升，表 4-7 是改造后围护结构和新风能耗（新风能耗的计算是通过楼栋总耗热量减去围护结构传热量）比例，可以看到，此时新风能耗和围护结构能耗接近 1：1。因此，当围护结构大幅度改善后，应特别注意末端的室温控制，避免用户过热开窗。

新风能耗和围护结构的能耗　　　　　　　　　　　　　　　表 4-7

	耗热量（kWh）	单位建筑面积耗热量（kWh/m²）	占总耗热量比例
围护结构	281595.1	25.6	51%
新风	265508.9	24.1	49%

4.2　基于吸收式换热的热电联产集中供热技术工程应用——大同第一热电厂乏汽余热利用示范工程

4.2.1　项目概况

该项目系利用华电大同第一热电厂的汽轮机乏汽余热对同煤集团棚户区和沉陷区（简称"两区"）进行的供热系统改造工程。华电大同第一热电厂既有的两台 CKZ135-13.24/535/535/0.245 型超高压、一次中间再热、单抽、单轴、双排气凝汽式直接空冷汽轮机组，利用基于吸收式换热的热电联产集中供热技术，回收热电厂汽轮机乏汽余热，提高热电厂供热能力，改造后满足 2010 年同煤集团"两区"共计 638 万 m² 的建筑采暖需求。项目包括：在电厂内空冷岛下方安装两台余热回收机组，由华电大同第一热电厂承担；热网部分配合改造部分用户热力站，安装 18 台吸收式换热机组以降低热网回水温度。图 4-6 是示范工程现场照片。

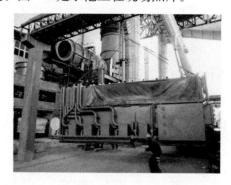

图 4-6　大同第一热电厂乏汽余热利用示范工程现场

4.2.2　供热现状

大同第一热电厂的 2×135MW 供热机组在冬季最大抽汽工况下主要热力参数见表 4-8，采暖（五段）抽汽量为 $2\times200=400$t/h，参数 $P=0.245$MPa，$T=237℃$，折合供热功率约为 268MW；汽轮机低压缸排汽流量 160t/h，排汽压力 15kPa。

大同第一热电厂 CKZ135-13.24/535/535/0.245 型汽轮机

最大抽汽工况下主要热力参数　　　　　　　　　　　表 4-8

型号		CKZ135-13.24/535/535/0.245
形式		超高压、一次中间再热、双缸、双排汽、单轴、单抽、凝汽式直接空冷汽轮机
主蒸汽压力	MPa	13.24
主蒸汽温度	℃	535
主蒸汽流量	t/h	480
再热蒸汽进汽阀前蒸汽压力	MPa	2.48
再热蒸汽进汽阀前蒸汽温度	℃	535
再热蒸汽进汽流量	t/h	411
五段抽汽压力	MPa（绝压）	0.245
五段抽汽温度	℃	237
五段抽汽流量	t/h	200
背压	kPa	15
低压缸排汽流量	t/h	160

连接大同第一热电厂热源与"两区"用户热力站的一次热网由同煤集团投建，管网及热力站布置见图 4-7，一次网设计供回水温度为 115/70℃。根据 2009 年采暖季的实际运行数据，实际运行供水温度约在 75～95℃ 之间，回水温度约 45～55℃，温差仅为 25～40℃ 左右，处于"大流量、小温差"的不节能运行状态。棚户区有用户热力站 34 座，沉陷区有用户热力站 14 座，约 80％ 的用户采用地板辐射采暖，二次网实际运行温度约 45/40℃，其余 20％ 的用户采用散热器采暖，二次网实际运行温度约 50/40℃。

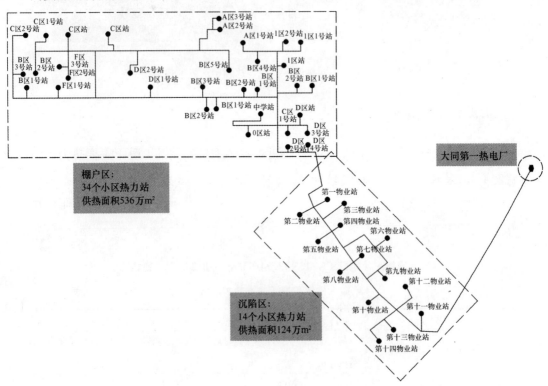

图 4-7　同煤集团"两区"城区的热力管网示意图

2009 年采暖季，由华电大同第一热电厂为同煤"两区"供应约 260 万 m² 的建筑采暖，其中棚户区约为 200 万 m²，沉陷区约为 60 万 m²。2010 年采暖季增加了约 378 万 m²，"两区"建筑采暖面积增加到 638 万 m²。

4.2.3　项目背景

（1）大同第一热电厂供热能力面临不足，急需提高热源供热能力

采暖综合热指标按 $60W/m^2$ 计算，2010 年"两区"总热负荷需求达 383MW。从表 4-9 中的供需平衡可以看出，供热系统面临着严重的热源能力不足的问题，2010 年采暖季约出现 200 万 m^2 的缺口，而由于大气环境治理的要求，又要严格控制城区燃煤锅炉及燃煤电厂的建设。作为城市基础设施的一项重要组成部分，如同煤"两区"的冬季采暖问题不能解决，则严重限制该区域居民的生活水平，影响该区域的和谐稳定发展。因此，亟待提高热源的供热能力，其中最为可行的办法即是提高既有热电厂的供热能力。

同煤集团"两区"供热系统供需平衡   表 4-9

	2009 年采暖季	2010 年采暖季
"两区"供热面积（万 m^2）	260	638
"两区"供热负荷（MW）	156	383
电厂供热能力（MW）	268	268
热源供热能力与热负荷差值（MW）	+112	−115

（2）将大同第一热电厂乏汽余热回收用于供热

华电大同第一热电厂 2×135MW 供热机组在最大抽汽工况下，为保证汽轮机安全运行，仍有约 160t/h 低压蒸汽通过空冷冷凝器排掉，折合热量 104MW，相当于燃料燃烧总发热量的 28%，采暖蒸汽供热量的 77%。如果把这部分热量充分回收并用于供热，可以大幅提高该电厂的供热能力和能源利用效率，解决热源不足的问题。

本工程采用基于吸收式换热的热电联产集中供热技术，回收大同第一热电厂的汽轮机乏汽余热，在不新建热源，不增加污染物排放的情况下，提高了电厂供热能力，工程达产后实现 638 万 m^2 的建筑供热，满足 2010 年采暖季同煤"两区"建筑采暖的紧迫需求，并为大同市电厂余热回收供热技术的发展和应用积累实践经验。

4.2.4 供热系统改造方案

同煤"两区"2010 年采暖总供热面积 638 万 m^2，对其中的 14 座热力站（合计采暖面积 220 万 m^2）进行改造，站内安装 18 台吸收式换热机组，将一次网的回水温度降低至 20℃左右；剩余的用户热力站由于地下空间不够无法安装吸收式换热机组，可通过增加板式换热器换热面积，使一次网回水温度降低至 45℃左右。通过上述改造，一次网返厂回水温度约为 37℃左右，如图 4-8 所示。

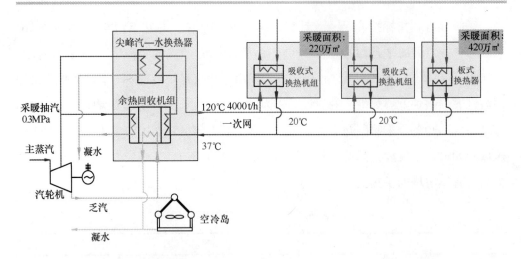

图 4-8   华电大同第一热电厂基于吸收式换热的热电联产集中供热方案

在电厂内安装两台 HRU85 型余热回收机组，其原理是：以部分汽轮机采暖抽汽为驱动动力，驱动吸收式热泵，回收低温乏汽余热，用其加热热网回水。热网热水得到的热量为消耗的蒸汽热量与回收的乏汽余热量之和，流量为 4000t/h、温度为 37℃的一次网回水进入电厂后由余热回收机组和尖峰热网加热器加热至 120℃。两台汽轮机的乏汽进入对应的余热回收机组，冷凝放热后凝结水返还给汽轮机排汽装置。

项目需要采暖抽汽 390t/h，利用余热回收机组回收 200t/h 乏汽余热，考虑到约 3% 加热环节的热损失后，总供热功率达到 383MW，即可满足 638 万 m² 建筑采暖。供热系统设计工作参数见表 4-10。

供热系统设计工作参数   表 4-10

	入口温度（℃）	37
	出口温度（℃）	73
热网水	流量（t/h）	4000
	供热量（MW）	385
汽轮机乏汽	流量（t/h）	200
	回收乏汽余热功率（MW）	129
	入口压力（MPa）	0.245
汽轮机抽汽	流量（t/h）	390
	消耗抽汽供热量（MW）	256

供热负荷分配图如图 4-9 所示。进入初末寒期，负荷减少后，可以减少尖峰加热器加热量，从而降低抽汽量，多发电。这样整个采暖季供热量为 356 万 GJ，其中采暖抽汽供热量 203 万 GJ，乏汽余热供热量 162 万 GJ。汽轮机采暖抽汽耗热量与回收乏汽余热量的比例约为 1.25：1。

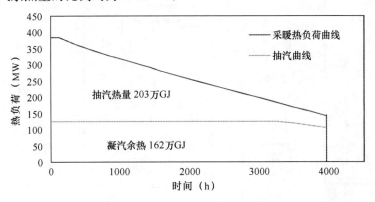

图 4-9　华电大同第一热电厂供热负荷分配图

4.2.5　电厂内热网加热首站建设内容

项目在电厂内增设了两台余热回收机组，并对原系统乏汽管道、五段抽汽管道、热网水管道、凝结水管道以及抽真空管道做了相应的改造，详见图 4-10。

（1）增设电厂余热回收机组：在汽轮机房 A 列外空冷岛下方，对应两台汽轮机分别安装两台 HRU85 型余热回收机组。

（2）改造汽轮机采暖抽汽管道：由两台汽轮机原五段抽汽 $DN1000$ 管道分别引出 $DN600$ 的接入管道，将部分采暖蒸汽引入余热回收机组。

（3）改造汽轮机低压缸排汽（乏汽）管路：由两台汽轮机排汽装置后的 $DN4500$ 的排汽立管各引出 $DN3500$ 的管道接入余热回收机组，并安装 $DN3500$ 的电动真空蝶阀，并于两机组之间设置 $DN2000$ 的联络管道，使得：采暖季工况，两台汽轮机乏汽进入对应的余热回收机组，放热降温后凝结水返回排汽装置；当负荷变化时（如采暖季初、末寒期），供热负荷小，热网需热量小于发电机组余热，过剩的乏汽排热通过空冷冷凝器散到环境；如一台汽机事故停运，可将另一台汽轮机的乏汽引入各台余热回收机组，仍可保证系统 80％ 的供热量；非采暖季工况，全部乏汽进入空冷冷凝器散热。

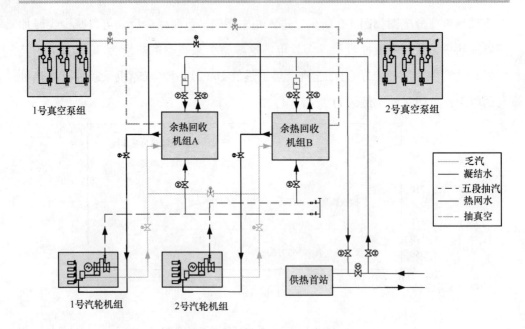

图 4-10　大同第一热电厂乏汽余热利用示范工程系统示意图

（4）改造电厂内的一次网热水管道：由原一次网回水管道引出 $DN800$ 的管道，将流量为 4000t/h、温度为 37℃的一次网回水送入余热回收机组加热，再由原热网加热器加热至 120℃供出。

（5）改造原汽轮机系统凝结水管路：由排汽装置与凝结水泵之间连接管道处引出 $DN300$ 的管道，将乏汽凝结水和五段抽汽疏水返还给汽轮机排汽装置。

（6）改造原汽轮机系统抽真空管路：由两台汽轮机抽真空管道各引出 $DN150$ 的管道接入余热回收机组，用以维持机组乏汽换热侧以及新建乏汽管道与原汽轮机排汽系统的真空相同，保障汽轮机的运行安全。

4.2.6　测试结果

项目于 2011 年 1 月投产后，对电厂内余热回收机组实际运行工况下的主要运行参数及性能进行了现场测试。测试工况取在两台汽轮机电负荷达到 100MW 以上，五段抽气参数稳定时；由于约 100 万 m² 安装了吸收换热机组的用户热力站尚未投进热网，因此实验时热网回水温度为 47℃左右，比设计值高 10℃，热网水总流量在 3500t/h 左右。

测试方法：系统启动连续稳定运行两小时后，开始测试，每间隔 30s 采样一次，连续采样 120 次（60min），取平均值，测试及计算分析结果如表 4-11 所示。

华电大同第一热电厂乏汽余热利用性能试验数据　　　　表 4-11

名　称		数　值
热网循环水	回水温度（℃）	47
	供水温度（℃）	104.5
	流量（t/h）	3650
	总供热量（MW）	244
采暖抽汽	压力（MPa）	0.178（1 号汽轮机）
		0.198（2 号汽轮机）
	流量（t/h）	84.25（1 号汽轮机）
		87.23（2 号汽轮机）
	采暖蒸汽供热量（MW）	118.67
乏汽	流量（t/h）	106.70（1 号汽轮机）
		95.70（2 号汽轮机）
	乏汽余热回收量（MW）	125.33
系统抽汽热量：凝汽热量		0.95：1

从测试结果得出以下结论：

（1）两台余热回收机组乏汽余热总回收功率 125MW，基本达到预想的设计效果；

（2）待 100 万 m² 安装有吸收式换热机组的用户热力站投入运行后，热网水参数达到了设计值，可进一步通过优化试验研究，确定最佳的运行真空，提高发电机组的发电效率，使电厂整体经济效益最大化。

4.2.7　方案评价

（1）增加电厂供热能力

利用基于吸收式换热的热电联产集中供热技术，回收大同第一热电厂供热机组共计 120MW 的汽轮机排汽冷凝热，可将电厂供热能力提高 200 万 m²，较原热源供热能力提高 45% 左右，可使大同市少建 50t/h 集中式燃煤锅炉 4 台。

（2）节能减排

每采暖季凝汽余热回收量约为 162 万 GJ，燃煤锅炉效率按 85% 计算，回收这部分余热低位热值相当于节约 6.56tce，供热节能率约为 46%。相应减少因冬季采暖而产生的 46% 的 CO_2、SO_2、烟尘等污染排放。每个采暖季可减少 CO_2 排放量 17.2 万 t，SO_2 排放量 557.5t，NO_2 排放量 485.4t，灰渣量 1.6 万 t。

此外，由于部分汽轮机乏汽通过余热回收机组凝结降温，可大量节约空冷岛的风机电耗。

(3) 经济性

本项目在电厂热网加热首站增加的投资约为 4690 万元，每采暖季凝汽余热回收收益 1835 万元，投资回收期约为 2.6 年左右。

本项目在用户热力站增加的投资约为 4580 万元，但回收排汽冷凝热可使同煤集团少建四台 50t/h 的燃煤锅炉，相应节约锅炉房建设投资 7000 万元，投资可相应减少 2420 万元。

综上所述，该项工程在工艺技术、建设条件上是成熟的，节能效益、环保效益、经济效益和社会效益方面是显著的，标志着基于吸收式换热技术在大型集中供热系统的成功推广。

4.3 以"室温调控"为核心的末端通断调节与热分摊技术应用案例介绍

4.3.1 应用工程概况

(1) 建筑概况

此次跟踪测试的示范工程位于长春一汽车城名仕家园小区（图 4-11），总建筑面积 16.7 万 m^2，为了便于比较，仅对其中 9 栋建筑的 288 个用户进行了采暖末端通断热计量系统的改造，采暖面积约 4.2 万 m^2。

(2) 采暖系统概况

采暖系统为共用立管的分户独立系统，室内采用单管水平串联顺序式的连接方式，同时各个用户的热入口装有户用热表，可读取累计热量、当前供回水温度、当前流量等参数。为了应用基于分栋热计量的末端通断调节与热分摊技术，采暖季开始前对各用户热入口加装了末端通断调节装置。同时为计量各楼栋能耗，整个小区

图 4-11　小区照片

26 栋建筑的楼栋热入口均安装楼栋总热量表。

4.3.2　测试结果

（1）被控房间的室温控制效果测试

1）不同位置用户、不同设定温度的室温控制效果

图 4-12 是处于楼内不同位置，设定不同温度的 8 个典型用户的室温控制曲线，图中直线为设定温度，点线为用户实际温度。可以看到，不管用户位于楼内哪个位置，以及设定温度是多少，只要用户处于调控状态，被控房间的室温均可控制在"设定温度±0.5℃"，控制策略展现了良好的鲁棒性。

2）用户更改设定温度的室温效果

图 4-13 是某个典型用户在 12 月 27～30 日的室温和阀门瞬态占空比的变化曲线。不同于其他用户，该用户按照作息习惯对设定温度进行了调整，下班回到家后（18：00 左右）将室温设定由白天的 23℃ 提高到了 24℃，晚上睡觉前或上班前又将室温调至 23℃，同时在第二天回家后进行了短时间的开窗（图中圆圈标记处），从图中可以看到：用户设定温度调高或开窗后，阀门开启时间迅速增加，直至整个周期全开，因此按照阀门开启时间分摊热费的方式将会使得用户室温设定偏高或开

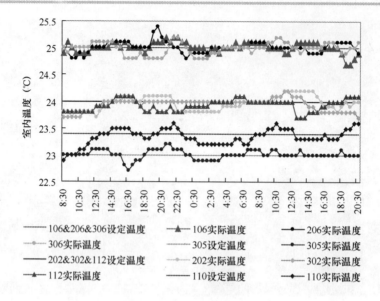

图 4-12　部分用户的室温连续变化曲线（12 月 27～29 日）

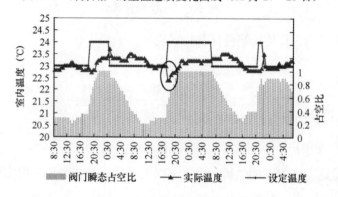

图 4-13　303 用户室温和阀门开启占

空比连续变化曲线（12 月 27～30 日）

窗的用户分摊更多的热费。另一方面用户调高设定温度后，虽然阀门全开，由于建筑巨大的热惯性，实际室温变化缓慢，并不能迅速升至用户所需的 24℃。因此短暂调高设定温度对实际室温的变化影响不大；

虽然该用户行为复杂，但用户的室温基本控制在设定温度±0.5℃，室温控制效果良好；

从阀门瞬态开启占空比的变化可以明显看到，室温上升或设定温度调低，占空比减小，室温下降或设定温度调高，占空比增加，趋势对应明显。

3）不同采暖时段的室温控制效果

图 4-14 是 110 和 202 两个用户分别在 12 月 27 日～12 月 28 日和 3 月 28～29 日不同采暖时段连续两天的室内温度和阀门瞬态开启占空比曲线。不同采暖时段，对应的室外温度、供水温度、流量偏差、太阳辐射等都不太可能一样，因此这两张图片可以间接证明，供水温度、供水流量、太阳辐射等不同时的室温控制效果。从图中可以看到：

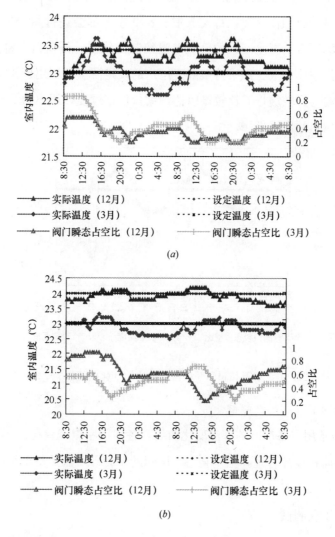

（a）

（b）

图 4-14　不同采暖时段的室温变化及阀门瞬态开启占空比

（a）110 用户；（b）202 用户

①两个用户在两个不同时段，阀门开启占空比均在 0.2～0.8 之间变化，室温处于调控状态；

②相比 12 月，两个用户的设定温度都有所降低，从室温控制效果看，仍控制在"设定温度±0.5℃"；

4）用户开窗过程的室温控制效果

图 4-15 是某个用户开窗过程中的室温和占空比变化曲线，从图中可以看到该用户有三个明显开窗动作，即在每天下午 6：00 左右都会进行 0.5～1.5h 的开窗，这和当时的现场调查情况是一致的。从室温控制曲线看，开窗后，室温迅速降低，同时阀门开启占空比增大，以维持室温至用户的设定温度。当用户关窗后，阀门全开，但此时室温上升较缓慢，比较难以达到用户设定温度，用户的开窗会使室温波动明显增大，供热品质降低。

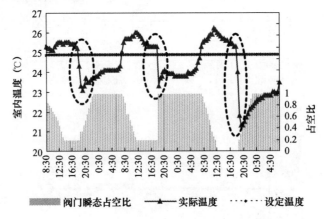

图 4-15　210 用户室温和阀门开启占空比连续变化曲线（3 月 28～30 日）

（2）房间的室温均匀性测试

图 4-16 是某用户各房间的室温变化曲线，各房间室温偏差在 1℃，因此如果各房间的散热器面积设计合理，控制某一个房间的温度即可满足整个用户室温的控制要求。

（3）水力工况测试

图 4-17 是 342 栋建筑分别在严寒期（12 月 27～29 日）和末寒期（3 月 28～30 日）每隔 5 分钟的楼栋总流量变化曲线，从测试结果看到：不管是严寒期还是末寒期，楼栋的总流量瞬态变化基本在 3% 以内，楼栋的总流量短时间内变化不大，水

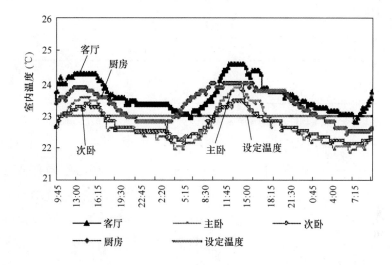

图 4-16　309 用户各房间室内温度变化（2008 年 2 月 26～28 日）

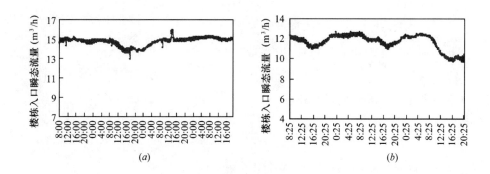

图 4-17　342 栋总流量瞬态变化曲线

（*a*）12 月 27 日 8：00～29 日 20：00；（*b*）3 月 28 日 8：30～30 日 20：30

力工况平稳。

（4）节能效果测试

1）总体节能效果

该小区的所有建筑同时建造，围护结构和户型等均相同，为了分析节能效果，以同一小区未调控的平均耗热量为基准进行比较，结果如表 4-12 所示。截至 2008 年 2 月 28 日，未调控楼栋平均耗热量为 0.1049MWh/m²，调控楼栋仅有 30% 的用户处于长期调控下，平均耗热量为 0.0854MWh/m²，相比未调控楼栋，节能 18.6%，如果有 70% 的用户处于长期调控，可节能 40%。

节能效果比较　　　　　　　　　　　　　　　　　表 4-12

	总面积 （m²）	总耗热量 （MWh）	单位面积耗热量 （MWh/m²）	节能率①
未调控楼栋	103935.3	10905.3	0.1049	18.6%
调控楼栋②	41420.7	3536.9	0.0854	

注：① 节能率以未调控楼栋耗热量为参照标准计算；

　　② 仅 30% 用户长期调控。

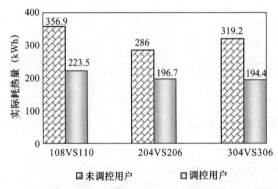

图 4-18　同一位置的调控用户和未调控用户实际耗热量

2）楼层不同位置相同的调控与未调用户实际耗热量比较

图 4-18 是在同一栋楼处于同一位置仅楼层不同的几个调控用户和未调控用户实际耗热量比较，可以看到调控用户相比未调控用户，调控用户节能 30% 以上，效果明显。

4.3.3　社会可接受性调查分析

为了调查用户的主观节能行为，对车城名仕小区的 246 个示范用户进行了问卷调查（占示范用户总数的 85%），统计结果如下：

（1）采暖室内温度设定范围调查

图 4-19 为用户设定温度行为调查统计，结果表明有 69% 的用户不能接受将室温设定在 20℃，进一步统计用户的期望设定室内温度（图 4-20），发现期望室温设

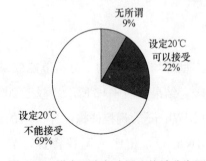

图 4-19　设定温度行为调查统计分布图

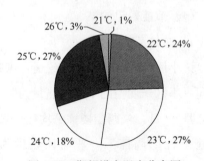

图 4-20　期望设定温度分布图

定在 22℃以上的占了 99%，这其中可能与部分用户对温度的实际感觉不清楚有关，只是定性感觉温度越高越好，另外也和目前按面积收费，节能意识淡薄等有关。同时我们还发现有约 70% 的用户对采暖温度不低于 16℃ 即可满足要求的有关规定不清楚，因此培养用户节能意识的宣传力度有待加强。

（2）房间过热可能采取的措施调查

图 4-21 为当房间过热时用户会采取的措施调查统计，结果表明，88% 用户选择调低设定温度，只有 12% 的用户选择开窗，说明分户调控对于防止过热有效。

（3）按热收费后，用户的开窗习惯调查

图 4-22 是对按热收费后用户的开窗行为调查，结果表明，当采用按热收费后，约 91% 的用户选择少开窗或不开窗，按热收费可以有效防止用户开窗。

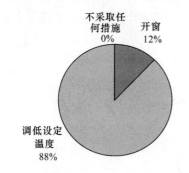

图 4-21　房间过热用户行为调查统计分布图　　图 4-22　用户开窗行为调查统计分布图

（4）采暖通断调节和计量技术示范满意度调查

图 4-23 为采暖通断调节和计量示范过程中用户的满意度调查，结果表明，有 67% 的用户感到很满意或满意，仅有 5% 用户感到不满意。进而对选择一般和不满意的用户进行原因调查发现，有很大一部分是由于示范过程中，对调控原理、操作不清楚造成误解或误操作造成的。

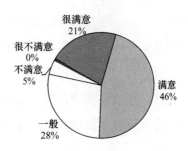

图 4-23　满意度调查统计分布图

4.3.4　经济手段激励效果

由于此次技术示范过程中，未能实现真正意义上的按热计量收费，因此用户主

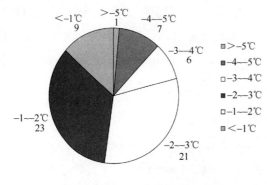

图 4-24 用户主动调低设定
温度调低幅度分布图

动节能的积极性不高，设定温度普遍偏高，数据统计发现，75%的用户将温度设定在 23℃ 以上，因此为鼓励用户主动节能，把设定温度调低，示范项目组对满足"室温长期设定在 23℃ 以下"，同时"阀门累计开启时间低于 0.80"的用户按照节能量进行节能奖励。在发放完奖励的第二天，发现在室温设定较高的用户中有 67 户主动将设定温度降低，最高幅度达 6℃，调低幅度分布见图 4-24，因此可以看到当采用按热收费，用户能够感受到切身利益时主动节能的积极性较大。

4.4 陶然北岸住宅小区供热节能改造

4.4.1 项目简介

陶然北岸住宅小区位于北京市宣武区，小区供热面积约 45 万 m^2，分南北两个区，北区 24 小时提供生活热水。锅炉房安装 5 台 7MW 燃气热水锅炉，负责南、北两区的供暖和北区生活热水的供应。小区的采暖及生活热水均采用二次换热的间接连接方式，经锅炉房加热后的一次水进入分水器中，由分水器分配给南区、北区等换热站，通过热交换器把二次水加热，之后再回到锅炉房内的一次水集水器中，经一次循环泵系统送回锅炉循环加热。

4.4.2 商业模式

本项目采用合同能源管理方式运作，项目实施单位北京华远意通供热科技发展有限公司（乙方）就本项目与该项目权属单位（甲方）签订节能服务合同，为甲方提供包括：节能技术改造方案、项目改造资金、设备采购、工程施工、设备安装调试及整个采暖系统的运行一整套的节能服务，并从客户进行节能改造后获得的节能效益中收回投资和取得利润。

4.4.3　运行管理模式

合同能源管理项目中，专业化、科学化的管理与节能技术改造同等重要。本项目在管理模式上，根据职责的不同设立运行管理、技术服务和客服三大部门，具体各部门的职责、人员配备和考核方式如下：

（1）运行部门

其主要职责包括：1）建立设备档案；2）了解前期的运行参数：天然气（煤）、水、电消耗；前期供暖运行参数；制定能耗考核指标。3）制定供暖运行方案：根据供暖的不同时段，确定相应的锅炉运行台数及供、回水温度。其管理人员包括领班、司炉工和维修工三类，具体分工和人数配置见表 4-13。

运行人员的配置和职责　　　　　　　　　　　　表 4-13

	人数	职　　责	备　　注
领班	1 人	负责项目运行人员（司炉工和维修工）的管理工作；对运行人员进行绩效考核	根据能耗情况对领班进行绩效考核
司炉工	6 人	负责锅炉运行调节	采用三班倒方式；部分人员为季节工
维修工	9 人	对锅炉设备及管网系统进行维护保养；解决业主室内采暖不达标问题；对运行期间包括业主室内供暖系统的跑冒滴漏问题进行修理；对运行期间突发设备故障进行抢修	一般按 1 人/（4 万～5 万 m²）配置。运行结束后，筛选出 30% 维修技术较好、责任心较强的留作夏季检修人员

（2）技术部门

其职责主要包括：

1）绘制项目的管网图纸，进行水力计算，分析前期的能源消耗，最终制定小区的节能改造方案及提供水力平衡调整方案。

2）制定针对由于前期设计或施工等遗留问题所造成的业主室内采暖不达标的具体改造方案。

3）运行中根据运行工况向运行人员提供具体的运行指导。

这部分人员要求技术水平较高，负责对所有项目提供技术支持，特别是前期的管网的水力平衡调节，运行方案制定，系统的节能改造等，这样就弥补了具体运行人员在技术水平上的不足。

（3）客服部门

其职责主要包括：

1）建立项目的业主信息档案：业主姓名、年龄、联系方式、工作单位、交费历史等，制定收费人员的收费率考核指标。

2）与业主签订相应的供暖合同，并据此向业主收取供暖费用。

3）解决运行中由于供暖问题造成的与业主之间的纠纷。其人员分工和配置见表 4-14。

客服人员的配置和职责　　　　　　　　　　　　　　　　表 4-14

	人　数	职　责	备　注
主管	1人	负责项目收费管理工作； 监督服务的质量和时效	根据收费总体情况对领班进行绩效考核
收费员	1人/ （500～1000 户）；	解决纠纷； 收费	根据楼房入住人员的性质（商品楼或回迁楼等）配备人员数量； 根据各项目完成收费率情况，对收费人员进行考核

4.4.4　节能改造主要措施

根据对小区供暖现状调查分析，针对性地对以下几个方面进行了改造。

（1）水力平衡调整解决水力不匀问题

通过调查历史运行记录和走访业主了解到，整个小区存在严重的冷热不均现象。有的用户室温高达 26℃，而同时也有用户在 16℃ 以下，供暖不达标，用户反映很大，致使收费率很低。为此，公司技术人员带队对整个热网系统进行了认真检查和全面的水力计算，发现系统水力失调严重。为此，在采暖系统小区外网及建筑的采暖单元加装了水力平衡调节阀，进行了全面的细致的水力平衡调整。具体做法为：首先通过粗调节的方式调整各用户，各分支，各支路流量，使各部分流量均匀；然后在正常供暖后根据供回水温度和室温测温记录再进行微调。

调整前，用户的室内温度冷热不均，有的室温超过 26℃，有的 16℃ 以下，调整后，整个管网达到了平衡，楼与楼、户与户、室与室之间室温基本一致，供暖温度达到 20±2℃的标准，用户非常满意。

（2）分区控制解决负荷需求不同问题

陶然小区分为南、北两个区域供暖，南区为一般搬迁楼，北区为高档商品楼。由于两个区域的建筑围护结构性能不同，热负荷需求不同，采用了分区分时控制对南、北不同区域采用不同的供水温度供暖。

（3）安装气候补偿器解决过量供热问题

改造前，供水温度全由司炉工来手动操作，随意性很大，为此，分别在南区和北区换热站内各安装一套气候补偿节能控制系统，根据室外温度变化自动调节供水温度，达到按需供热，避免人工操作的过量供热。

（4）安装计算机中央监控系统便于高效管理

为更好地对该小区实行合同能源管理，通过安装锅炉房的计算机中央控制系统分别采集、监测南北两个热交换站供热系统中的水、电、燃气等能源消耗情况、能源设备运行情况、供/回水压力、室内外温度、流量等数据，使得管理人员能够全面、即时、迅速、准确地掌控整个供暖系统的情况，并通过系统反馈的数据自动捕获系统中的能源浪费信息，从而做到能源科学化管理，达到最大限度的节能。

（5）节电改造

1）对生活热水循环泵（30kW）进行了变频改造，由工频运行改为变频运行，在保证生活热水的温度和压力的情况下，电机电流从 42A 降低到 12.27A，每天节省电量 300kVA，每天节约电费 204 元，每年节约电费 74460 元。

2）无功功率补偿：针对陶然北岸小区供热站水泵机组电机功率因数不达标的现象，做了无功功率补偿节电改造，对热网循环泵及一次循环水泵机组控制柜加装无功补偿装置，3 组水泵机组功率因数分别由 0.806、0.79、0.80 提高到 0.955、0.96、0.961。

4.4.5　改造效果

通过对本项目供暖系统的综合节能改造，供暖系统运行稳定，供暖舒适性显著提高，保证了供暖温度达标，在提高供热质量的同时也取得了巨大的经济效益。改造前后的效果如表 4-15 所示，节省费用约 166.9 万元。

节能效果对比   表 4-15

	改造前		改造后		减少量	
	总量	单位面积耗量	总量	单位面积耗量	总量	单位面积耗量
天然气	436.5 万 m^3	9.70m^3/m^2	352.9 万 m^3	7.84m^3/m^2	83.6 万 m^3	1.86m^3/m^2
电	150.94 万 kWh	3.35kWh/m^2	146.41 万 kWh	3.25kWh/m^2	4.53 万 kWh	0.10kWh/m^2

4.5 燃气热能回收利用

4.5.1   节能改造工程概况

北京某住宅小区热水供暖锅炉房，共 10 台天然气锅炉，总装机容量 21700kW，其中：3 台装机容量 700kW 燃气的锅炉，节能改造前，供暖面积分别为 3.45 万 m^2，燃气耗量 70～73m^3/h，锅炉排烟温度为 150～170℃，烟气余压 30Pa；7 台 2800kW 燃气锅炉的供暖面积为 35 万 ㎡，节能改造前，燃气耗量约 240～280m^3/h，排烟温度在 150～200℃，烟气余压 90Pa。

2006 年底始，采用高效紧凑防腐型烟气热能回收利用装置，对燃气锅炉进行分批节能改造，目前正进入第 5 个采暖季运行。

4.5.2   烟气余热回收利用节能改造方案

基于对该小区锅炉供热运行工况（包括燃气耗量、排烟温度、被加热水温及流量）和节能潜力分析，根据锅炉烟气余压与抽力、设备换热能力和两侧流动阻力及锅炉房系统安装维修等工程建设条件，进行烟气热能回收利用装置的优化配置与节能改造工程设计。

（1）烟气冷凝热能回收利用装置的优化配置

对装机容量 700kW 燃气的锅炉，燃气耗量 70～73m^3/h，排烟温度为 150～170℃，空气过剩系数按 1.1 计，烟气余压 30Pa，水流量 30t/h，安装空间较大，选用节能 12.5%、烟气余压 20Pa 的热回收装置；对 2800kW 燃气锅炉，燃气耗量 240～280m^3/h，排烟温度为 150～200℃，空气过剩系数按 1.1 计，烟气余压

90Pa，供暖回水温度约 46℃，水流量 30t/h，安装空间很小，选用节能 10％、烟气余压 50Pa 的热回收装置。

为使烟气热回收装置高效、紧凑、耐腐蚀、阻力小、噪声低、省材料、占地少，使用寿命长，保证锅炉系统在原动力下安全高效运行，自主研发出新型防腐技术和强化传热传质技术及流动减阻降噪等技术，研发出不同系列烟气冷凝热能回收利用装置优化方案，并对烟气在热回收装置内的流动场和温度场及流动阻力进行 Fluent 模拟。其中一种烟气冷凝热回收装置的外形与压力场和速度场及温度场部分模拟结果见图 4-25，流动阻力拟合结果见图 4-26。

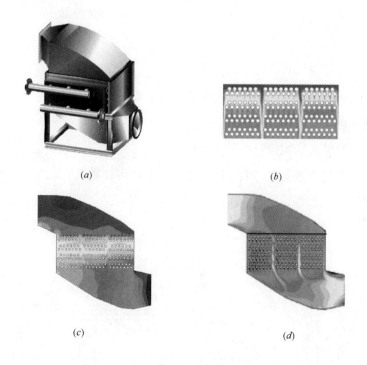

(a)　　　　　　　　　　*(b)*

(c)　　　　　　　　　　*(d)*

图 4-25　烟气冷凝热回收装置内烟气压力与速度及温度分布
(a) 一种烟气冷凝热能回收利用装置外形；*(b)* 温度分布图
(c) 速度分布图；*(d)* 压力分布图

由模拟结果看出，该种热回收装置形式，不仅体积小，省材料，占用空间小，烟气与烟气冷凝水同向流动，有利于强化传热和延长使用寿命，而且烟气流动过程中，沿途各断面压力场和速度场及温度场都较均匀，为充分发挥各部分换热面作用和强化传热，提高装置节能率，均起到重要保证作用；本工程热回收装置选用系列

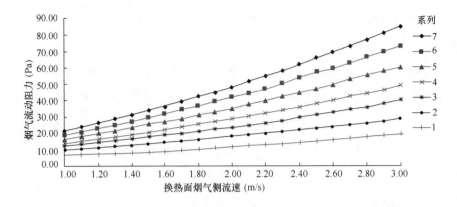

图 4-26 烟气流动阻力随换热面烟气侧流速变化

5，换热面烟气流速在 1.3～1.5m/s 内，烟气总压力降约 20Pa，流动阻力小，噪声低，满足锅炉排烟余压和降噪要求。

（2）燃气锅炉房烟气余热回收利用节能改造工程方案

根据该小区工程建设条件和考虑最大可能回收利用全部烟气热能，运行调节灵活方便、安装简单、节约投资，采用每台锅炉均分别配置烟气热能回收利用装置、无旁通烟道的节能改造方案，燃气锅炉房烟气余热回收利用节能改造工程及测试系统原理见图 4-27，节能改造前后工程现场照片见图 4-28、图 4-29。

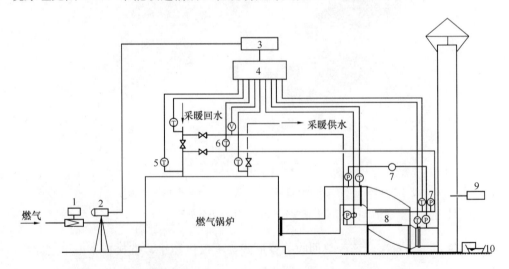

图 4-27 燃气锅炉房烟气余热回收利用节能改造工程及测试系统原理图

1—燃气表；2—摄像头；3—计算机；4—数据采集仪；5—热电偶；6—超声波流量计；
7—U 形管压力计；8—烟气冷凝热能回收利用装置；9—压力表；10—冷凝水容器

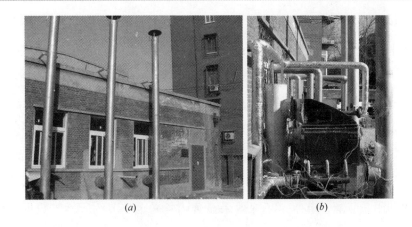

图 4-28　装机容量 3×700kW 锅炉房节能改造前后现场

（*a*）节能改造前；（*b*）节能改造后

图 4-29　装机容量 7×2800kW 锅炉房节能改造前后现场

（*a*）节能改造前；（*b*）节能改造后

4.5.3　节能改造工程实测数据

2006 年底开始，对燃气锅炉进行烟气热能回收利用节能改造的同时，进行了工程跟踪检测，得到锅炉节能改造前后天然气耗气量、锅炉运行状况、天然气利用热效率及其变化规律等数据。

（1）天然气供暖锅炉房烟气余热回收利用节能改造后耗气量的变化

对 3 台 700kW 燃气锅炉进行烟气热能回收利用节能改造和跟踪检测，得到

2006～2010年锅炉房耗气量统计数据，见表4-16。

由4个采暖季跟踪实测数据显示，锅炉房进行烟气热能回收利用节能改造后，不仅烟气热能回收利用装置可提高燃气利用的热效率，且由于烟气热能回收提高了锅炉进水温度，又可提高锅炉燃气燃烧效率，从而使得锅炉房节约天然气高达25.6%，以改造前供热负荷为基准的节气量高达78697m³/季，平均每平方米采暖面积天然气耗量由改造前8.9m³/(季.m²)，减少到6.6m³/(季.m²)，节约2.3m³/(季.m²)。同时相应减少了NO_x和CO_2等排放，每吨锅炉每天还产生1t烟气冷凝水可回收利用，节能、节水、环保效果显著，各采暖季节约天然气数据，详见表4-16。

2006～2010年天然气供暖锅炉耗气量统计表 　　　　　表4-16

采暖日期	安装热回收装置情况	燃气耗量	采暖天数	供热面积	采暖季室外平均温度	室内外平均温差	供暖负荷增加率	考虑气候变化用气量	采暖季按126天计每平方米用气量	每平方米节气量	节气率	以改造前供热负荷为基准的节气量
		m³/季	d	m²	℃	℃	%	m³/(天·m²)	m³/(季·m²)	m³/(季·m²)	%	m³/季
2006.11.15～2007.3.20	1台运行60天	307890	126	34500	2.07	15.93	0	0.071	8.924	0		0
2007.11.17～2008.3.24	2台	282462	128	34500	1.84	16.16	1.4	0.063	7.945	0.979	11.0	33788
2008.11.07～2009.3.16	3台第二代	275284	130	34500	1.29	16.71	4.9	0.058	7.353	1.571	17.6	54216
2009.11.01～2010.3.21	3台第三代	323509	141	36000	−0.68	18.68	17.2	0.053	6.643	2.281	25.6	78697

注：北京市采暖季室外平均温度数据由北京市气象局提供。

（2）锅炉房烟气热能回收节能改造后排烟温度的变化

2009～2010采暖季，对3台700kW锅炉烟气热回收装置烟气侧与水侧的进出口温度的检测数据，见图4-30。由图看出，采暖季锅炉排烟平均温度约150℃，烟道中心温度平均160℃，在锅炉的进水温度约40℃条件下，经烟气冷凝热回收装置

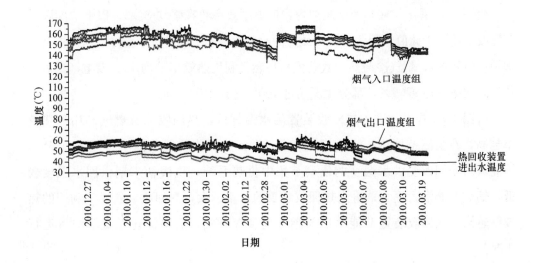

图 4-30 2009～2010 年采暖季烟气热能回收装置烟气进出口温度

锅炉排烟温度降至平均温度 50℃以下。

（3）烟气热能回收节能改造后采暖季锅炉燃气利用的热效率变化

2009～2010 采暖季，装机容量 3×700kW 锅炉房烟气热回收节能改造前后，锅炉热效率跟踪监测数据见图 4-31，锅炉热效率随进入热回收装置水温变化如图 4-32 所示。

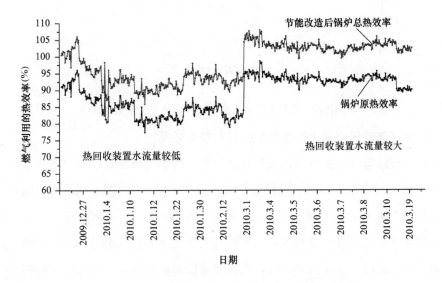

图 4-31 2009～2010 年采暖季烟气热能回收节能改造后锅炉热效率变化

由图4-31看出：在整个采暖期内，锅炉原效率约在平均87.6％以上（实际上节能改造前低于此值，因为烟气冷凝热回收装置提高了锅炉进水温度，从而提高了锅炉燃烧效率），烟气冷凝热回收装置提高燃气利用热效率平均10％以上，锅炉低热值总效率平均97.6％，部分工况超过100％达到107％。

由图4-32看出：进入热回收装置的水温越低，热回收装置燃气利用的热效率越高，在实测范围内，进水温度每低1℃，热回收装置节能率提高约0.5％，因此，对采用改变供水温度的质调节集中供热系统，供暖初末期供回水温度较低，锅炉节能潜力更大；进入热回收装置的水量越大，热回收装置燃气利用的热效率越高；热回收装置节能率还与燃气耗量等有关，需要优化设置锅炉房运行工况。

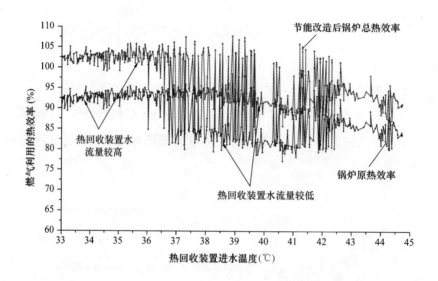

图4-32   锅炉燃气利用的热效率随热回收装置进水温度的变化

（4）烟气热能回收利用装置节能减排与节水效果

由以上跟踪监测数据得到，天然气锅炉房安装烟气热回收装置，提高了锅炉热效率10％～12.5％以上，锅炉低热值总效率超过了100％，可节能减排。同时，每吨锅炉每天产生1t烟气冷凝水，烟气冷凝水对烟气中CO_x和NO_x等有一定的净化作用，经简单处理即可回收利用，烟气热回收装置本身阻力很小（18～20Pa），利用锅炉原有余压即可保证锅炉运行，无需增加任何动力设备。跟踪监测典型工况数据，详见表4-17。

锅炉烟气冷凝热回收改造工程典型工况检测数据　　　　　　　　表 4-17

烟气入口平均温度（℃）	烟气出口平均温度（℃）	烟气进出口平均温度差（℃）	原效率（%）	提高效率（%）	锅炉总效率（%）	凝结液量（kg/d）	烟气阻力（Pa）
146.34	49.60	103.60	92.50	10.03	102.53	1185.074	20
136.25	44.99	90.21	93.20	10.59	103.79	1121.112	18
139.76	43.55	96.21	90.04	11.92	101.96	1082.798	18

注：测试过程中锅炉 88% 负荷运行。

（5）烟气热能回收利用装置的传热性能

烟气热回收装置的烟气侧表面传热系数、装置的传热系数及烟气侧换热的努谢尔特数 Nu，可由测试数据整理得出，部分结果如图 4-33 所示。

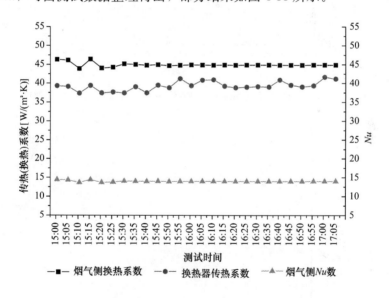

图 4-33　烟气侧受迫对流凝结换热与传热系数测试结果

烟气侧换热系数是影响换热装置传热的主要因素。热回收装置中管壁导热热阻很小，烟气对流换热系数约 $10\sim50 W/(m^2 \cdot K)$，与水换热系数 $4000 W/(m^2 \cdot K)$ 相比很小，是主要的换热热阻，增强装置传热的主要途径是增强烟气侧换热。烟气中水蒸气冷凝可增强传热、防腐换热面表面改性技术使得膜状凝结改变为珠状凝结、烟气均流段模拟优化等措施可充分发挥换热面作用，均有效增强了传热并减小了流动阻力与噪声。由图看出，烟气冷凝换热系数为烟气无凝结时的 $2\sim3$ 倍。

（6）排烟温度高和热效率高锅炉的节能改造效果

对 7 台 2800kW 燃气锅炉，在第五个采暖季典型工况跟踪监测数据见图 4-34 和图 4-35。由图看出，对排烟温度 190～200℃、热效率已达 95％的锅炉，采用烟气冷凝热回收节能改造，仍能节能 9.8％，使锅炉总效率达到 105％。

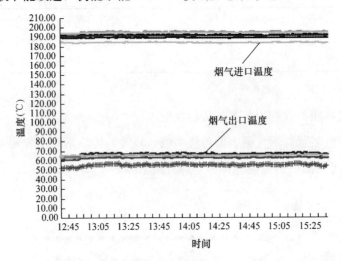

图 4-34 排烟温度和热效率高的锅炉烟气热回收装置进出口烟气温度

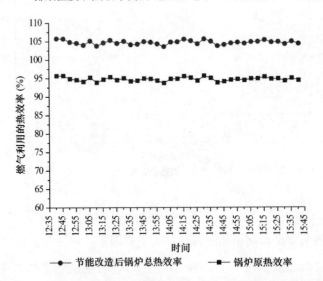

图 4-35 排烟温度和热效率高的锅炉烟气热回收节能改造后的热效率

4.5.4 烟气热回收利用技术应用前景分析

通过对天然气锅炉房烟气冷凝热回收利用节能改造和连续五个采暖季的跟踪

实测表明，烟气热回收装置可将烟气温度从 150～200℃左右降至 50℃以下，对热效率超过 90％的燃气锅炉，仍可节能 10％～12％以上，且由于烟气热回收装置提高了锅炉进水温度，从而提高了锅炉本体燃烧效率，使锅炉低热值总效率超过 100％，锅炉高热值总效率超过 95％，锅炉房总节能率达 25.6％。同时，每吨锅炉每天还产生 1t 烟气冷凝水，对排烟中 CO_x 和 NO_x 等气体有一定净化作用，并经简单处理回收利用，实现节能减排和节水。烟气冷凝热回收利用装置初投资一个采暖季即可回收。

截至 2009 年，北京市供热面积达 6.3 亿 m^2，预计 2010/2011 年采暖季天然气用量 61 亿 m^3，对北京市锅炉房调查显示，95％天然气锅炉房未进行烟气热回收节能改造，排烟温度在 150～200℃以上，造成能源浪费和环境污染。

若将烟气冷凝热能回收利用技术和装置推广应用于所有天然气锅炉房节能改造，按燃气节气量 10％计，则可节约天然气 6.1 亿 m^3/a，节约燃料费 12.5 亿元/a，并相应减少 NO_x 排放 2421t/a，减少 CO_2 排放 152.5 万 t/a，每天可产生 871.4 万 t/a 烟气凝结水。

2009 年中国能源消耗量超过美国居世界第一，2010 年我国天然气需求量达到 1000 亿 m^3 以上，若将该装置推广应用到我国工业与民用天然气热能动力设备中，包括天然气发电、燃气锅炉、燃气直燃机等高能耗设备中，节能减排、社会环境经济效益巨大。

4.6　齐齐哈尔热网监控系统

4.6.1　项目介绍

（1）项目概况

本部分所述的热网监控（SCADA）系统为齐齐哈尔市集中供热工程各个远端终端站及监控中心所需的控制与通信系统。

2008～2009 年采暖季，齐齐哈尔市热电联产集中供热工程完成热网干支线建设 20 多公里，新建换热站 37 座，整合热源 30 多处，拆除了一批高耗能燃煤锅炉，建成自动化程度高的热网综合运行调度系统，总供热面积达 670 万 m^2。

（2）项目的目的和意义

为节约能源，提高运行管理水平，设置计算机监控系统，可减少管网运行调节的工作量；改变调节滞后、冷热不匀的状况；适应管网变流量或者分阶段改变流量下的变化；可以及时、准确地控制和调节热网的运行参数；在满足热网中各用户的室内温度 $18\pm2℃$ 的前提下，达到最大限度的节能效果，提高供热系统的供热能力，减少污染物的排放。同时可针对不同功能的换热站所供应的区域功能的不同，安排供热室温的作息制度。

4.6.2   技术方案

（1）监控系统总体框架

集中供热计算机监控管理系统按六层形成递阶层次结构，如图 4-36 所示，通过城域网连接到中央监控中心。各层内容包括：

1）机电设施层：热源厂（热电厂、供热锅炉等）、换热首站、隔压站、换热站、加压泵站、热入口计量站等；

2）就地仪表层：就地仪表、各类传感器、执行机构、变频调速装置、调节阀门等；

3）现场控制层：指现场控制系统现场控制器。DDC、DCU、RTU 及控制总线网络；

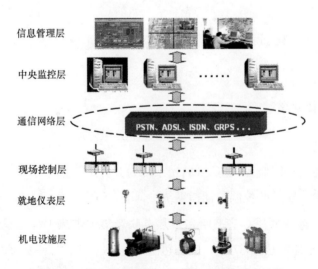

图 4-36   集中供热计算机监控管理系统层次结构

4）通信网络层：这里主要指通信距离覆盖整个集中供热区域的虚拟局域网（VPN）的通信网络；

5）中央监控层：为集中供热系统计算机监控系统的核心。通过中央监控层对全网的运行实施统一的监控。接收各站点的故障报警，达到安全、节能、环保型供热的要求，并保证供热质量；

6）信息管理层：通过信息管理层，完成全网调度指挥、事故处理、信息管理，实现科学管理，提高企业效益。信息管理层实际上是一个计算机信息网络系统。

（2）热网控制方案

1）不同采暖收费体制下的控制策略

本项目主要是针对齐齐哈尔市集中供热惯性大、各热力站相互耦合的特点，特别是针对按面积收费和按热量收费的不同模式，采用了有针对性的控制措施，保证整个系统的稳定、经济运行。

①整个系统按面积收费

在按照热量收费还没有实行的今天，我国绝大部分的城市仍然采取的是按照采暖"面积"来收费。在这种收费体制下，热用户要求的是保证室温 18 ± 2℃，低于最低要求的 16℃，用户将对热力公司投诉。而室温超高时，用户则不会去调节采暖系统（例如关小阀门，一般情况下也没有调节手段），而是采取开窗降温的方法。热力公司则应在保证热用户室温不低于 16℃ 的前提下，通过调节供热热媒的参数（流量和温度）来调节供热量，以适应室外温度的变化，控制室温的责任完全由热力公司来承担。因为收费是一定的，多供了热也不能多收费。供热策略则应是："按需供热、限量供给"，此处的"需"，是建筑物客观上的"需"，无论是谁，室温的标准是一样的，亦即在保证热用户室温不低于 16℃ 的前提下，尽量少供热，尽量不要出现室温过热的情况。而节能降耗的目标则为：除了需要降低单位热量的成本外，降低"无谓的供热量"也是降低供热成本的一项主要任务。

按面积收费时，热网调节的基本目标是能够实现均匀供热，减少水平热力失调。对于本工程，采用的基本控制策略是将整个供热系统分为热源和热网两个相对独立的系统，并且有两种调节原则：热源优先或者热网优先。热源优先时热网控制的目标是消除各用户之间的水平热力失调，实现均匀供热。它只保证各热力站之间供热效果的均匀一致，而不追求各热力站内用户的绝对效果。系统的总体供热效果，则是通过负荷预测，调整热源总供热量得以实现。

综合考虑经济、供热效果和实际操作等诸方面的因素，齐齐哈尔市集中供热系统的运行调节应包括以下两个部分：

a. 一次网的运行调节：一次网的运行调节除应满足供热负荷的要求外，还应符合热源的安全、经济运行要求；适应一次网的大惯性、长时滞、非线性的特点采用分阶段改变温度的量调节。

b. 二次网的运行调节：二次网的循环水泵采用变频调节，为减少管网的水平和垂直水力失调对热力失调的影响，满足一定的供热效果，并在此基础上达到较好的节能效果，二次网采用质、量并调的方式。

具体到各热力站的控制、供热首站的控制策略如下：

a. 热力站的控制：测量各热力站的二次侧供回水温度，确定各热力站电动阀的调节量，目标是使得各热力站二次侧供回水平均温度或供回水加权平均温度趋于一致，尽可能地降低水平失调度。

b. 二次网主循环泵的控制：二次网主循环泵采用变速调节。在系统按照采暖面积收费时，应该采用按照二次水供、回水温差控制，这是一种主动的调节方式，亦即根据室外温度，按照质—量综合调节曲线确定的供回水温差为设定值，控制循环水泵的转速，达到流量调节的目的。如果此时采用了最不利压差的控制方法，则不能起到节电的效果。

c. 热力首站的运行指导：测量一次热网的总供回水温度、外温和流量。根据测量数据以及相关的历史数据预测热网的负荷。由于供热系统的大惯性，负荷的预测需要综合考虑前几天的外温以及供热情况确定。根据计算机预测的负荷情况确定一次水供水温度和流量。调节循环水泵的转速使得外网总流量达到设定值。并计算出热源（电厂）的供热量和水温、水量。

②各热力站按热量收费

当城市供热收费体制是按照热量收取时，"热量"就成为了一种商品。采暖热用户将按照所使用的"热量"多少来付费，多用多付，少用少付。因此热用户就会自动地采取节能措施，一般按照热量收费的情况下，热用户室内采暖系统都安装了可以调温的装置，如果室温高了，用户就会主动调低，外出时甚至会关闭采暖系统。避免室内过热的责任完全由热用户承担起来。而热力公司的供热策略则是：

"按需供热、保障供给"，此处的"需"，是热用户主观上的"需"，有人希望室温高一些，有人希望室温低一些，只要用户需要，就尽量多供热。因为只有多供热才能多收益，而节能降耗的目标则为：降低每售出单位热量的成本，也就是要在"热量"这个商品的生产和输配过程中，降低一切费用，包括各种热损失和水泵的电耗以及人力成本等。

此时与按面积收费的方式不同的是，热力公司供热的策略是尽可能地给用户多供热以取得更多的经济效益，而用户会自主地决定用热的多少。这与按面积收费的机制恰恰相反。因此，此时就不能采用上述的均匀性调节方法，而在二次网应采用最不利端压差控制法，保证每一个用户的用热。此时基本的控制策略如下：

a. 热力站的控制

由各热力站根据外温和用户用热情况设定二次网的供水温度，各热力站采用独立控制，根据设定的供水温度来调节一次侧的供水阀门，此工作可在上位机统一完成也可在各现场控制器上完成。

b. 二次网主循环泵的控制

二次网主循环泵采用变速调节。可以根据热用户处最不利回路的末端压差来控制水泵的转速。

③系统中同时存在按热量收费和按面积收费的用户

此时，应对按面积收费的用户或热力站采用均匀性调节，同时又要保证管网末端或按热量收费的用户的足够压差，使按热量收费的热用户能得到充足的热量供应。

由于采用的是计算机控制系统，采用不同收费方式时对控制系统硬件平台的要求基本一致，包括对通信系统、传感器以及执行机构的要求等。因此，在设计硬件平台时，应该充分考虑以上几个因素，这样当控制需求变化时，只需变更相应的控制软件即可，而不需要改变控制系统的硬件部分，这样就为系统的发展、扩充提供了非常便利的条件。

2) 集中供热控制的控制措施

由于热网从整体上属于大惯性、长时滞、非线性，且存在耦合的多输入—多输出系统。对于按照面积收费的系统，热网控制实际上是一个大的开式的控制系统。针对此系统，我们采用以下措施来解决热网大惯性、长时滞、稳定性差的问题：

①统一设定，单独调整：均匀性调节的最终目标是用户的室温达到一致，然而一是无法对用户室温进行直接测量；另一方面，用户室温也是一个惯性很大的环节。为此，经过分析我们发现，二次网的供回水平均温度是影响用户室温的最敏感因素，因此我们将其作为被调量。为消除系统的水平热力失调，应根据各热力站二次侧供回水平均温度与全网平均值的偏差来统一设定各热力站的被调量，各热力站再以此为设定值进行单独调节。

②限制幅度，逐渐调匀：由于系统的大惯性及传输延迟，因此不能按照上述方法连续调节，否则将引起系统振荡。两次调节的时间间隔不能太短，而应采取"等一等，看一看"的策略，待温度基本达到稳定后再进行下次调整。整个调节不是一两次完成，而是使各热力站二次侧供回水平均温度逐渐趋于一致的动态过程，因此，每次阀门调节的幅度不能太大，以确保系统的稳定。

③水力耦合的解除：国内供热系统的水力稳定性普遍较差，当调节某一支路的阀门时，不仅本支路的流量随之变化，相邻支路的流量也同样发生变化。对于一些稳定性较差的支路，如果简单地采用单回路死循环控制而不考虑这种稳定性的状况，就容易引发振荡。因此，必须在对各用户水力稳定性综合评判的基础上，确定具体的调节策略。

3）间接连接热网全网优化控制系统软件

间联热网全网优化控制软件主要功能包括：权限的管理功能、全网平衡功能、控制效果的评价功能、负荷预测功能、阀位自动跟踪功能、效果排行功能、控制方式选择功能等。间连热网全网优化控制软件在控制系统中的位置如图 4-37 所示。

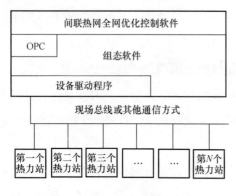

图 4-37　全网优化控制软件在控制系统中的设置位置

4.6.3　节能效果

在供暖季的生产运行中，由于热网监控系统提供的数据实时、准确，使热网的调控有了可靠依据。监控系统既能保证供热充足时，节省热量消耗，又能保证热量不足时热量的均衡，对保证供热质量、节约能源、实现换热站无人值守起到了积极作用。

（1）热网水平失调度改善程度

对于采用按面积收费的集中供热系统来说，应以消除水平热力失调，实现各热力站均匀供热为热网的总调节目标。由于不可能对所有热用户的室温进行实时测量，个别用户的室温状况亦不能代表本片热网的实际情况，因此，必须考虑其他的实现途径。经分析，对于房间热特性及散热器设计相差不大的热网，实现了各热力站二次网供回水平均温度均匀一致，即可保证所带采暖用户室温大体相同。

因此，各站二次网平均水温均匀与否，基本反映了系统调节的好坏。基于此，我们采用热网的水平失调度作为定量评价的指标：

$$x = \frac{1}{t_{rp} - t_w} \sum_{i=1}^{m} \alpha_i \left| \frac{t_{sri} + t_{rri}}{2} + \Delta t_{ri} - t_{rp} \right| \times 100\%$$

式中，m 为热力站个数；t_{sri}，t_{rri} 分别为第 i 热力站二次网供水、回水温度；t_w 为室外温度；α_i 为第 i 热力站供暖面积占全网总面积的比例；Δt_{ri} 是由房间散热器结构以及用户特殊要求而决定的温度修正量；t_{rp} 是以热力站热力特性参数 ζ_i 为权的全网平均二次网水温：

$$t_{rp} = \sum_{i}^{m} \left[\zeta_i \left(\frac{t_{sri} + t_{rri}}{2} \right) \right] \Big/ \sum_{i=1}^{m} \zeta_i$$

水平失调度综合反映了全网热力工况均匀程度，其值越小，说明系统调节越均匀，控制效果越好。消除水力失调的最终目的就是为了消除系统的水平热力失调，因此二者是一致的。

在监控系统联合调试之前，管网供回水平均温度在 40～60℃之间，均方差为 4.8，失调度为 6.3。联合调试之后，管网供回水平均温度基本处于 46～55℃之间，均方差为 1.25，失调度为 1.7，说明热网监控系统大幅度降低了系统水平失调程度。

（2）节能效果

投入热网监控系统的集中供热热网，2008～2009 年采暖季热耗为 0.576GJ/m²。单位面积热量值比同期未投入热网监控系统的其他热网低 15% 以上，供回水平均温度普遍低 5℃ 以上。

（3）节电效果

各换热站循环水泵和补水泵均使用变频拖动，对于离心式水泵这类负载，电耗与转速的立方成正比，与水泵的效率成反比，通过监控系统调节换热站循环泵的转速，节省了大量电耗。以某换热站为例，该换热站共有 3 台 55W 循环水泵，二运一备，运行中通过出阀门控制二次流量，改造后由变频器拖动，阀门全部打开，通过调节频率来控制二次流量，节电 30％达以上。

（4）间接效益

热网监控系统 24 小时运行，对换热站设备实时监控，并设置报警系统，能及时发现系统存在的问题，避免事故的发生。监控系统实现热量统一调度分配，特别是供热不足时，能够减少用户投诉，提高热网调节水平和供热质量。监控系统调节周期短，均匀性好，解决了人工调节费时费力、反复调节的问题，节省了大量人力物力。监控系统对换热站无人值守起了积极作用，减少了管理所人员配置。同时，节约能源也带来了许多社会效益，例如减少灰渣和有害气体的排放量，减少运煤、灰渣车辆，有助于缓解能源和交通的紧张状况等等。

4.7   济南市西区工程建设指挥部地源热泵空调工程

4.7.1   工程概况

本工程地处济南西部长清区大学园区，园区内无集中供热设施。建筑物周边可用地下空间约 6000m²。该办公楼总建筑面积约 7880m²，建筑高度 16.7m，参见图 4-38。地下一层为健身区和设备用房；地上 4 层为办公室和会议室。

该项目采用专业软件对地埋管换热器进行设计计算，并根据建筑的动态负荷对系统 20 年内的运行进行模拟计算；系统的设计充分考虑了地埋管换热器全年的热平衡。该系统自 2006 年投入运行以来已连续运行了 5 个冬夏，完全满足建筑供热和空调要求；能耗数据有比较可靠的记录。运行记录表明，该系统运行的实际情况与设计与模拟的结果很好地相符，

图 4-38   济南市西区工程建设指挥部外观

由于全年向地下岩土的放热略大于从地下的吸热，实测地温逐年略有上升，有利于系统长期持续高效地工作。

4.7.2 空调实施方案

该办公楼采用竖直地埋管地源热泵空调系统。冷热源选用一台双螺杆式水源热泵机组，空调末端采用新风加风机盘管系统。地热换热器采用竖直单U形地埋管系统。

（1）主要设计参数

室外计算干球温度。冬季空调：-10℃；夏季空调：34.8℃；夏季空调室外计算湿球温度：28.7℃。

室内设计参数。夏季空调温度26~28℃；冬季空调温度18~20℃；空调新风量标准：办公室：$25m^3/(h \cdot 人)$；会议室：$35m^3/(h \cdot 人)$。

冷热源名义工况。空调水系统：夏季供回水为7/12℃；冬季供回水为45/40℃。地源侧水系统：夏季供回水为30/34℃；冬季供回水为8/4℃。

空调冷热负荷。建筑物空调设计冷负荷800kW，设计热负荷720kW。

地质构造与岩土热物性。岩土热物性测试孔深80m。主要地质构成：自地平面下到20m内为黏土层，20m深以下以砾石灰岩为主；测试深度内平均热物性参数：地层初始温度为16.5℃；导热系数为$1.38W/(m \cdot ℃)$；容积比热容为$1.81 \times 10^6 J/(m^3 \cdot ℃)$。

（2）主要设备参数

选用双螺杆式水源热泵机组一台。该机组两个压缩机，能量调节范围：25%~100%之间连续调节。空调工况：制冷量为884kW，耗电量为150kW，冷冻水进出口水温为12/7℃；冷却水进出口水温为27/32℃；制热工况为制热量960kW，耗电量为260kW，蒸发器进出口温度为5/10℃，冷凝器进出口温度为40/45℃。图4-39为热泵机房安装的机组。热泵机房主要设备及

图4-39 安装的热泵机组

其参数见表 4-18。图 4-40 为主要设备与管道平面布置图。空调水循环泵采用了变频技术。

热泵机房主要设备一览表　　　　　　　　　　表 4-18

序号	设备名称	规格与性能	单位	数量	备注
1	水源热泵机组	制冷量：880kW，功率：150kW 制热量：960kW，功率：260kW	台	1	
2	空调水循环泵	流量：138m³/h，扬程 32mH₂O，功率：18kW	台	2	一用一备
3	地源侧循环泵	流量：240m³/h，扬程 32mH₂O，功率：32kW	台	2	一用一备
4	全自动软水器	最大处理水量：5m³/h	套	1	
5	软化水箱	有效体积：$V=6m^3$	个	1	
6	定压补水装置	补水量：11m³/h；扬程：25mH₂O，功率：1.1kW	套	1	
7	高位定压水箱	有效体积：$V=1m^3$	个	1	

（3）地埋管系统

根据施工现场可利用地埋管区域，地埋管呈 L 形布置，见图 4-40。采用单 U 竖直地埋管，竖直 U 形地埋管管径为 De32，埋管总数 188 个，孔间距与排间距均为 5m。竖直地埋管深度 65m，水平埋管深 1.5m。每 8 个竖直埋管组成 1 个环路，共 24 组并联支路。每个支路分别接至机房总分、集水器。在每个支路回水管上设置温度检测点。机房设置在地下一层。

按设计工况要求：夏季每米孔深释放热量值约为 78W/m；冬季每米孔深提取热量值约为 43W/m。

（4）系统流程

该空调系统采用全地埋管地源热泵系统（图 4-41），不设辅助加热或辅助冷却设备。通过空调水系统和地源侧水系统的流道的改变实现水源热泵机组冷热工况转换。流程见图 4-41。

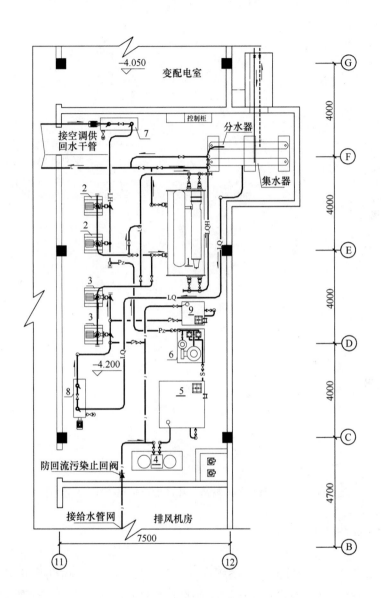

图 4-40　设备机房平面与管道示意图

1—水源热泵机组；2—空调水循环泵；3—地源侧循环泵；4—全自动软水器；

5—软水箱；6—定压补水器；7、8—自动过滤机；9—地源侧定压补水箱

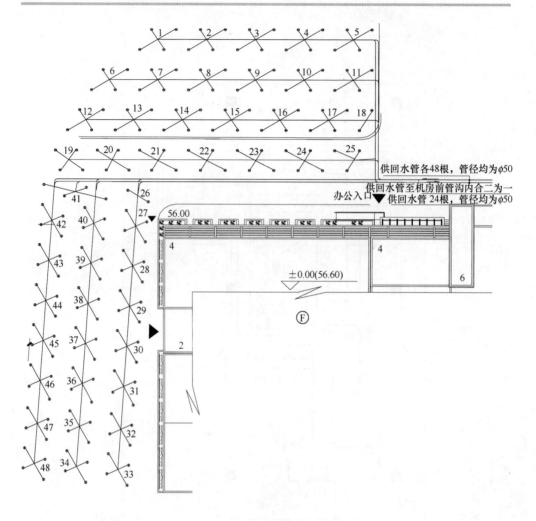

图 4-41 地热换热器平面布置

4.7.3 实测结果

该项目 2005 年底竣工，空调系统进行了调试与初运行。2006 年春季办公楼启用，同年夏季空调系统投入正式运行，专业的物业公司接手管理。空调系统通常运行时间每天 10h，即上午 7：30 开机，下午 5：30 关机。

空调工况：空调期约 90 天。主要集中在 7～9 月三个月。空调期间约一半左右的时间两台压缩机运行，其额定制冷量：880kW；耗电量：150kW；冷冻水进出口水温：12/7℃；地源侧冷却水进出口水温最高达到：31/35℃；五年来历年夏季空调地源侧循环水平均最高进水温度见表 4-19。

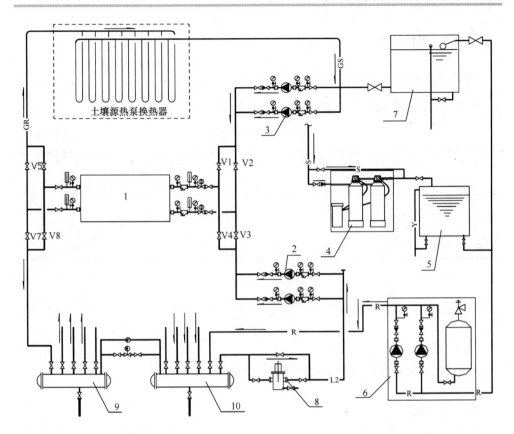

图 4-42　地源热泵系统流程图

1—热泵机组；2—空调侧循环水泵；3—地埋管侧循环水泵；4—软化水装置；5—软化储水箱；

6—定压补水装置；7—高位定压膨胀水箱；8—除污器；9—分水器；10—集水器

制热工况：采暖期 120d。从 11 月 15 日至来年 3 月 15 日。采暖期间约一半以上时间两台压缩机运行，其额定耗电量：260kW，冷凝器进出口温度：40/45℃。蒸发器进出口温度高于设计值和名义工况值，在供热季开始阶段地源侧低温源水进出口水温最高达到 14/18℃；五年来历年冬季空调地源侧循环水平均最低进水温度见表 4-19。

热泵机组出口地源侧循环水平均最高温度与最低温度（℃）　　　　表 4-19

	2006	2007	2008	2009	2010
夏季	28.5	32	33.5	34.5	35
冬季	6.5	7.2	7.6	7.8	8

4.7.4 用能效果

该空调系统运行五个冬、夏季，实测年平均热泵主机耗电量、循环水泵耗电量，热泵 COP 和机房综合 COP 以及单位平方米总用电量见表 4-20。

系统用能效果一览表 表 4-20

项目 工况	压缩机能耗 (kWh)	循环水泵能耗 (kWh)	热泵主机 COP	机房综合 COP	用电量 [kWh/(m²·季)]
夏季	72900	49500	4.94	2.94	15.5
冬季	126400	66000	3.42	2.25	24.4
平均与合计	199300	115500	4.07	2.56	39.9

4.8 燃气壁挂炉采暖

4.8.1 燃气采暖耗热指标与耗气量统计分析

（1）统计对象

参加统计的采暖实验户为北京回龙观小区共 100 户，建筑为 1998～2010 年建造的建筑，统计了用户各小时耗气量及室内采暖温度等数据。四室 2 户、三室 12 户、二室 21 户、单室 1 户，其中位于顶层 8 户，底层 4 户，中间层 24 户。

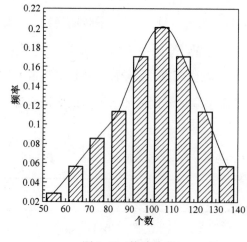

图 4-43 统计分布

（2）耗热指标

为了消除燃气种类和住房面积不同的影响，采用面积耗热指标，即单位时间、单位建筑面积采暖消耗的热量。根据统计资料可以得到采暖季各月及全年的平均面积耗热指标与耗气量。

根据统计学中推荐的分组方法对 100 户的统计数据分组，做出它的分布图（图 4-43），并对其分布状态进行判断。从频率分布图上可以看出，该样本总体服从 t 分布。同理由其他各月份及全年的统计样本可得出相似的频率分布图，也就是说各月份及全年的耗热指标均为 t 分布总体，因此可对每个月份的面积耗热指标的均值 μ 做出区间估计。

$$\because \qquad x \sim N(\mu,\sigma^2) \qquad (4\text{-}1)$$

（表示随机变量 x 服从参数 μ 为均值，σ 为方差的 t 分布）

$$\therefore \qquad \frac{(\overline{x}-\mu)\sqrt{n}}{S} \sim t(n-1) \qquad (4\text{-}2)$$

（表示随机变量 $\dfrac{(\overline{x}-\mu)\sqrt{n}}{S}$ 服从自由度为 $n-1$ 的 t 分布）

式中

$$\overline{x} = \frac{1}{n}\sum_{i=1}^{n} x_i \qquad \text{（样本均值）}$$

$$S^2 = \frac{1}{n-1}\sum_{i=1}^{n}(x_i-\overline{x})^2 \qquad \text{（样本均差）}$$

在 $\alpha=5\%$ 的情况下对每个月及全年的面积采暖耗热指标进行区间估计，即置信度 $1-\alpha$ 为 95%。

则

$$P\left\{\left|\frac{(\overline{x}-\mu)\sqrt{n}}{S}\right| < t_{\frac{\alpha}{2}}\right\} = 1-\alpha \qquad (4\text{-}3)$$

$t_{\frac{\alpha}{2}}$——表示双侧 100α 百分位点。

又 $\because$

$$\left|\frac{(\overline{x}-\mu)\sqrt{n}}{S}\right| < t_{\frac{\alpha}{2}} \qquad (4\text{-}4)$$

$$\therefore \qquad \overline{x}-t_{\frac{\alpha}{2}}\cdot\frac{S}{\sqrt{n}} < \mu < \overline{x}+t_{\frac{\alpha}{2}}\cdot\frac{S}{\sqrt{n}} \qquad (4\text{-}5)$$

例如：11 月份 $n=19$，$\overline{x}=16.03$，$S=6.20$，查 t 分布临界点表知 $t_{\frac{\alpha}{2}}=2.093$

$$16.03 - 2.093 \times \frac{6.20}{\sqrt{19}} < \mu < 16.03 + 2.093 \times \frac{6.20}{\sqrt{19}}$$

μ 的置信区间为 $[13.05 \sim 19.00]$

将各月份及全年面积采暖耗热指标置信区间的计算结果列于表 4-21。

面积采暖耗热指标置信区间（W/m²）   表 4-21

时间	样本数	样本均值	标准离差	置信区间	时间	样本数	样本均值	标准离差	置信区间
11月	19	16.03	6.20	[13.05, 19.00]	2月	35	19.87	3.23	[18.76, 20.97]
12月	33	20.53	5.57	[18.56, 22.50]	3月	34	13.99	3.74	[12.69, 15.41]
1月	35	27.55	5.04	[25.82, 29.28]	全年	36	21.18	4.12	[19.74, 22.57]

（3）单户采暖用气量

根据表 4-21 面积采暖耗热指标，取天然气热值 8500kcal/m³，壁挂锅炉采暖热效率 85%，表 4-22 为计算的各月与全年耗气量。在统计研究过程中，根据统计学中的随机抽样方法选取实验户，使样本容量、计算精度和调查内容均满足实际工程要求。其结果可以作为北京与天津及气温类似城市采暖用气的参考数据。

单户燃气采暖面积耗气量   表 4-22

月份	平均耗气量 [m³/（月·m²）]	耗气量 [m³/（月·m²）]
11月份	0.69	0.56~0.82（15d）
12月份	1.82	1.65~2.00
1月份	2.44	2.29~2.60
2月份	1.59	1.50~1.68
3月份	0.80	0.73~0.88（20d）
全年	7.57	7.06~8.07（125d）

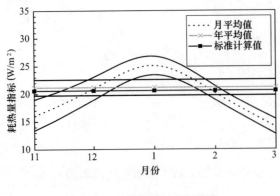

图 4-44   建筑耗热量指标曲线

图 4-44 为全年面积采暖耗热指标、置信区间及北京市建筑节能耗热指标。由图可以看出，燃气单户采暖的耗热指标接近北京市一步节能建筑的耗热指标，因此，这种采暖方式是节能的。

（4）采暖温度

单户燃气热水采暖负荷不仅受室内外温度及维护结构的影响，而且还与用户的工作性质、上班时间、家庭人口及人口组成、生活水平及习惯有很大关系。根据实际测试可知，接近一半的住户在家的时候将房间温度控制在 16～18℃之间，接近 40％的用户将房间温度控制在 18℃以上，13.5％的用户将房间温度控制在 16℃以下。

（5）NO_x 的排放量

采用燃烧烟气效率与成分分析仪（型号为 madar GA40 plus）对采暖炉的氮氧化物排放量进行了测试，测试表明鼓风式的 NO_x 排放量大于大气式。并按国际上通用的方式，整理成烟气中含氧量为 3 时的浓度。图 4-45、图 4-46 分别为大气式燃烧（壁挂式）的实测 NO_x 排放量和鼓风式燃烧（容积式）的实测 NO_x 排放量。

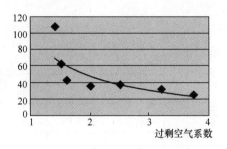
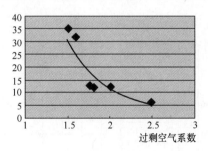

图 4-45　容积式燃气炉 NO_x 排放量　　　图 4-46　壁挂式锅炉 NO_x 排放量

实际测试结果表明，壁挂式燃气锅炉的燃烧单位体积天然气的 NO_x 排放量平均为容积鼓风式家用燃气锅炉的 50％左右，为大型燃气锅炉的 20％～30％左右。由于单位面积采暖耗气量少，SO_2、CO_2、CO 和烟尘等大气污染排放总量也比其他直接燃烧采暖方式低。其主要原因是过剩空气系数高，燃烧系统运行时间短，炉膛温度低，所以产生的 NO_x 排放量低。实际排放量与表 4-23 中欧美国家的家用燃气采暖炉 NO_x 排放标准比，壁挂炉 NO_x 排放达到了欧美国家低 NO_x 排放标准。但是，多数使用壁挂炉采暖的用户未对烟气进行有组织的排放，这会造成排烟口附近 NO_x 的浓度相对较高。

家用燃气采暖炉 NO_x 排放标准　　　　　　　　　表 4-23

国家	NO_x 排放标准	国家	高 NO_x 排放标准	低 NO_x 排放标准
美国	90ppm	日本	125ppm	60ppm
荷兰	60ppm	德国	113ppm	35ppm
克罗地亚	85ppm	奥地利	122ppm	61ppm

（6）排烟热损失

本研究用燃气燃烧烟气效率分析仪，对壁挂式和容积式两种类型的燃气采暖炉进行了测试，图 4-47、图 4-48 为 4 台壁挂炉的测试结果。图 4-47 为韩国庆东牌壁挂炉的测试结果，可以看出，其过剩空气系数 a 均不超过 2.0，排烟温度一般较低，实测的 4 台炉子的排烟温度均低于 90℃，排烟热损失较小，热效率也相对较高。图 4-48 为意大利依玛牌壁挂炉，过剩空气系数 a 为 2.48，排烟温度较高，排烟热损失较大，热效率相对较低。因此，不同厂家的壁挂炉在热效率方面差异较大，这与其产品特性紧密相关。

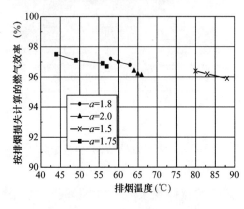

图 4-47　壁挂炉排烟温度

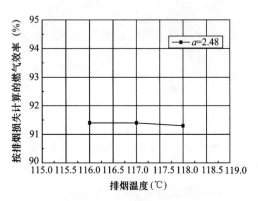

图 4-48　壁挂炉排烟温度

图 4-49 为容积式家用燃气采暖炉的实测结果。由图可以看出，所测的 4 台容积式家用燃气炉的排烟温度比壁挂式高，相应的热效率也低。其原因是无烟气预热，排烟温度高，排烟损失比壁挂炉高。

通过对壁挂式和容积式两种类型的燃气采暖炉测试，排烟热损失较小，热效率高。壁挂式锅炉的实际测试结果表明过剩空气系数在 1.5～2.5 之间，不同的炉子在不同的运行状态排烟温度为 55～135℃ 之间，按低热值计算采暖热效率在 91.5％～97％ 之间（炉体散热也被看作用于室内采暖），平均热效率在 95％ 左右，其原因是有烟气预热空气系统，排烟温度低换热面积大，有前强制鼓风系统，对流换热系数大。容积式由于无烟气预热，排烟温度高，排烟损失比壁挂炉高，实际测试结果表明容积式家用燃气炉过剩空气系数在 2.5～4 之间，不同的炉子在不同的运行状态下排烟温度为 55～135℃ 之间，采暖热效率在 87％～94.5％ 之间，平均热

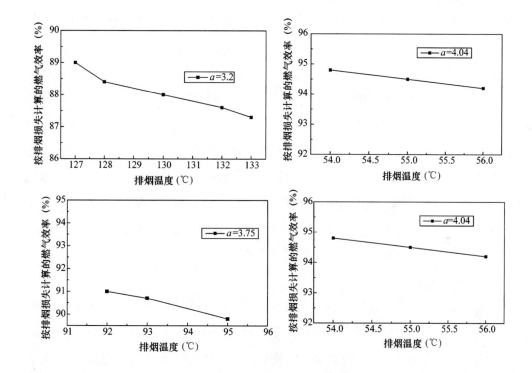

图 4-49 4 台容积式家用锅炉排烟温度

效率在 92% 左右，低于壁挂式，而且噪声大，NO_x 排放量高，占地面积大。

4.8.2 燃气壁挂炉采暖的探讨

（1）注意问题

全国在家用燃气锅炉的推广使用过程中，还存在一些问题，影响用户的正常使用，个别地区甚至出现安全问题，其主要原因如下：

1）壁挂锅炉的质量问题

家用燃气采暖锅炉生产质量不统一，有的保护系统不可靠或不完全，没有质保体系。安全使用培训不到位，售后服务不到位，出现故障时影响用户使用。随着国家行业标准《燃气采暖热水炉》CJ/T 228 的推广使用，家用燃气采暖锅炉按统一的生产质量标准生产，将解决这一问题。

2）燃气质量问题

应用人工煤气等杂质多的燃气时，这些燃气质量变化大，杂质多，易将换热器堵塞，产生不完全燃烧，热效率显著降低，甚至沉积在控制阀门的阀芯、阀座上，使阀门关闭不严，产生安全隐患，所以不宜用于壁挂炉。壁挂燃气锅炉宜采用天然气等洁净气源。

3）安全保护系统问题

安全保障问题，家用燃气锅炉产生爆炸的原因有两个。一是采暖系统水冻结，如在严寒地区，有的用户外出，将家用锅炉关闭使炉内结冰，再次使用时由于保护系统不完善，一旦点燃，由于系统内水不能循环，炉内水汽化产生压力，当压力达到一定程度就会产生爆炸，爆炸又会破坏燃气管道，造成漏气而引起燃气爆炸或火灾，因此要求家用燃气锅炉的防冻装置安全可靠。二是燃气泄漏而引起燃气爆炸或火灾，这就要求燃气系统的安装质量一定符合有关标准要求，应由专业人员安装，确保燃气不泄漏，并设可靠的燃气泄漏报警装置。

4）燃气供应系统问题

燃气采暖是季节负荷，存在季节高峰问题，燃气采暖负荷的计算还没有标准，需研究并制定有关计算标准。现有居民用户管道设计一般未考虑壁挂炉采暖负荷，燃气管网供气能力适应性问题需解决，在管网区大量安装家用燃气锅炉，由于其供气能力的限制，不能满足燃气锅炉采暖的需求。

5）烟气有组织排放问题

目前许多家用燃气锅炉烟气排放系统的安装不规范，不符合有关标准要求，排放物对室内外产生污染较严重，存在安全隐患。因此应加强排烟系统安装的管理。家用燃气锅炉烟气排放系统应符合《家用燃气燃烧器具安装及验收规程》CJJ 12—99等有关规范的条文及要求，确保烟气有组织地排放。

6）用户反映的问题

用户反映比较多的问题是供暖管道接头漏水、燃气炉噪声大、室内温度比集中供热低、采暖费用高等。其中，供暖管道接头漏水问题反映的人数最多，超过了调查总人数的五分之一。另外，少数住户还反映了其他相关问题：燃气锅炉有时出现故障维修不到位，墙角渗水，结露发霉，燃气炉排气污染，门窗封闭不严，系统防冻浪费燃气，燃气锅炉有安全隐患，容积式燃气锅炉占地面积大，散热器布置不合理，防冻无法外出，燃气炉频繁启动等。

出现这些问题的主要原因是新建小区在刚开始入住时，一些单户采暖系统不进行水压试验，所以刚开始用时接头漏水现象较多。在冬节开始时入住率低，一些用户的邻居未入住，所以围护结构的散热损失大，又因刚装修过，需经常开窗通风，这就造成用气量较大。由于燃气单户采暖，用户为了节省燃气，室内采暖温度平均低于集中采暖，因此位置不好的用户（特别是邻居未入住的用户）感觉到室内温度低，感到冷。由于房屋刚入住，在室温提高后，用石灰抹的墙面就会有水气析出，所以出现墙角渗水，结露发霉。当系统稳定时，系统防冻燃气用量很少，为了减少防冻燃气量，可以关小水循环系统的阀门，减少水流量，以减少燃气用量。当外出时间比较短时（1～2d），把锅炉设置在防冻状态即可。如果是在严寒地区长期外出，放锅炉的地方又会结冰，可以把系统的水放掉，再次使用时重新充水即可。燃气炉频繁启动这种现象属于炉子的特点。只要按规程生产、安装和使用，家用燃气锅炉不会有安全隐患。容积式燃气锅炉占地面积大，可选用快速式的。散热器布置不合理，可通过改进设计来解决。

（2）结论

根据以上分析得出以下结论。

1）节约能源

家用燃气锅炉效率高、功能多。单户燃气采暖具有很大的调节灵活性，使用完全独立，无锅炉房和热网损失。符合按热量收费的原则，可准确计量，用量可由用户自主控制，因而能促进能源的节约使用，这种供热系统的热效率高（一般在90％以上），避免了集中供热按面积收费造成的能源过渡浪费，节约燃气，同时采暖循环动力消耗低，节省电能。

2）节省投资和维护费用

发展采暖后充分利用现有燃气管网设施，扩大供气规模，降低单位供气量所需燃气输配系统的投资，同时降低供气成本。减少城市地下热网和简化建筑内的管道，减少投资和维护费用，单位采暖面积的投资相对少。

3）机动灵活建设和使用方便

对房地产开发商而言，建成的商品房很难一次全部卖出，就是同时卖出的房子，也很少一起入住。所以商品房往往都有一段入住率很低的时期，这种情况对集中供热是很难处理的，不供热用户会投诉，供热则能源浪费，亏损严重。而燃气分散采暖很好地解决了这一问题。甚至有的开发商利用燃气采暖的灵活性，房子卖出后再安装燃气采暖设备，既减少了资金占压，又避免了设备闲置而造成的一些不必要的浪费。在管道燃气够不到的地方，还可以利用液化石油气供应的灵活性，用钢瓶供气方式解决采暖问题。

4）减少污染物排放量

单户燃气采暖直接使用洁净的一次能源，由于单位面积耗气量少，二氧化硫、NO_x、烟尘和 CO_2 排放量比其他直接燃气采暖方式少，由于各种燃气采暖的烟气都是低空排放，单户燃气采暖的低空污染相对也较低。同时减少运煤与煤灰的交通噪声污染与飘尘污染。

5）运行安全可靠

现在，使用天然气的北京等城市，天然气单户分散采暖已经开始大面积使用，在这一采暖方式开始时出现的问题已得到解决，经过两年的调查研究没发现安全事故产生，是一种安全可靠的采暖方式，已开始被人们所接受。

提高天然气利用效率，减少污染物的排放量是保证可持续发展的关键，从节能、降低采暖费用和减少大气污染的观点看，高效壁挂燃气炉单户采暖是居民用户直接采暖的最佳方式。由于天然气质优价廉，采用单户分散采暖的平均运行费用与集中供热的费用相差不太多，居民家庭是能够承受的。

4.9　赤峰市工业余热应用于城市集中供热案例

4.9.1　工程背景介绍

位于赤峰市城区南部的赤峰市金剑铜业和远航水泥厂，距赤峰市城区发展较快且供热负荷密集的小新地组团（预期开发供热面积 600 万 m^2）仅 3km 之遥。远航水泥厂年耗电量约 1 亿度电，年耗煤量达 8 万～9 万 tce；金剑铜业年耗电量近 2 亿度电，年耗煤量达 6 万～8 万 tce。上述两厂都采用各种有效手段，包括增设余热发电项目等，进行有效的节能减排。目前两厂能源利用率与国内同行业相比处于较高的水平。但由于工业生产需要，实际工艺过程中依然存在大量的低品位余热无法直接就地利用，只能排放到环境中，造成能源浪费和环境污染。

因此，如果能有效地回收上述两厂低品位工业余热，并通过城区供热管网改造，将这部分余热应用于赤峰市城区采暖，对于工业节能减排，进一步提高能源利用率，降低城市能源消耗和解决赤峰市冬季供热热源紧缺等具有非常重要的意义。

而且该工业余热利用热源位于赤峰市环形供热区的西南部，处于负荷密集区。与赤峰市其他热源（中电投新城热电厂、富龙热电厂位于环形供热区北部，赤峰热电厂（B 厂）、京能煤矸石热电厂位于环形供热区东部）形成三方位热源三足鼎立，对目前赤峰市正在规划的环形供热网的经济运行也相当有利。

4.9.2　热源性质分析

通过现场调研得到金剑铜业和远航水泥厂内各个余热源的类型、温度范围和余热量，将两个工厂的余热热源绘制于图 4-50。

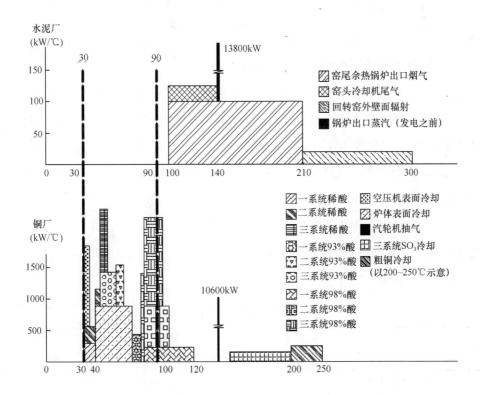

图 4-50　方案热源性质分析

（图中横坐标为热源温度，纵坐标为传热强度，面积为余热热量）

考虑热网回水温度 30℃，对于绝大多数热源可以直接经换热获取余热。而有些热源温度较低，或者热网水不可直接与热源进行换热，需要换热中间介质，而中间介质的温度较低，此时可考虑用吸收式热泵提高取热品位。

考虑热网回水温度30℃，对于绝大多数热源可以直接经换热获取余热。而有些热源温度较低，或者热网水不可直接与热源进行换热，需要换热中间介质，而中间介质的温度较低，此时可考虑用吸收式热泵提高取热品位。

（1）水泥厂热源

水泥厂余热热源列表   表4-24

序号	环 节	流量 (Nm³/h)	起点温度 (℃)	终点温度 (℃)	余热量 (kW)
1	窑尾余热锅炉出口烟气	265000	213	140	7699
2	窑头冷却机尾气	75000	140	90	1256
3	回转窑外壁面辐射	—	250	—	1818
4	汽轮机乏汽	25.4t/h	45	—	14510

其中，窑尾余热锅炉出口烟气成分：CO_2，24.2；O_2，0.15；CO，0.8；N_2，74.85；α，0.988；含水，5.66g/Nm³；窑头冷却机尾气含尘浓度：15.4g/Nm³。

水泥厂采用补气式发电机，发电蒸汽由两台余热锅炉产生，余热采集来自窑尾预热器出口烟气和窑尾冷却机中间段抽气。余热锅炉产生的高压蒸汽达到1.25MPa，同时窑头炉还产生0.2MPa的低压蒸汽用于汽轮机补气和一部分热水用于厂区采暖和生活用水。

以上列表中的数据为一条生产线的余热数据，远航水泥厂共有两条生产线，采暖季只运行一条，故按照一条线计算和分析。

（2）铜厂热源

铜厂余热热源列表   表4-25

序号	环 节	流量 (m³/h)	起点温度 (℃)	终点温度 (℃)	余热量 (kW)
1	SO_2冷却用稀酸－Ⅰ系统	258	40	31	2665
2	SO_2冷却用稀酸－Ⅱ系统	232	44	29	3997
3	SO_2冷却用稀酸－Ⅲ系统	870	51	43	7994
4	干燥酸（93%）－Ⅰ系统	240	65	58	3910
5	干燥酸（93%）－Ⅱ系统	480	62	56	7819
6	干燥酸（93%）－Ⅲ系统	800	57	43	9774
7	吸收酸（98%）－Ⅰ系统	480	119	80	7802

续表

序号	环　节	流量 （m³/h）	起点温度 （℃）	终点温度 （℃）	余热量 （kW）
8	吸收酸（98%）－Ⅱ系统	960	100	80	15603
9	吸收酸（98%）－Ⅲ系统	1600	97	78	26005
10	Ⅲ系统 SO₃ 冷却用空气	123000Nm³/h	200	25	7713
11	奥炉炉体冷却水	592	70	40	20632
12	转炉炉体冷却水	169	70	40	5895
13	阳极铜冷却水	203	70	60	2360
14	奥炉残渣		1400	70	22619
15	空压机冷却水	1100	35	30	6386
16	汽轮机乏汽	45	68	68	24846

其中，在制酸系统中，SO_2 冷却用稀酸可直接与热网水进行热交换。干燥酸和吸收酸只能与脱盐水换热，并且为了保证取热的安全性，热网水不能直接与浓硫酸进行换热。

在制酸Ⅲ系统中，由于制酸工艺流程设计不同于其他两个系统，SO_3 发生过程释放出的热量，没有直接利用于制酸工艺之中，而是用室外空气冷却降温；此处冷却过程需避免使用水冷，故利用此部分余热时，热网水只能与冷却空气换热，不可直接接触 SO_3 发生器。

在冶炼系统中，矿石在奥炉中熔炼，产生大量熔融矿渣直接通过喷水冷却排到渣池中；在阳极铜熔炼环节，浇注的阳极铜板，也通过喷水冷却。在这两个冷却过程中大量冷却水蒸发，留在冷却水池中的热量只留存了 10% 左右的总余热量。

冶炼过程中，炉体表面需要冷却以保证其不发生严重的变形。奥炉和转炉表面均设有冷却水套。由于水套内部受热不均匀，为防止局部气化，炉体冷却水的总出口温度不得高于 70℃。

4.9.3　取热方案

（1）水泥厂取热概述

水泥厂余热多以废气的形式出现，由于气－水换热过程的传热系数较水－水换热小得多，设备体量很大；另一方面，废气中含有少量水蒸气和烟尘，一旦废气降温发生凝水，会造成对换热设备的电化腐蚀。综合来看不宜将废气的取热下限温度设置得过低，在本方案中取为140℃。

水泥厂热源品位均较高，考虑各热源之间并联，每个余热环节均将热网水加热至供暖设计温度，最终出厂混水温度为94℃。

(2) 铜厂取热概述

铜厂热源在各个温度段均有分布，所以要想大幅度提升热网水温度，就需要将高低品位的热源串联使用。同时铜厂的热源点很多，在余热利用的过程中需考虑余热集中采集的问题，尽量避免管线来回交叉，造成过多的水利沿程损失。综合以上考虑铜厂取热以三套制酸系统为三条主线，根据梯级换热的原则将其他热源点换热后的热网水与酸系统换热的热网水相连接。

具体结构为：第一条线包含整个制酸Ⅲ系统和一个第二类吸收式热泵。Ⅲ系统稀酸和干燥酸热品位相近，二者并联作为加热第一级；然后分别串联经过Ⅲ系统吸收酸和Ⅲ系统SO₃冷却。之后进入一台第二类吸收式热泵，水温被提高至70.2℃，然后与铜厂其他两个取热支路出来的热水汇流。此处的第二类吸收式热泵采用阳极铜的循环冷却水作为中温热源，60~67℃。当前此循环冷却水通过开放式水池和冷却塔散热降温；采用第二类吸收式热泵，这些循环热水将流经吸收机的蒸发器和再生器释放热量，热量一部分从冷凝器排出，冷凝侧温度低，延用冷却塔制备低温的冷却水，经冷却水循环排出这部分热量，另一部分热量从吸收器排出，吸收侧温度最高，为热网水所利用的热源。

第二条和第三条线取热均分为两级，结构相同。先采用奥炉炉体冷却水和转炉炉体冷却水加热30℃的热网回水。这两股热水汇流之后又重新分流，分为两股与Ⅰ系统和Ⅱ系统的吸收酸冷却水换热。通过调整第一级炉体冷却水向酸冷却水汇流分配的比例，使得从两个系统吸收酸出口水温基本相等，避免混合损失。

经过Ⅰ系统和Ⅱ系统的吸收酸换热，出水温度可达77℃，这部分热网水与第一条取热线路的水汇流，水温达到73.4℃，这作为铜厂的基础供热，承担末端的基本负荷。

(3) 吸收机与蒸汽调峰

当室外温度降低，进入高寒期时，要求供水温度提高，这时采用第一类吸收机作为调峰热源。此处的吸收机采用铜厂和水泥厂的蒸汽作为驱动，蒸发侧冷源可以采用Ⅰ系统和Ⅱ系统的稀酸冷却水、Ⅰ系统的干燥酸冷却水。从冷凝器取出高温热。可将铜厂的出水温度从 75.7℃ 提高到 84.6℃。这样，就能保证整个供暖季 95％ 时段内的供热需求。

而为保证高寒期恶劣气候的供热，需要设置蒸汽直接加热作为临时的调峰手段，以提高供热保证率。对此需要设置一个供热能力为 12MW 的蒸汽换热器，所需蒸汽约 19t/h。

（4）取热总流程

根据以上论述，具体取热流程见图 4-51。

小结取热方案：总取热量 144MW，总水量 2055 m³/h。基础取热 107.6MW，供水温度 75℃。其中从水泥厂取热 12MW，出水温度 94.6℃，水量 160m³/h；铜厂取热 95.6MW，出水温度 73.4℃，水量 1895m³/h。严寒期第一类吸收机调峰，可保证 95％ 时段内的供暖需求，吸收机驱动取用水泥厂和铜厂的蒸汽，设计蒸汽量 28.8t/h；其中采用铜厂余热锅炉富余的蒸汽 20t/h，水泥厂蒸汽 8.8t/h。对于高寒期恶劣天气，设计供热能力 12MW 蒸汽换热器，所需蒸汽约 19t/h，以提高供热保证率。

在吸收机调峰阶段，设计了三套大温升吸收式热泵，其冷源是Ⅰ系统和Ⅱ系统稀酸冷却水和Ⅰ系统干燥酸冷却水。按照设计结果，每台热泵可提供 8.2MW 热量，根据调峰量的变化，依次打开（或关闭）低温热源：Ⅰ系统干燥酸冷却水，Ⅱ系统稀酸冷却水和Ⅰ系统稀酸冷却水。通过调整吸收机台数和蒸汽量达到调峰的目的。

在整套取热方案中，两个工厂的余热发电机的乏汽冷凝热也不作为利用范围。这主要是考虑到已有发电机组的乏汽冷凝器是按照 20/40℃ 的冷却水设计的，其平均换热温差较大，设计冷凝器的换热面积有限。如果方案考虑利用此余热换出接近乏汽温度的水，则在不影响发电的情况下要求成倍增加冷凝器换热面积，这在实际现场改造中是很难实现的。另一方面，如果利用此余热做小温差提升（温差小于 10℃），则系统中将没有足够的高温热源将这部分水提升到足够供暖需求的温度。

4.9.4　供热方案

（1）热网结构

针对一次网供回水参数 90/30℃，设计梯级供热的末端结构，如图 4-52 所示。

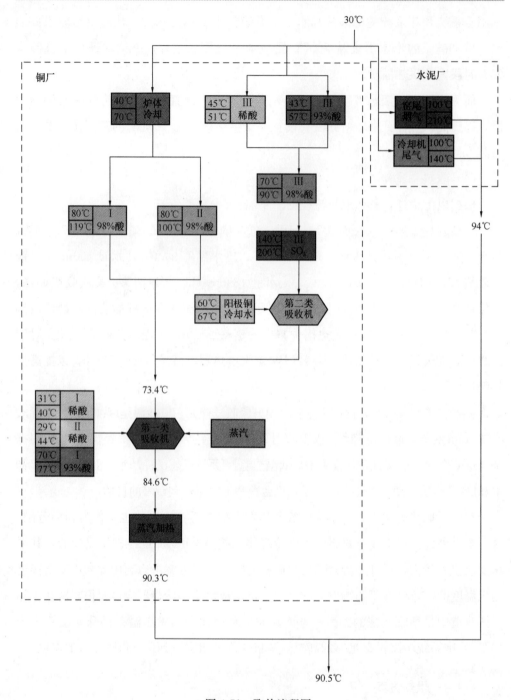

图 4-51　取热流程图

(每一个方框代表一个余热热源，热源侧面的两个温度为热源经换热设备的进出口温度；

Ⅰ、Ⅱ和Ⅲ分别代表三套制酸系统)

梯级末端包含三个串联级，从高温到低温依次为：二次网间连换热，连接普通暖气片末端；主网（一次网）直连供热，连接普通暖气片末端；主网直连供热，连接辐射地板末端。

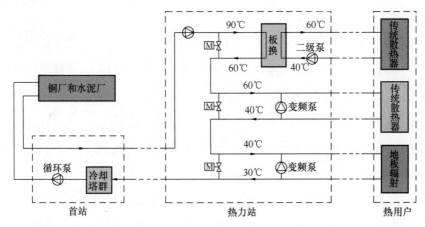

图 4-52　梯级供热末端系统图

在设计工况下，主网供水温度 90℃，回水温度 30℃，对应这三级末端分别为：第一级间连暖气片，通过板式换热器与主网热水换热，主网水温从 90℃ 降至 60℃，对应二次网供水温度 60℃，回水温度 40℃，末端设计温差 20℃；第二级直连暖气片，主网第一级换热后 60℃ 的热水不经换热直接给末端用户供热，同样设计末端温差 20℃，则回水温度为 40℃；第三级直连地板辐射，与第二级结构类似，上一级 40℃ 的回水作为地板辐射采暖的供水，设计末端温差 10℃，则回水温度为 30℃。

这样经三级末端采暖，即可使主网回水温度降至 30℃，达到工厂余热采集的低温要求，三类末端的面积比例为 3：2：1。

（2）热力站调节与控制

根据热源取热计算的结果，在没有使用任何调峰措施时，两个工厂的总供水温度为 75℃。这意味着无论末端负荷如何变化，总是从这两个工厂中取出 107.6MW，75℃ 的热量；只有当末端负荷大于 107.6MW 时，需使用调峰手段以提高供水温度。

当末端负荷较小，所需的热网供水温度低于 75℃ 时，通过调节各级末端的旁通阀，减少实际流经末端的供热热水量，来达到负荷调节的目的。同时，由于第二级和第三级末端为热网直连，当旁通一部分主网水时，用户水量会减少，从而可能引发水力失调和热力失调，影响供热保证率。此时需要开启换热站内的混水泵，以保证末端水量。

（3）首站调节供回水温度

与热源恒定供热量的性质不同，采暖用户末端负荷随着室外温度而变化。设计外温−20℃时末端满负荷，供水温度90℃；外温8℃时末端40％负荷，以回水温度30℃为基准，供水温度54℃。

两个工厂提供的基础热量对应温度为75℃。当外温不低于−8.3℃时，末端负荷率不超过75％，75℃的供水可以保证整个末端的采暖需求。但整个供暖季仍有30％的时间（约55d）不能保证，需要采用调峰措施提高供水温度。

为简化供热控制调节过程，增强供热保证性，根据赤峰历史气象数据制定控制时间表，按照时间予以调峰，对于突发性极冷天气，可临时提前开启调峰。制定供热调节时间表见表4-26，分为三个时段。

末端运行时间表

表 4-26

供热阶段	运行时间段	累计天数（d）
基础供热	10月15日～4月15日	183
吸收机调峰（1台）	12月15日～2月13日	60
吸收机调峰（2台）	12月25日～2月3日	40
吸收机调峰（3台）	1月1日～1月20日	20
加开蒸汽调峰	1月1日～1月10日	10

在调峰过程中，由于吸收机的出力随着日均外温变化，对蒸发侧冷源的需求量也是在变化的。但从各个余热点引流来的冷却水不能随着负荷的变化而做较大的变动，这将导致实际调峰时的供水温度比需求的供水温度高一些。不过这并不影响供热效果，不会因此处供水温度略高而导致房间过热。只是可能出现调峰阶段，热网回水温度可能略高于30℃，仍需采用首站冷却塔略作冷却。

因工业生产中部分加工过程对温度有较严格的工艺要求，并且取热过程存在串联结构，所以为保证余热利用不影响生产工艺水平，保障生产安全，需确保进入工厂的水温不高于30℃。而当末端负荷小于107.6MW时，热网回水温度将高于30℃。这不能满足工厂内的取热水温要求。采用冷却塔将此部分回水降温至30℃，再输送至工厂。

末端大多数时候部分负荷，工厂提供的热量多于热用户所需求的热量，此时还要保证回水温度降低到 30℃，就需要在热力站内设置冷却塔。考虑最小的末端负荷率为 20%，那么首站需要配置一套冷却能力达 83.6MW 的冷却塔。其补水容量为 120t/h，冷却塔风机容量约为 560kW。

该冷却塔群可等分为三组，每组冷却容量 28MW。风机风速采用高低档调节。对整个塔群设置一个总旁通管。按照以下策略控制热网总回水温度冷却至 30℃。

（4）供热过程小结

小结末端运行调节的基本过程，从两个工厂供应 77℃ 的热水可保证末端不超过 77.8% 的负荷需求。末端负荷率低于 77.8% 时需要用冷却塔将用户回水温度冷却至 30℃，冷却塔设计容量为 83.6MW。末端负荷率高于 77.8% 时需要采用吸收式热泵调峰，提高供水温度，设计额定调峰供热能力 32.1MW，所需驱动蒸汽量为 31.2t/h，整个调峰时段内 70% 的时间只需不超过 17.8t/h 调峰蒸汽。

整个供暖季内，从工厂总共取热 182.2 万 GJ，调峰补充蒸汽 1.15 万 t，部分负荷冷却塔排出热量 62.4 万 GJ，占总取热量的 27%。

4.9.5　节能效益评估

（1）余热供暖对工厂能源利用率的影响

这两家工厂生产用能均以烧煤为主，其中水泥厂全部依赖原煤，铜厂冶炼与制酸能源来自原煤，阳极铜电解消耗电能。通过现场调研得到这两家工厂生产能源利用率，水泥厂生产熟料占总能耗的 56.6%（图 4-53）；铜厂制铜和制酸分别占总能耗的 11.3% 和 15.3%，总共生产能源利用率为 26.6%（图 4-54）。

现阶段两个工厂都采用了余热锅炉蒸汽发电来回收工业生产余热，水泥厂利用窑头和窑尾高温烟气余热，设置 2 台 4.5MW 的补气式发电机组，铜厂利用奥炉内高温 SO_2 烟气余热，设置 1 台 6MW 的发电机组；发电效率在 25%～28% 之间。考虑余热发电计入工厂的能源总利用率，现阶段水泥厂的总能源利用率为 61.2%（图 4-55），铜厂的总能源利用率为 30.0%（图 4-56）。

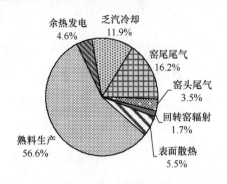

图 4-53　水泥厂能源利用拆分

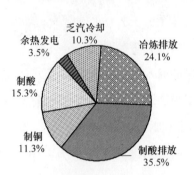

图 4-54　铜厂能源利用拆分

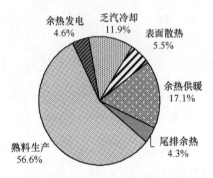

图 4-55　水泥厂余热利用拆分

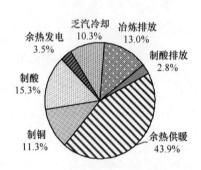

图 4-56　铜厂余热利用拆分

工厂余热利用于城市供暖之后，可提升工业生产的能源利用率。按设计工况计（以 MW 为能耗单位），水泥厂余热占总能耗 38.8%，余热利用改造后，余热利用率为 44.1%，在采暖季可将水泥厂的能源利用率提高至 78.3%。铜厂余热占总能耗 70.0%，余热利用改造后，余热利用率为 62.7%，在采暖季可将铜厂的能源利用率提高至 73.9%（图 4-57）。该能源利用率在同等行业名列前茅。

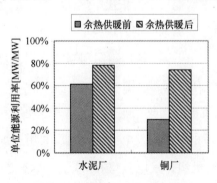

图 4-57　单位能源利用率变化

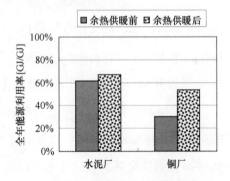

图 4-58　全年能源利用率变化

以赤峰全年 6 个月采暖季计算，采用余热供暖工程之后，两个工厂的全年能源利用率（以 GJ 为能耗单位）也将有所提升。水泥厂年能源利用率由 61.2% 增长至 66.9%，提升 5.7%；其中冬季只开一条生产线，夏季运行两条线。铜厂年能源利用率由 30% 增长至 53.8%，提升 23.8%（图 4-58）。

（2）工业余热采暖与锅炉供热的比较

余热采暖工程方案供热能力 144MW，可以提供约 250 万 m² 供暖需求。与同等供热能力的热水锅炉相比较，需建设一台 160t 热水锅炉和一台 80t 热水锅炉，两台锅炉每年燃烧供热煤❶ 14.5 万 t。取原煤价格 250 元/t❷，每年燃煤所需投资 3625 万元，考虑煤渣处理等费用，每年燃煤投资近 5000 万元。而本工程运行管理简洁，运行过程无需大量投入人力和资金。并且该工程每年节约供热煤 14.5 万 t，折合 7.03 万 tce，每年可减少 CO_2 排放 19 万 t，减少 SO_2 排放 1930t。

另一方面，整个供暖季中工厂主要依靠冷却水循环进冷却塔排放工业余热。排放这些工业余热，现阶段供暖季内工厂失水量为 34.4 万 t；采用余热采暖工程后因调节末端负荷需冷却降低回水温度，供暖季内冷却塔冷却失水量为 7.5 万 t 水。一个供暖季节水 26.9 万 t。

---

❶　褐煤热值 3400kcal/kg。
❷　2010 年内蒙古锡林浩特白莲花煤矿价格。

附录　中国建筑能耗模型介绍

为了科学有效地开展节能工作，需要获得完整系统的建筑能耗统计数据，将建筑总体按用能特点分解为不同的类别，分别研究各类建筑的能耗数据和用能特点。而我国现有的能源统计方法与国际通行做法有较大差异，不能直接提供相关能耗统计数据；通过对能源统计数据的分析及建筑能耗调查，国内一些科研院所能够给出部分的建筑能耗数据，但仅能反映某些特定地区、特定建筑或特定用途的能耗状况，对我国建筑能耗状况缺乏系统和全面的认识，难以作为开展建筑节能工作的准确依据。

因此，有必要建立适合我国国情的建筑能耗数据的研究方法，通过建立数据模型对我国的建筑能源消耗状况进行定量研究，分析宏观的建筑能耗总体数据和微观的各类建筑的用能特点，从而全面了解我国建筑能耗现状、发现建筑用能存在的问题、找出节能潜力，以指导我国建筑节能工作的开展。

1　概　　况

（1）研究目的

建筑能耗模型的研究目的是获得能耗数据，掌握建筑能耗的历史发展过程和现状，并预测未来的变化情况，进而指导建筑节能的研究和实践工作。具体说来，研究目的包括两方面：

1）认识现状

能够将影响能耗的各种因素反映到模型中，能够通过参数的变化来影响因素的改变，从而量化研究影响因素改变对建筑能耗的影响。此外，能够研究未来各种情景下，当影响因素发生变化时的建筑能耗大小。其中，要考虑的影响因素主要包括六个方面，即气候、建筑面积、建筑物特性❶、系统形式、建筑用能设备的使用情况❷，以及建筑实际提供的室内环境。

2）指导实践

能够反映不同节能措施实施后，建筑能耗的变化情况，从而定量研究不同措施的节能效果。对应于建筑能耗的影响因素，可将节能措施归纳为五个方面：控制建筑面积、提高建筑物的节能性、提高用能设备的效率、加强节能管理，以及提倡行为节能。

（2）构建原则

为了实现以上目的，建筑能耗模型的构建贯彻以下几个原则：

1）基于对各类建筑用能情况和能耗情况的研究，构建完整的中国建筑用能框架，通过详细的多级分类和计算公式，体现建筑能耗各个影响因素的关系。

2）计算尺度以年为单位（冬季采暖以采暖季为单位），由于输入数据资料限制，本模型目前能够计算 1996～2008 年的中国建筑能耗。

3）考虑到气候因素和行政区划的影响，在计算时，以省级行政区为单位，对建筑能耗进行计算。

4）对住宅或公共建筑的能耗特点进行刻画，这就要求不能简单给出能耗的平均值，而是用特征值或社会分布来体现。

（3）参数描述

模型计算使用的参数，从参数性质来看，可分为强度量、状态量、分布量和广延量四大类。其中，强度量指描述单位面积（或户均、人均）的服务需求量或能源消耗量；状态量指各种设备的效率、与用能系统运行方式和能效有关的系数；分布量体现的是不同的生活模式造成的不同人群或不同能耗水平的社会分布；广延量指的是各类建筑的面积。

从获取途径和参考资料来源看，模型用到的参数主要来源于各种统计年鉴、一些与能耗相关的社会调查结果以及其他研究资料。

从数据的可靠性看，根据来源和获取方式，可将模型所用数据可靠性分为三

---

❶　建筑物的体形系数、朝向、保温性能、通风性能、遮阳性能、采光性能等，都对建筑环境的营造有直接影响。其中最为明显的是保温性能对冬季采暖能耗的影响，这也是节能工作的重点。

❷　指的是设备的开启时间、使用方式等。

类，以 A、B、C 表示，其中 A 表示数据取值有确凿的资料来源，误差小；B 表示数据的取值通过确凿的资料进行的计算或根据实际情况进行的模拟，较为可靠；C 表示估算结果，可靠性较差。

(4) 能源换算方法

建筑能耗涉及不同种类的能源（电力、燃煤、燃气、生物质能），模型给出能耗计算结果时，保留不同种类能源的初始量，如果需要加总，电力消耗按发电煤耗法折合为标准煤，折合系数参考当年全国平均火力发电煤耗，折算系数如附表 1 所示；燃煤、燃气、燃油等燃料，以及生物质能，按其各自的低位发热量折合为标准煤，换算系数如附表 2 所示。

1996～2007 年中国逐年火电发电煤耗（gce/kWh） 附表 1

年份	1995	1996	1997	1998	1999	2000	2001	2002	2003	2004	2005	2006	2007	2008
发电煤耗	369	377	375	373	369	363	357	356	355	354	347	341	333	326

能源计量单位换算表 附表 2

燃料名称	低位发热量		折标煤系数	
标煤	29271200	J/kg	1.0000	kgce/kg
原煤	20908000	J/kg	0.7143	kgce/kg
天然气	38930696	J/m³	1.3300	kgce/m³
原油	41816000	J/kg	1.4286	kgce/kg
液化石油气	50179200	J/kg	1.7143	kgce/kg
煤气	16726400	J/m³	0.5714	kgce/m³
热力	1000000	J/MJ	0.0342	kgce/MJ
木炭	26344080	J/kg	0.9000	kgce/kg
木柴	17562720	J/kg	0.6000	kgce/kg
秸秆	14635600	J/kg	0.5000	kgce/kg
电力（热力当量）	3600000	J/kWh	0.1230	kgce/kWh
电力（发电煤耗）	按当年全国平均火电发电标准煤耗计算			

2 整 体 结 构

模型一共分五个计算模块，如附图 1 所示。

根据我国特点，将能耗计算分别由北方城镇采暖用能、城镇住宅采暖外用能、公共建筑采暖外用能，以及农村住宅用能四个模块计算，根据各类用能的特点，采用自下而上（bottom-up）的原则进行计算；四个能耗模块计算所需的建筑面积、户数和人数等信息由建筑和使用者数量模块提供。

（1）建筑和使用者数量模块

根据几类建筑用能的特点，提供逐年、各省不同分类的建筑或使用者数量。计算城镇住宅12类建筑面积，作为北方城镇采暖能耗和城镇住宅能耗模块的基础；为公共建筑能耗模块提供15类建筑的面积；为农村住宅能耗模块提供不同规模、不同能耗水平家庭的人口数和户数。

（2）北方城镇采暖用能

指的是采取集中供热方式的省、自治区和直辖市的冬季采暖能耗，包括各种形式的集中采暖和分散采暖。包括：北京市、天津市、河北省、山西省、内蒙古自治区、辽宁省、吉林省、黑龙江省、山东省、河南省、陕西省、甘肃省、青海省、宁夏回族自治区、新疆维吾尔自治区、西藏自治区。能源种类方面，模型考虑燃煤、天然气和电力消耗。

（3）城镇住宅用能（不包括北方采暖）

指的是除了北方省份的采暖能耗外，城镇住宅所消耗的能源。从终端用能途径上，包括家用电器、空调、照明、炊事、生活热水，以及非北方省份的分散采暖。城镇住宅使用的主要能源种类是电力、燃气和燃煤，模型分别给出其消耗的数量。

（4）公共建筑用能（不包括北方采暖）

指公共建筑内由于各种活动而产生的能耗（除采暖外），包括空调、照明、插座、电梯、炊事、各种服务设施，以及特殊功能设备的能耗。对于公共建筑内的电力和天然气，模型分别给出其消耗量。

（5）农村住宅用能

指农村家庭生活所消耗的能源。从终端用能途径上，包括炊事、采暖、降温、照明、热水、家电。农村住宅使用的主要能源种类是电力、燃煤、

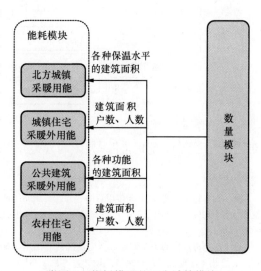

附图1　能耗模型的五个计算模块

燃气和生物质能（秸秆、薪柴）。

3　分模块计算说明

3.1　建筑和使用者数量模块

3.1.1　城镇住宅面积

城镇住宅建筑面积模块，提供"逐年"年底"各省""12类"建筑存量面积，其中：

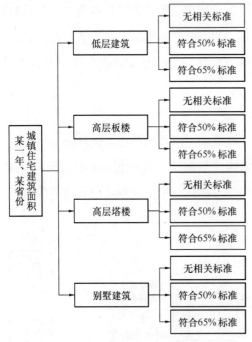

附图2　城镇住宅建筑的分类

（1）"逐年"，指1996～2008年中的每一年份的相应建筑面积；

（2）"各省"，指中国31个省份（不含港澳台地区）以及全国总建筑面积，反映了气候差别对建筑能耗的影响；

（3）"12类"建筑，考虑影响建筑能耗的其他因素，按"建筑体型"与"围护结构"情况对中国建筑进行的分类。其中，"建筑体型"有四类，包括"低层建筑"、"高层板楼建筑"、"高层塔楼建筑"与"别墅建筑"。"围护结构"指的是符合居住建筑节能标准中规定的围护结构性能的情况，包括"符合65％标准❶"、"符合50％标准❷"、"不符合节能标准"。具体的分类如附图2所示。

---

❶　65％标准指的是2005年以后一些省、市颁布的地方性节能设计标准，以及2010年《居住建筑节能设计标准》（JGJ 2—2010、JGJ 134—2010）。"65％"指的是采暖空调能耗比1980～1981年的住宅采暖能耗降低65％。

❷　50％标准指的是以节能50％为目标的《民用建筑节能设计标准》（采暖居住建筑部分）（JGJ 26—95）、《夏热冬冷地区居住建筑节能设计标准》（JGJ 134—2001）、《夏热冬暖地区居住建筑节能设计标准》（JGJ 75—2003）。

模型的基本研究对象为"某年""某省"当年建成的"某类"建筑存量。模型以每年每省作为单位，考察各类建筑面积存量：

当年年底存量面积=上一年年底存量面积-当年拆除面积±当年改造面积

因此，建筑拆除、改造等活动，对某类建筑面积的影响，可以动态地反映在模型中，示意如附图3所示。

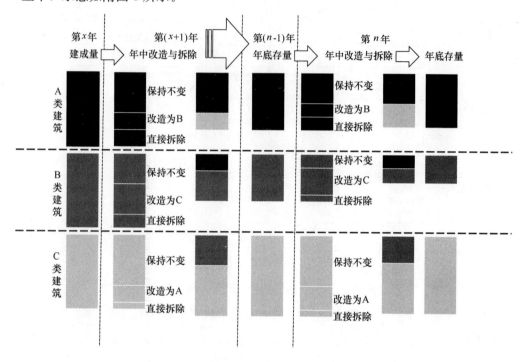

附图3 城镇住宅各类建筑逐年变化方式

在此基础上，当需要获得"第 n 年"年底"A 省""12 类"建筑存量面积时，只需将"第 1 年"至"第（n-1）年"的"A 省"当年建成的"12 类"建筑在"第 n 年"的存量情况直接相加，即可，如附图4所示。

为完成"逐年"年底"各省""12 类"建筑存量面积的计算，采用了如附图5所示的计算思路，分为三步：

首先，获取"逐年"、"各省"城镇住宅建筑面积情况，具体如下：

（1）从逐年《中国统计年鉴》获取逐年、各省城镇住宅建筑新建面积；

（2）从逐年《中国统计年鉴》获取逐年、各省城镇住宅建筑存量面积；当年新增面积＝当年存量面积－上一年存量面积；

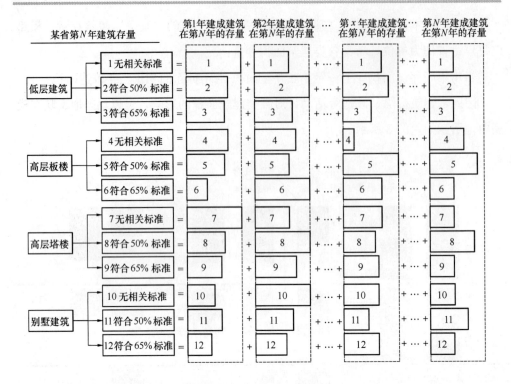

附图 4　某省第 N 年城镇住宅建筑存量构成

（3）逐年、各省城镇住宅建筑拆除面积＝新建面积－新增面积；

（4）在这一层面，由于未做住宅类型的区分，因此，不考虑改造面积。

其次，获取四类"建筑体型"的城镇住宅建筑面积的新建、拆除、改造情况，具体如下：

（1）对每年新建住宅面积进行类别拆分：

1）从《中国别墅 2007 年发展分析》（CREIS，2008）获取"逐年"、全国"别墅建筑"占总建筑面积比例。根据人均消费水平，估算各省的别墅建筑所占的比例。

2）从《高层住宅市场分析》（CREIS，2008）获取"逐年"、全国"高层建筑"占总建筑面积比例。根据人均消费水平，估算各省的高层建筑所占比例，以及高层中塔楼与板楼的比例。

3）低层建筑＝存量面积－别墅－高层板楼－高层塔楼。

（2）获取拆除面积：拆除面积＝新建面积－新增面积。

（3）获取改造面积：改造指的是建筑围护结构的变化，在建筑体型之间不存在

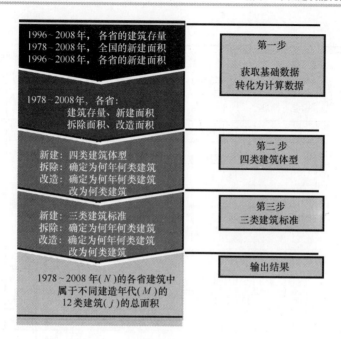

附图 5　城镇住宅建筑面积计算思路

改造情况。

再次，获取三类"围护结构"的城镇住宅建筑面积的新建、拆除、改造情况，具体如下：

（1）根据中国住房和城乡建设部从 2005 年年初起，每年颁布的"建筑节能审查"项目结果，获得"逐年"、"各省"的新建建筑中"符合 65％标准"与"符合 50％"标准的建筑占总新建建筑面积比例。由于数据不全，部分省市为估算结果。

（2）根据住建部的"建筑节能审查"项目结果，获得"逐年"、"各省"改造情况数据。改造总面积近 1 亿 m^2。

通过上述三个步骤，可以完成模型计算，获得"逐年"年底"各省""12 类"建筑存量面积。附表 3 和附表 4 所示为城镇住宅面积计算结果。

2008 年各省 12 类住宅建筑存量面积（万 m^2）　　　　附表 3

地区	低层建筑			高层板楼			高层塔楼			别墅建筑			合　计
	无相关标准	符合50％标准	符合65％标准	无相关标准	符合50％标准	符合65％标准	无相关标准	符合50％标准	符合65％标准	无相关标准	符合50％标准	符合65％标准	
北京	19065	1336	691	2629	1148	1397	3943	1722	2096	381	148	175	34733

续表

地区	低层建筑			高层板楼			高层塔楼			别墅建筑			合　计
	无相关标准	符合50%标准	符合65%标准	无相关标准	符合50%标准	符合65%标准	无相关标准	符合50%标准	符合65%标准	无相关标准	符合50%标准	符合65%标准	
天津	9907	614	345	1079	334	472	1618	501	707	151	35	44	15809
河北	33412	4105	1376	4208	1373	1011	6313	2059	1517	498	128	76	56076
山西	25703	1279	0	2912	780	0	4369	1171	0	299	54	0	36567
内蒙古	16944	1108	0	2436	569	0	3654	853	0	248	47	0	25860
辽宁	34554	2233	1448	2605	926	1379	3907	1389	2069	335	86	109	51040
吉林	18764	1521	544	1487	454	395	2230	682	593	197	42	29	26939
黑龙江	30714	2321	327	3176	620	134	4763	929	201	394	62	11	43650
上海	23537	603	0	6707	1232	0	10060	1848	0	1157	190	0	45334
江苏	59138	2885	0	13407	3562	0	20111	5343	0	1493	319	0	106257
浙江	39487	914	0	8317	742	0	12476	1113	0	1089	85	0	64222
安徽	25064	937	0	3740	692	0	5610	1039	0	377	49	0	37508
福建	24185	1252	0	5364	1277	0	8046	1915	0	596	116	0	42751
江西	21871	496	0	2434	206	0	3651	309	0	263	15	0	29246
山东	50656	6038	0	8859	5254	0	13289	7881	0	969	469	0	93415
河南	35449	4579	1360	3969	1540	832	5953	2310	1249	455	143	66	57903
湖北	35410	919	0	3632	678	0	5448	1017	0	424	53	0	47581
湖南	36586	1287	0	5504	1147	0	8256	1720	0	622	79	0	55200
广东	67164	1389	0	17854	2441	0	26781	3662	0	2291	266	0	121847
广西	22718	796	0	2499	299	0	3748	449	0	308	25	0	30841
海南	4586	83	0	440	67	0	661	100	0	46	4	0	5987
重庆	16744	1503	0	3361	1489	0	5041	2234	0	351	125	0	30848
四川	48363	1866	0	6132	1174	0	9199	1761	0	684	87	0	69267
贵州	10995	283	0	1435	209	0	2153	313	0	147	15	0	15551
云南	17300	501	0	2477	270	0	3715	405	0	273	21	0	24962
西藏	1034	140	0	300	110	0	451	164	0	25	7	0	2232
陕西	18914	1749	0	2687	863	0	4031	1294	0	277	68	0	29883
甘肃	12630	1064	0	1547	419	0	2321	628	0	165	33	0	18807
青海	2533	514	179	226	239	142	338	358	214	27	18	9	4796
宁夏	4263	209	0	623	139	0	935	208	0	63	11	0	6449
新疆	12341	767	0	1567	361	0	2350	542	0	164	27	0	18118
合计	780031	45291	6270	123613	30614	5762	185421	45919	8646	14769	2827	519	1249679

1996～2008 年各省城镇住宅存量面积（万 m²）　　　　附表 **4**

地区	1996	1997	1998	1999	2000	2001	2002	2003	2004	2005	2006	2007	2008
北京	11741	12451	13184	14211	15196	20109	22008	23848	26200	28922	31046	32958	34733
天津	6804	7096	7412	7831	8404	11202	11897	12575	13465	14043	14876	15625	15809
河北	14350	13692	14670	15914	16958	28017	31347	42375	47798	52231	53964	55523	56076
山西	8452	9144	10196	11106	11695	24108	26261	27173	28276	28664	31912	34835	36567
内蒙古	6786	7040	7450	8013	8578	14003	15144	17309	19819	21799	23536	25099	25860
辽宁	28102	23784	30500	28965	30841	33982	38234	40488	42615	44978	47546	49857	51040
吉林	10838	11437	12170	13364	14362	18423	20747	22239	23967	25412	26146	26806	26939
黑龙江	17919	18562	19315	20443	21588	27079	32612	36803	42444	44504	44556	44602	43650
上海	13135	15116	17416	19310	20864	23474	27017	30560	35211	37997	40857	43431	45334
江苏	21386	22140	23467	25686	27731	37785	78465	75240	62600	75837	87637	98258	106257
浙江	22418	20009	21027	22241	23512	32253	45694	50450	56153	74663	61572	61572	64222
安徽	9026	9617	10246	10888	11554	18936	20553	22481	28335	30980	33746	36236	37508
福建	8301	9194	9807	10808	11757	20090	22706	25076	30246	32307	36092	39498	42751
江西	7102	7895	8460	8677	9232	18815	20320	22412	25151	28004	28699	29324	29246
山东	23320	25423	27818	29596	31607	41250	50955	60592	60665	69943	79787	88647	93415
河南	14302	15854	17246	18013	19504	31200	33696	35576	49562	56629	57506	58295	57903
湖北	20781	21827	24146	24433	26580	34820	38486	39256	41717	43780	45893	47795	47581
湖南	11735	12368	13689	13883	15749	25514	37035	52422	42768	45303	49090	52498	55200
广东	21850	38050	42142	41242	34895	64262	74890	80755	91519	100395	108883	116522	121847
广西	8118	8733	9310	9963	10590	18065	19417	21399	25448	39107	28401	28401	30841
海南	2561	2809	3034	3215	3359	3934	4365	4748	5059	5431	5705	5952	5987
重庆	5931	6525	7346	7972	8966	12912	14816	16879	21210	23112	26228	29033	30848
四川	19613	14888	16090	17806	19640	34541	46478	50000	53142	55714	59569	63038	69267
贵州	3603	4012	4241	4545	4845	10517	11260	11280	11341	12817	13963	14994	15551
云南	4872	5063	5531	6319	7082	13850	14604	15588	19627	22622	23222	23762	24962
西藏	447	458	546	549	559	633	783	782	1083	1145	1588	1987	2232
陕西	6109	6493	6938	7624	8785	15010	18717	19954	20835	21804	24629	27171	29883
甘肃	4415	4656	5134	5151	6151	11353	12228	13316	13966	15172	16425	17553	18807
青海	869	934	1021	1122	1207	2940	2508	2675	3000	3300	3845	4336	4796
宁夏	1331	1440	1568	1714	1844	3133	3453	4070	4576	4986	5518	5997	6449
新疆	5116	5537	6200	6727	7354	11159	11974	12797	13822	15298	16477	17538	18118
全国	341333	362247	397320	417331	440989	663369	808670	891118	961620	1076899	1128914	1197143	1249679

以 12 类建筑面积的计算结果为基础，可以给出北方城镇采暖和城镇住宅的建筑面积。

其中，北方城镇采暖利用不同围护结构的建筑面积数据，进一步给出各种围护结构建筑中，使用了热计量的面积比例，并与不同热源形式相结合。处理方法如下（简化处理的前提是认为热计量建筑和三步节能建筑在各种热源形式的供热范围内是均匀分布的）：

（1）某热源形式热计量的建筑面积＝热计量的总建筑面积×该热源形式供热面积÷（总供热面积－分散采暖供热面积）

由于户式燃气炉、户式小煤炉、空调分散采暖和电采暖四种分散采暖方式不进行热计量，故应从总面积中扣除。

（2）某热源形式某种围护结构的建筑面积＝该围护结构的总建筑面积×该热源形式供热面积÷总供热面积。

3.1.2　公共建筑面积

由于城镇公共建筑的能耗因建筑功能不同而区别较大，故按照能耗特征将公共建筑细分为类，见附表 5 所示。

公共建筑分类与编号　　　　　　　　　　　　　附表 5

公共建筑分类		编号	包含建筑类型
办公建筑	大型行政办公建筑	C1	国家机关办公建筑
	大型商务办公建筑	C2	商务办公楼
	一般办公建筑	C3	小型办公楼
商场超市建筑	大型商场类建筑	C4	综合性商场、购物中心、超市、零售店等
	一般商场类建筑	C5	
酒店建筑	大型酒店建筑	C6	商务酒店、快捷酒店、招待所等
	一般酒店建筑	C7	
校园建筑	大型教育建筑	C8	大、中、小学教学楼、办公楼、实验楼等
	一般教育建筑	C9	
医疗建筑	大型医疗建筑	C10	住院楼、门诊楼、私人诊所等
	一般医疗建筑	C11	
文化娱乐类建筑		C12	展览馆、图书馆、影剧院、博物馆、文化宫等
金融服务类建筑		C13	除商场和酒店类的商业金融类其他建筑，如金融服务、餐饮、洗浴等

续表

公共建筑分类	编号	包含建筑类型
体育类建筑	C14	体育场、体育馆等
其他类建筑	C15	文物建筑等

说明："大型"一般指单体面积大于 1 万 m^2 并采用中央空调系统的大型公共建筑；"一般"指主要使用分体空调或单体面积小于 1 万 m^2 并使用中央空调的公共建筑。

公共建筑总面积是指各省（市、自治区）1997～2010 年的 15 类公共建筑总面积，如附表 6 所示。15 类公共建筑分类建筑总面积，如附表 7 所示（以 2007 年为例）。

各省逐年公共建筑总面积（亿 m^2）　　　　　　　　　　　**附表 6**

省市	1997	1998	1999	2000	2001	2002	2003	2004	2005	2006	2007
北京	1.19	1.25	1.32	1.39	1.76	1.85	1.93	2.03	2.16	2.32	2.32
天津	0.69	0.70	0.72	0.74	0.63	0.68	0.67	0.74	0.85	0.96	0.96
河北	1.26	1.32	1.36	1.44	2.03	2.48	2.40	2.09	2.17	2.21	2.21
山西	0.80	0.89	0.89	0.91	1.93	1.88	1.17	1.21	1.21	1.28	1.28
内蒙古	0.59	0.61	0.62	0.64	0.89	0.94	1.07	1.18	1.30	1.36	1.36
辽宁	1.76	2.22	2.07	2.16	2.37	2.57	2.68	2.83	2.92	3.02	3.02
吉林	0.77	0.82	0.87	0.93	1.06	1.16	1.20	1.23	1.32	1.31	1.31
黑龙江	1.27	1.31	1.36	1.41	1.70	1.99	2.01	1.93	1.95	2.18	2.18
上海	1.10	1.18	1.25	1.33	1.48	1.63	2.08	2.41	2.62	2.94	2.94
江苏	2.06	2.21	2.33	2.39	2.35	6.28	5.54	3.84	4.86	5.80	5.80
浙江	1.24	1.32	1.35	1.41	1.80	1.41	2.63	3.07	2.89	3.31	3.31
安徽	0.84	0.86	0.89	0.92	1.22	1.04	1.14	1.38	1.53	1.72	1.72
福建	0.63	0.66	0.69	0.72	0.97	1.04	1.13	1.22	1.26	1.25	1.25
江西	0.60	0.58	0.59	0.64	1.24	1.21	1.15	1.20	1.24	1.31	1.31
山东	2.20	2.15	2.46	2.57	3.17	3.39	3.85	3.93	4.92	5.70	5.70
河南	1.43	1.48	1.51	1.57	2.14	2.32	2.45	2.48	2.76	3.15	3.15
湖北	1.63	1.64	1.71	1.80	2.28	1.98	2.15	2.40	2.32	2.45	2.45
湖南	1.10	1.25	1.23	1.01	1.53	3.40	2.94	2.56	2.56	2.32	2.32
广东	2.75	2.97	2.84	2.38	4.05	3.99	4.30	4.80	5.14	5.59	5.59
广西	0.73	0.73	0.76	0.78	1.20	1.24	1.17	1.27	1.41	1.31	1.31
海南	0.14	0.14	0.17	0.17	0.27	0.28	0.29	0.32	0.34	0.35	0.35
四川	0.59	0.79	0.60	0.65	0.84	0.90	0.99	1.11	1.19	1.36	1.36
贵州	1.24	1.31	1.38	1.41	2.02	2.51	2.61	2.69	2.78	3.10	3.10

续表

省市	1997	1998	1999	2000	2001	2002	2003	2004	2005	2006	2007
云南	0.33	0.34	0.35	0.37	0.35	0.35	0.35	0.35	0.36	0.38	0.38
西藏	0.47	0.48	0.54	0.75	1.23	0.46	0.83	1.08	1.09	1.03	1.03
陕西	0.03	0.03	0.03	0.03	0.08	0.02	0.02	0.02	0.01	0.02	0.02
甘肃	0.64	0.66	0.67	0.68	0.99	0.80	0.89	1.08	1.10	1.30	1.30
青海	0.45	0.45	0.45	0.46	0.80	0.94	0.95	1.04	1.07	1.13	1.13
宁夏	0.11	0.11	0.11	0.11	0.12	0.10	0.10	0.12	0.12	0.11	0.11
新疆	0.15	0.16	0.17	0.17	0.22	0.23	0.26	0.34	0.36	0.33	0.33

各省 2007 年分类公共建筑总面积（万 m²）　　　　附表 7

省市	办公	商场超市	酒店	校园	医疗	文化娱乐	金融服务	体育	其他
北京	3956	1332	1332	2487	562	135	666	135	416
天津	1630	549	549	1025	232	56	275	56	172
河北	3310	1115	1115	2052	470	113	557	113	348
山西	1915	645	645	1187	272	65	322	65	202
内蒙古	2201	741	741	1451	313	75	371	75	232
辽宁	3508	1181	1181	2357	498	120	591	120	369
吉林	1956	659	659	1213	278	67	330	67	206
黑龙江	3257	1097	1097	2019	463	111	549	111	343
上海	5010	1687	1687	3150	712	171	844	171	527
江苏	6744	2272	2272	4531	958	231	1136	231	710
浙江	3856	1299	1299	2590	548	132	649	132	406
安徽	2573	867	867	1595	366	88	433	88	271
福建	1863	628	628	1155	265	64	314	64	196
江西	1953	658	658	1211	278	67	329	67	206
山东	8523	2871	2871	5284	1211	292	1436	292	897
河南	4716	1589	1589	2924	670	161	794	161	496
湖北	3666	1235	1235	2273	521	125	617	125	386
湖南	3477	1171	1171	2156	494	119	586	119	366
广东	8364	2817	2817	5186	1189	286	1409	286	880
广西	1958	660	660	1214	278	67	330	67	206
海南	571	192	192	377	81	20	96	20	60
四川	2316	780	780	1456	329	79	390	79	244

续表

省市	办公	商场超市	酒店	校园	医疗	文化娱乐	金融服务	体育	其他
贵州	3610	1216	1216	2426	513	124	608	124	380
云南	563	190	190	349	80	19	95	19	59
西藏	1546	521	521	959	220	53	260	53	163
陕西	31	10	10	20	4	1	5	1	3
甘肃	1938	653	653	1202	275	66	326	66	204
青海	1696	571	571	1052	241	58	286	58	179
宁夏	184	62	62	121	26	6	31	6	19
新疆	497	168	168	308	71	17	84	17	52

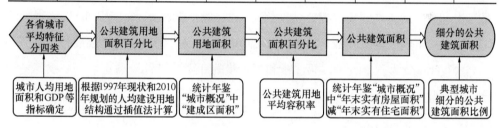

附图 6　公共建筑面积计算方法

计算方法如附图 6 所示，分为七个步骤。

1）根据 1997 年各省（市、自治区）城市的人均建设用地面积和人均 GDP 等指标把各省（市、自治区）城市的平均特征分为四类——特大城市、大城市、中等城市、小城市；

2）根据四类城市 1997 年现状和 2010 年规划的人均建设用地结构，通过插值法可得 1997～2010 年逐年的建设用地中公共建筑用地比例；

3）根据《中国统计年鉴》中各省（市、自治区）的"建成区面积"，乘以公共建筑用地面积比例，可得公共建筑用地面积；

4）乘以公共建筑用地的平均容积率，可计算出公共建筑面积，从而可得公共建筑面积在总建筑面积中的比例；

5）依照《中国统计年鉴》中各省（市、自治区）的"年末实有房屋面积"减去"年末实有住宅面积"，得到"年末实有非住宅面积"，再乘以公共建筑面积的比例，可得公共建筑面积；

6）乘以细分的公共建筑面积比例，可得细分的公共建筑面积；

7）根据各省（市、自治区）的统计年鉴中"城市概况"的用地和建筑面积进行验证。

3.1.3 农村住宅人口和户数

农村人口数和户数作为农村住宅能耗模型计算的基础输入参数，首先需要通过数量模块进行给出，需要得到"逐年"年底"各省"农村常住人口和户数总量数据，该模块的计算流程如附图 7 所示，其中：

（1）"逐年"，指 1996～2008 年中的每一年份的农村人口数据；

（2）"各省"，指中国 31 个省份（不含港澳台地区）以及全国总量；

（3）"按家庭人口数划分"时可以得到不同家庭人口数规模的三类农户数，主要与炊事、生活热水的单位能耗强度相关；"按农户能耗水平划分"时可以得到不同生活模式下的三类农户数，主要与降温、照明、家电的单位能耗强度相关。

（4）计算分为三个步骤，第②步和第③步的计算结果各自独立，在后续计算中分别进行调用。

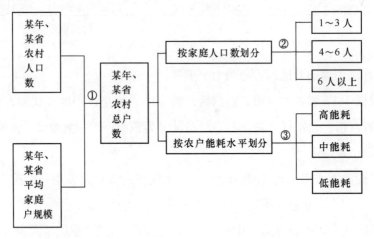

附图 7 分省农村户数模块计算流程

首先，"某年、某省农村人口数"从《中国统计年鉴》的"各地区人口的城乡构成"中只能直接查到 1995、2000、2005、2006、2007、2008 年 6 年的数据，其余年份可以通过最小二乘法以指数形式进行拟合得到；"某年、某省平均家庭户规模"的数据可以通过历年《中国统计年鉴》中和"各地区户数、人口数、性别比和户规模"直接查到，然后通过计算可以得到"某年、某省农村总户数"，从而完成第①步的计算过程；

　　其次，从《中国统计年鉴》中"各地区按家庭户规模分的户数"一项中统计可以得到各省不同规模人口的农户数比例值，用该比例值乘以"某年、某省农村总户数"可以得到不同家庭人口数规模的三类农户数量，从而完成第②步计算；

　　另外，比较容易理解的是，一个地区农户的能耗水平与其日常消费水平存在很强的相关性，所以该地区高、中、低能耗农户的划分可以按照《中国农村统计年鉴》中"各地区农村居民生活消费现金支出"中对应的服务性及食品等支出所占比例进行分别估算，并用该比例值乘以"某年、某省农村总户数"可以得到不同生活模式下的三类农户数，从而完成第③步计算。附表8给出了该模块2008年的计算结果。

2008 年各省人口数和农户数计算结果　　　　　　　　　　附表 8

省 份	人口总数（万人）	农户总数（万户）	按家庭人口数划分（万户）			按农户能耗水平划分（万户）		
			1～3 人	4～6 人	6 人以上	高能耗	中能耗	低能耗
北京	256	95.3	80.0	15.0	0.3	34.7	28.7	31.9
天津	268	80.8	58.6	21.9	0.3	25.9	22.8	32.1
河北	4061	1360.0	781.0	557.2	21.7	385.4	526.7	447.8
山西	1872	507.5	295.3	205.5	6.8	164.2	172.4	170.9
内蒙古	1166	305.2	222.8	81.3	1.1	109.9	99.7	95.6
辽宁	1724	514.2	400.9	112.2	1.2	156.9	180.4	176.9
吉林	1279	340.2	244.9	93.4	2.0	105.2	115.2	119.8
黑龙江	1706	440.2	344.6	94.2	1.3	129.6	172.4	138.2
上海	215	70.1	59.2	10.6	0.3	23.5	18.6	27.9
江苏	3509	1049.2	720.6	317.1	11.6	391.4	279.3	378.6
浙江	2171	701.3	522.9	175.5	2.9	222.6	232.8	245.9
安徽	3650	937.0	620.7	308.6	7.6	308.6	286.3	342.1
福建	1806	462.1	307.5	147.0	7.7	140.6	121.8	199.8
江西	2580	622.2	319.7	285.5	17.0	220.7	160.6	240.9
山东	4935	1440.2	1030.0	403.4	6.8	466.5	498.7	474.9
河南	6032	1527.6	822.8	683.9	20.8	483.7	562.2	481.7
湖北	3130	796.7	539.4	250.8	6.5	278.9	249.5	268.3
湖南	3691	1006.0	609.3	382.7	14.0	392.9	207.7	405.4
广东	3496	835.9	463.2	336.6	36.1	267.1	197.6	371.2

续表

省份	人口总数（万人）	农户总数（万户）	按家庭人口数划分（万户）			按农户能耗水平划分（万户）		
			1～3人	4～6人	6人以上	高能耗	中能耗	低能耗
广西	2978	708.9	357.6	332.1	19.2	247.0	163.3	298.6
海南	444	95.1	43.5	46.5	5.1	30.6	23.4	41.1
重庆	1420	419.6	296.7	119.8	3.1	158.8	96.2	164.5
四川	5094	1460.3	981.6	464.3	14.4	491.8	397.2	571.3
贵州	2689	650.6	320.0	307.7	23.0	184.9	240.0	225.8
云南	3044	746.4	349.6	378.6	18.3	214.9	283.3	248.2
西藏	222	39.7	13.3	19.5	6.9	5.9	18.8	15.0
陕西	2178	549.8	345.8	197.6	6.5	203.7	172.9	173.2
甘肃	1783	398.4	204.4	179.3	14.6	134.4	142.3	121.7
青海	327	71.0	36.4	30.8	3.8	19.7	32.9	18.4
宁夏	340	76.5	40.6	33.3	2.6	22.2	31.3	23.0
新疆	1286	291.2	157.2	123.3	10.7	94.2	104.2	92.8
合计	69352	18599.1	11590.0	6714.8	294.2	6116.4	5839.1	6643.5

3.2 北方城镇采暖能耗模块

北方城镇采暖能耗模块，考察采取集中供热方式的省、自治区和直辖市的冬季采暖能耗，包括各种形式的集中采暖和分散采暖。包括：北京市、天津市、河北省、山西省、内蒙古自治区、辽宁省、吉林省、黑龙江省、山东省、河南省、陕西省、甘肃省、青海省、宁夏回族自治区、新疆维吾尔自治区、西藏自治区。能源种类方面，模型考虑燃煤、天然气和电力消耗。

如附图8所示为北方城镇采暖能耗计算的结构示意图，以北京为例，某年份的城镇采暖总能耗等于各种热源方式的总能耗之和。根据不同热源方式的规模及管网情况，可归纳为四类：热电联产、具有一次管网和二次管网的区域锅炉房，只有一次管网的小区锅炉房，只有楼内管网的热泵集中采暖，以及没有输配管网的分散采暖方式。目前对于热电联产和锅炉房供热方式的供热规模尚没有明确的定义。附图8中大型热电联产是指单台发电容量在200MW以上，或单台发电容量虽然在200MW以下，但热电机组数量较多的热电厂，如北京高井电厂（6×100MW）。对于北京市的热电厂而言，供热方式均属于大型热电联产。

对于锅炉房供热方式而言，一般将吨位大于 20t 的锅炉称为大型锅炉，采用区域锅炉房的方式进行供热。而吨位小于 20t 的锅炉则采用小区锅炉房的方式进行供热。

不同种类热源方式的能耗，根据采暖系统的具体流程进行计算。下面分这四种类型，分别介绍其能耗的计算方法。

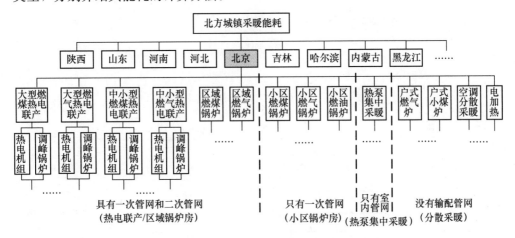

附图 8　北方城镇采暖能耗模块结构示意图

3.2.1　计算方法

（1）热电联产和区域锅炉房

热电联产和区域锅炉房采用间接供热方式，经过热力站换热，具有一次网和二次网，因此采暖能耗包括热力站不均匀损失、楼间不均匀损失、楼内不均匀损失、一次网和二次网的热损失以及一次网和二次网的输配能耗。

附图·9 为热电联产和区域锅炉房的采暖流程，从一次能源到满足建筑需热量，包括了热源、热力站、建筑三个环节。附图 10 为能耗计算结构。

其中，

采暖的总能耗＝①热源的一次能耗量＋②输配能耗

①热源的一次能耗量

对区域锅炉房系统，热源的一次能源消耗量＝③热源产出热量÷热效率（或 *COP*）

对热电联产系统，热源的一次能耗量＝热电机组的一次能耗量＋调峰锅炉的一次能耗量，其中：

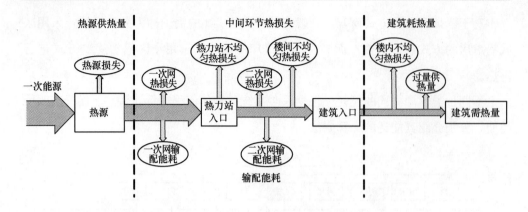

附图 9　热电联产和区域锅炉房的采暖流程图

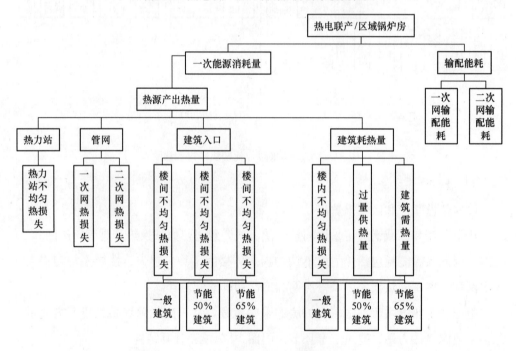

附图 10　热电联产和区域锅炉房能耗计算结构

热电机组的一次能耗量＝热电机组的供热量÷热效率÷燃料的低位热值

调峰锅炉的一次能耗量＝调峰锅炉的供热量÷热效率÷燃料的低位热值

②输配能耗

输配能耗＝一次网输配能耗＋二次网输配能耗

其中，一次网输配能耗＝一次网单位面积输配能耗×热源的供热面积

二次网输配能耗＝二次网单位面积输配能耗×热源的供热面积

③热源产出热量

热源产出热量＝④建筑耗热量＋⑤楼间不均匀损失＋⑥热力站不均匀损失＋⑦二次网热损失＋⑧一次网热损失

其中，

④建筑耗热量＝过量供热系数×（建筑需热量＋楼内不均匀热损失）

其中，建筑需热量＝（体形系数×围护结构平均传热系数＋空气比热×空气密度×换气次数）×（室内温度－采暖季室外平均温度）×层高×对应的建筑面积

建筑需热量分三种围护结构类型（不符合节能设计标准、符合50％节能设计标准、符合65％节能设计标准）计算。

楼内不均匀热损失＝单位面积楼内不均匀热损失×对应的建筑面积

除了建筑需热量和楼内不均匀热损失外，建筑耗热量还提供了一部分热量，即过量供热量，指的是，集中供热系统热源未能随着天气变化及时有效调整供热量，使得整个供热系统部分时间整体过热，而多供的热量。

因此，过量供热量＝建筑耗热量－建筑需热量－楼内不均匀热损失

采用按用热计量收费技术之后，能大幅降低建筑的过量供热量，从而降低建筑耗热量。因此，为了衡量热计量技术对降低建筑能耗的贡献，需将建筑分为热计量建筑和未计量建筑两类。

⑤楼间不均匀热损失＝单位面积楼间不均匀热损失×对应的建筑面积

⑥热力站不均匀热损失＝热力站入口总热量÷一次网输送效率×热力站不均匀热损失率

⑦二次网热损失＝建筑耗热量÷二次网输送效率－建筑耗热量

⑧一次网热损失＝热力站入口总热量÷一次网输送效率－热力站入口总热量

此外，在采暖流程的中间环节，热力站入口总热量＝建筑耗热量＋楼间不均匀热损失＋二次网热损失

（2）小区锅炉房

小区锅炉房采用直接供热方式，没有热力站和二次网，因此没有热力站不均匀损失、二次网热损失以及二次网输配能耗。在能耗计算公式上，需在热电联产/区域锅炉房的基础上进行相应的简化。附图11、附图12分别为小区锅炉房的采暖流程图与能耗计算结构。

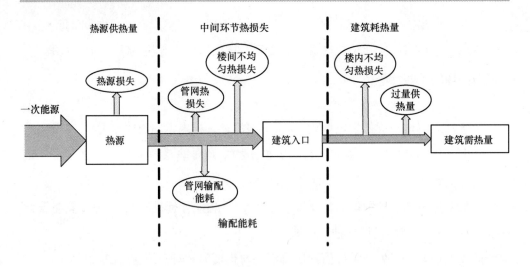

附图 11　小区锅炉房的采暖流程图

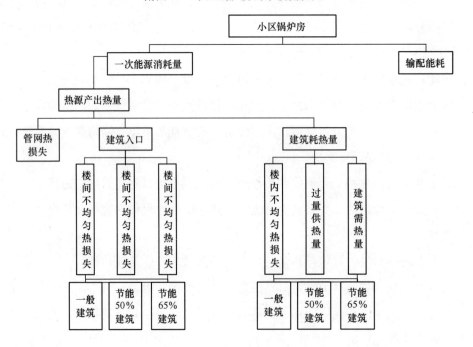

附图 12　小区锅炉房能耗计算结构

（3）水源热泵集中供热

水源热泵集中供热方式为单栋或多栋建筑供热，系统规模一般略小于小区锅炉房。水源热泵集中供热没有热力站和二次网，因此没有热力站不均匀损失、二次网热损失以及二次网输配能耗。但仍然包括管网损失、楼间不均匀热损失、楼内不均匀热损失等中间环节热损失。特别是，由于水源热泵的供水温度较低，供回水温差大大低于其他供热方式，循环水量大，造成输配的水泵能耗较高，甚至与热泵的电力消耗量在同一数量级。

在能耗计算公式上，水源热泵集中采暖的方式与小区锅炉房类似，附图13、附图14分别为热泵集中采暖的采暖流程图与能耗计算结构。

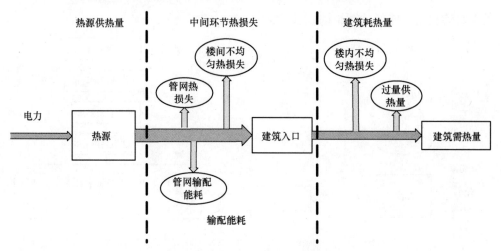

附图13　热泵集中采暖的流程图

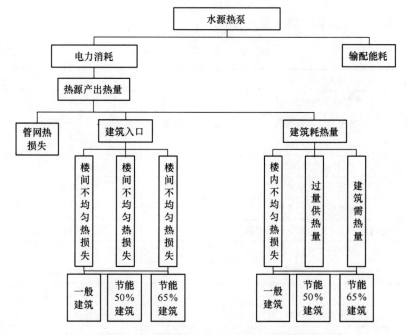

附图14　热泵集中采暖的能耗计算结构

（4）分散采暖

分散采暖方式包括户式燃气炉、户式小煤炉、空调分散采暖和电加热采暖，以户为单位进行采暖，不涉及输配管网，没有中间环节热损失和输配能耗，没有楼内不均匀损失，也不存在过量供热。在能耗计算公式上，需在小区锅炉房和水源热泵集中供热的基础上进行进一步相应的简化。附图15、附图16分别为热泵集中采暖的采暖流程图与能耗计算结构。

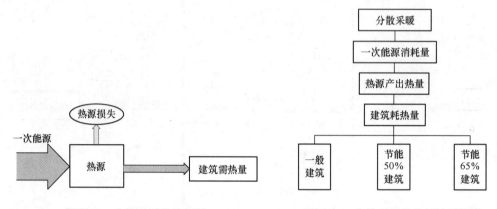

附图15　分散采暖的流程图　　　　附图16　分散采暖的能耗计算结构

3.2.2　模块参数

模型需要输入的参数如附表9所示。

输　入　参　数　列　表　　　　　　　　　　附表9

序号	输入参数名称	参数性质	数据来源	可靠性
1	各类热源的供热面积	广延量	调研结果	B
2	各类节能建筑面积	广延量	模块计算＋调研	B
3	热计量建筑面积	广延量	调研结果	B
4	未计量建筑面积	广延量	调研结果	B
5	过量供热系数	状态量	调研结果	B
6	各类建筑体形系数	状态量	调研结果	B
7	各类建筑围护结构平均传热系数	强度量	实测与调研结果	C
8	换气次数	状态量	调研结果	B
9	一次网输送效率	状态量	实测与调研结果	B
10	二次网输送效率	状态量	实测与调研结果	B
11	热力站不均匀热损失率	状态量	实测与调研结果	C
12	单位面积楼间不均匀损失	强度量	实测与调研结果	C

序号	输入参数名称	参数性质	数据来源	可靠性
13	单位面积楼内不均匀损失	强度量	实测与调研结果	C
14	一次网单位面积输配能耗	强度量	实测与调研结果	B
15	二次网单位面积输配能耗	强度量	实测与调研结果	B

3.2.3　能耗计算结果

以 2008 年北京市的能耗为例，能耗状况如附表 10 所示。

2008 年北京采暖能耗模块计算结果——热源侧　　　　附表 10（a）

		能源种类	单位	能耗	比例	对应面积（万 m²）
大型燃煤	热电机组	燃煤	万 GJ	3226	11.7%	11308
热电联产	调峰锅炉	燃煤	万 tce	34.4	3.7%	
大型燃气	热电机组	燃煤	万 GJ	444.5	1.6%	1558
热电联产	调峰锅炉	燃气	万 m³	3470	0.4%	
中小型燃煤热电联产		—				0
中小型燃气热电联产		—				0
区域燃煤锅炉房		燃煤	万 tce	104.4	11.1%	6000
区域燃气锅炉房		燃气	万 m³	40423	5.2%	3630
小区燃煤锅炉		燃煤	万 tce	279	29.7%	13733
小区燃气锅炉		燃气	万 m³	161670	20.9%	14518
小区燃油锅炉		燃油	万 t	6.1	0.8%	573
热泵集中采暖		电力	万 kWh	9146	0.3%	277
户式燃气炉		燃气	万 m³	83519	10.8%	7500
户式小煤炉		燃煤	万 tce	31.6	3.4%	1039
空调分散采暖		电力	万 kWh	2068	0.1%	79
电加热		电力	万 kWh	3962	0.1%	40
合计（折合为标煤）			万 tce	939	100%	60255（万 m²）

2008 年北京采暖能耗模块计算结果——建筑需热量侧　　附表 10（b）

	面积（万 m²）	需热量（万 GJ）
一般建筑	39055	10782
节能 50% 建筑	12500	2766
节能 65% 建筑	8700	1366
合计	60255	14914

3.3　城镇住宅能耗（不包括北方采暖）模块

3.3.1　计算结构

城镇住宅能耗（不包括北方采暖），指的是除了北方省份❶的采暖能耗外，城镇住宅所消耗的能源。从终端用能途径上，包括家用电器、空调、照明、炊事、生活热水，以及非北方省份❷的分散采暖。城镇住宅使用的主要能源种类是电力、燃气和燃煤，模型分别给出其消耗的数量。

城镇住宅采暖外用能的计算结构如附图 17 所示，考虑气候情况和采暖方式的影响，把全国按行政区划分为三组，第一组是北方省份（包括北京、天津、河北、山西、内蒙古、辽宁、吉林、黑龙江、山东、河南、陕西、甘肃、青海、宁夏和新疆），模块计算除采暖外能耗，无论是集中采暖还是分散采暖；第二组是夏热冬冷

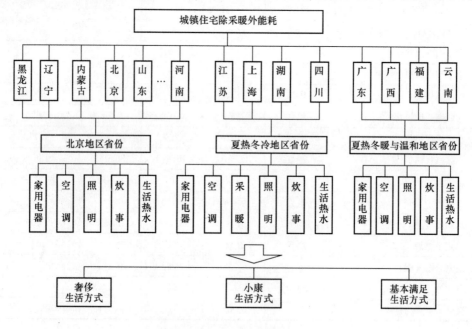

附图 17　城镇住宅采暖外用能分类

---

❶　包括北京市、天津市、河北省、山西省、内蒙古自治区、辽宁省、吉林省、黑龙江省、山东省、河南省、陕西省、甘肃省、青海省、宁夏回族自治区和新疆维吾尔自治区。

❷　包括上海市、江苏省、浙江省、安徽省、福建省、江西省、湖北省、湖南省、广东省、广西壮族自治区、海南省、重庆市、四川省、贵州省和云南省。

省份（包括上海、江苏、浙江、安徽、江西、湖北、湖南、海南、重庆、四川和贵州），模块计算包括集中和分散采暖的城镇住宅所有能耗；第三组是夏热冬暖与温和省份（包括广东、广西、福建和云南），该地区没有采暖能耗。

模块对每个省份、每年的能耗计算，分终端用能途径（家用电器、空调、照明、炊事、生活热水、采暖）开展。对每种终端用能途径，基本思路是"自下而上"，即采用能耗强度与相对应的数量（根据用能途径的不同，数量指总建筑面积、总户数或者总人数）相乘的方式。为了体现不同住宅人群生活模式的差异对能耗的影响，模型在每种终端用能途径的计算中，不是用传统的建筑能耗平均值来刻画，而是将人们的生活模式划分为三类，分别代表奢侈、小康和基本满足的生活方式，分别给出这三类生活方式的能耗强度与数量。需要特别说明的是，三类生活方式的划分针对的是每种终端用能途径，不同的途径，人群划分比例也有所区别。

3.3.2 计算方法

对每个省份的城镇住宅各种终端用能分别进行计算，方法如下。

（1）空调

住宅中空调用能与单位面积空调负荷，空调效率及使用时间密切相关，在计算时，需要综合考虑这几项要素。

空调用能＝空调建筑面积×单位面积空调负荷÷效率×使用时间

该类生活模式的空调器的平均效率＝家用空调器平均效率

（2）时间相关型家用电器（电视机、电脑）

这类家电的用能特点是：使用时间较为规律，且使用的过程中功率基本维持不变，能耗与电器的功率和使用时间直接相关。

能耗计算方法为：

电视机用能与其功率大小和效率（与电视机类型相关），使用时间密切相关。在计算时需要分别考虑居民拥有电视机的功率分布、使用时间分布等要素。

电视机用能＝户数×电视机拥有率×电视机功率÷效率×使用时间

电脑的计算方法与电视机相同

时间相关型家用电器总用能等于各类电器之和

（3）次数相关型家电（洗衣机、浴霸）

这类家电的用能特点是：开启次数与家庭生活方式有关，能耗与电器的功率和开启次数直接相关。

洗衣机用能＝总户数×洗衣机拥有率×洗衣机功率分布÷效率×使用频率×使用时间（每次）

洗衣机容量与洗衣机类型相关，波轮式和滚筒式洗衣机容量差异明显，不同类型洗衣机效率也有差异。洗衣机能耗分布综合了容量、效率、使用频率和次使用时间等要素。浴霸的计算方法与洗衣机相近。

次数相关型家用电器总用能等于各类电器之和。

（4）持续开启型家电（电冰箱）

这类家电的用能特点是：全年开启，能耗由设备的容量决定。

电冰箱用能＝户数×电冰箱拥有率×电冰箱功率分布÷效率

电冰箱用能差异主要体现在装机容量不同，研究重点关注容量的分布情况。

持续开启型家用电器总用能等于各类电器之和。

（5）照明

照明主要考虑安装的功率密度，灯具效率（节能灯或者白炽灯）以及使用时间等因素。

照明用能＝面积×照明安装功率密度÷效率×开启时间

城镇住宅中，不同住户照明安装功率密度呈一定的分布特点，效率主要对应灯具中节能灯和白炽灯的功率密度比例，使用时间与生活方式密切相关。

（6）生活热水（热水器及其他）

不同用户在生活热水使用过程中，存在分布特点的要素主要有生活热水用量、使用频率和使用能源种类（如电、燃气）。在计算过程中，不同类型能源将分别进行统计计算。

生活热水用能＝户数×生活热水用量（每次）÷效率×使用频率

所用电能与燃气能耗分别计算。

（7）炊事

此部分包括做饭和饮用水，炊事用能量与居民每次做饭用能量，做饭频率和所用能源类型密切相关，在计算时应该综合考虑。

炊事用能＝户数×每餐用能量÷效率×做饭频率

饮用水用能＝户数×户均饮用水需求量×单位饮用水耗能量÷效率

所用电能与燃气能耗分别计算。

（8）夏热冬冷地区的分散采暖

夏热冬冷地区冬季有大部分居民采用了分散采暖的形式，类型包括热泵空调、电暖气等，此类能耗与采暖需求量联系紧密。

分散采暖用能＝采暖建筑面积×采暖季供热需求密度÷采暖效率×使用时间

所用电能与燃气能耗分别计算。

3.3.3 计算参数

模型的主要参数来源包括四个方面，如附表 11 所示。

1）年鉴数据：提供能耗计算的户数、人数和面积，并给出宏观能耗数据对模型的计算结果进行验证。

2）城市调研：以清华大学在 2009 年对北京、上海、苏州、武汉和银川的近 1 万个居民的生活方式和居住能耗进行的调研为主，包括一些其他研究对城镇住宅能耗的调研结果。

3）模拟计算：对每个省份、不同生活方式下的空调和分散采暖的单位面积负荷，采用 DeST 软件模拟计算。

4）估算：由于数据资料有限，一些用能设备的效率，采取调研数据与估算相结合的方式给出。

城镇住宅能耗计算参数　　　　　　　　　　　　　　　　　附表 11

	参数	说明	参数性质	数据来源	可靠性
总体	户数	指全省城镇住宅家庭数量	广延量	《中国统计年鉴》	B
	用能面积	指全省城镇住宅总面积	广延量	面积模型计算	B
家用电器	拥有率	指拥有某项家用电器的家庭的数量	状态量	调研	B
	功率	指某家庭某项家用电器的额定使用功率	强度量	调研	B
	使用时间	指某家庭某项家用电器日使用的时间	强度量	调研	B
	使用频次	指某家庭某项家用电器日/周/月使用次数	强度量	调研	B
	效率	指某家庭某项家用电器的能源转换效率	状态量	调研	C
	生活模式类型	家用电器用能各类型生活模式所占比例	广延量	调研	B

续表

参数		说明	参数性质	数据来源	可靠性
空调/分散采暖	单位面积负荷	指该省份该形式建筑单位面积的空调/采暖负荷	强度量	模拟	B
	空调/采暖季比例系数	指空调/采暖季占全年的比例系数	状态量	调研	A
	使用时间	指某家庭空调/分散采暖在空调/采暖季的日使用的时间	强度量	调研	B
	使用面积比例	指某家庭空调/采暖季需要空调/采暖的面积占建筑总面积的比例	状态量	调研	B
	效率	指某家庭某种空调/采暖方式的能源转换效率	状态量	估算	C
	能源结构	指某种能源在空调/分散采暖中的使用比例	分布量	调研	B
	生活模式类型	空调/分散采暖用能各类型生活模式所占比例	分布量	调研	B
照明	功率密度	指该省照明某种灯具单位面积功率	强度量	调研	B
	使用时间	指某家庭照明某种灯具日使用的时间	强度量	调研	B
	效率	指某家庭某种灯具的能源转换效率	状态量	估算	C
	灯具类型结构	指某种灯具在照明中的使用比例	分布量	调研	B
	生活模式类型	照明用能各类型生活模式所占比例	分布量	调研	B
炊事/生活热水	需求量	指某家庭炊事/生活热水的户日需求量	强度量	调研	B
	次数	指某家庭每天进行炊事的次数	强度量	调研	B
	效率	指某家庭炊事/生活热水某种方式的能源转换效率	状态量	估算	C
	能源结构	指某种能源在炊事/生活热水中的使用比例	分布量	调研	B
	生活模式类型	炊事/生活热水用能各类型生活模式所占比例	分布量	调研	B

3.3.4　计算结果

调研 2008 年北京市居民生活用能，可以得到北京市住宅除采暖外能源使用分布情况，如附表 12，为满足模型分析需要，今后将进行更加深入的调研分析。

北京市住宅资源使用分布情况（2008） 附表 12

资源类型	单位（户/a）	使用率	分类指标 A	分类指标 B	奢侈≥A		B≤小康＜A		基本满足＜B	
					比例	平均强度	比例	平均强度	比例	平均强度
电	kWh	100%	3000	1500	5.9%	3670	58.1%	2020	36.0%	1190
水	t	100%	200	100	3.4%	250	48.0%	130	48.6%	70
天然气	m³	81%	400	200	7.4%	730	44.3%	270	48.3%	120
液化石油气	kg	29%	200	100	5.5%	240	57.6%	160	36.9%	50
煤	kg	10%	1500	750	13.7%	2160	37.3%	1020	49.0%	370

注：1. 根据住宅用能量，将居民生活模式分为奢侈、小康和基本满足三类；

2. 分类指标 A、B 为三类生活模式的评价指标。

北京市住宅采暖外能源使用情况（2008） 附表 13

北京市住户数（万户）[①]：478

	计算值[②]	统计值[③]
电（亿 kWh）	87	114
水（万 t）	50787	55112
天然气（万 m³）	90081	72274
液化石油气（t）	170287	205374

注：①数据来源《中国统计年鉴 2009》；

②根据生活模式分类及住宅户数计算；

③统计值数据来源《中国城市统计年鉴 2009》表 2-38 与表 2-39，北京市住宅使用数据。

3.4 公共建筑能耗（不包括北方采暖）模块

公共建筑能耗（不包括北方采暖），指公共建筑内由于各种活动而产生的能耗（除采暖外），包括空调、照明、插座、电梯、炊事、各种服务设施，以及特殊功能设备的能耗。对于公共建筑内的电力和天然气，模型分别给出其消耗量。其中天然气主要应用于公共建筑内提供生活热水的燃气锅炉，以及各种炊事设备；由于在公共建筑中燃油使用量较少，且建筑单体之间使用差异很大，缺乏规律性，计算中并不涉及。对一个省份在一年的公共建筑能耗计算结构如附图 18 所示。

3.4.1 计算方法

（1）耗电量计算

对于附表 3 中给出的各类型公共建筑，在耗电量计算模块中，根据目前已获得

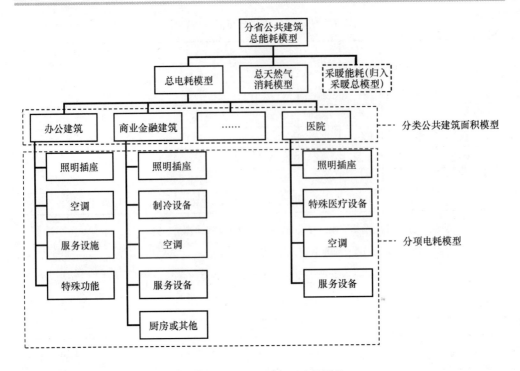

附图 18　公共建筑能耗计算结构

的电耗强度数据的详细程度划分为两类：对于办公建筑、商场超市建筑、酒店建筑、校园建筑和医疗建筑（C1～C11 类），根据各项用能途径的单位面积电耗，与相应建筑类型的总面积相乘，自下而上的得到各类型建筑总电耗；而对于文化娱乐、金融服务、体育和其他类建筑（C12～C15 类），由于目前缺少对于各用能途径的分项电耗的调研统计值，故使用单位面积总电耗，与相应建筑类型的总面积相乘，直接得到各类型建筑的总电耗。

简而言之，对于 Ci 类公共建筑来说，

$$建筑总电耗 = \sum_{Ci=1}^{11}(Ci \text{ 类分项 } j \text{ 单位面积强度} \times 建筑总面积)$$

$$+ \sum_{Ci=12}^{15}(Ci \text{ 类单位面积强度} \times Ci \text{ 类总面积})$$

Ci 类公共建筑逐年总面积由面积模型计算得到；

Ci 类分项 j 包括暖通空调、照明、室内设备、服务和其他。北京市和上海市分类公建的分项电耗强度值见附表14、附表15，此值以各省市 2006 年始的公共建筑能耗公示数据为基础，结合各研究机构能耗审计、调研、实测值或参照值计算得到。

北京地区 C1～C11 类公共建筑各分项单位建筑面积电耗强度［kWh/（m² · a）］范围

附表 14（a）

建 筑 类 型		样本量	暖通空调	照明	室内设备	服务	其他
C1-大型行政办公	最大值	102	76.6	34.0	42.6	8.5	8.5
	最小值		9.6	4.3	5.3	1.1	1.1
	平均值		36.8	14.7	18.4	1.5	2.2
	标准差		19.7	13.1	14.7	6.6	6.6
C2-大型商务办公	最大值	379	141.3	56.5	70.6	5.7	8.5
	最小值		16.1	6.4	8.1	0.6	1.0
	平均值		60.7	27.0	27.0	13.5	6.7
	标准差		32.0	20.2	22.6	6.4	7.8
C3- 一般办公	最大值	32	29.2	13.0	13.0	6.5	3.2
	最小值		3.5	6.4	3.2	4.8	3.2
	平均值		16.4	7.3	7.3	3.7	1.8
	标准差		8.4	5.6	5.6	4.0	2.8
C4-大型商场超市	最大值	45	129.1	57.4	86.1	8.6	5.7
	最小值		44.4	19.7	29.6	3.0	2.0
	平均值		61.6	27.4	41.0	4.1	2.7
	标准差		12.3	8.2	10.0	3.2	2.6
C5- 一般商场超市	最大值	26	39.2	13.1	30.5	1.7	2.6
	最小值		16.1	5.4	12.5	0.7	1.1
	平均值		33.7	11.2	26.2	1.5	2.2
	标准差		17.9	10.3	15.8	3.8	4.6
C6-大型酒店	最大值	62	98.9	44.0	22.0	33.0	22.0
	最小值		46.7	20.8	10.4	15.6	10.4
	平均值		71.8	31.9	16.0	23.9	16.0
	标准差		12.1	8.0	5.7	7.0	5.7
C7- 一般酒店	最大值	25	70.7	19.3	19.3	12.9	6.4
	最小值		13.0	3.6	3.6	2.4	1.2
	平均值		43.6	11.9	11.9	7.9	4.0
	标准差		18.5	9.7	9.7	7.9	5.6
C8-大型教育	最大值	57	141.2	28.2	70.6	14.1	28.2
	最小值		22.5	4.5	11.3	2.3	4.5
	平均值		44.7	8.9	22.3	4.5	8.9
	标准差		15.0	6.7	10.6	4.7	6.7

续表

建 筑 类 型		样本量	暖通空调	照明	室内设备	服务	其他
C9- 一般教育	最大值	14	20.5	13.7	17.1	6.8	10.2
	最小值		1.7	1.1	1.4	0.6	0.9
	平均值		6.6	4.4	5.5	2.2	3.3
	标准差		7.3	6.0	6.7	4.2	5.2
C10、C11-医疗	最大值	12	97.5	27.9	41.8	13.9	97.5
	最小值		24.4	7.0	10.4	3.5	24.4
	平均值		48.3	13.8	20.7	6.9	48.3
	标准差		13.9	7.4	9.1	5.3	13.9

北京地区 C12~C15 类公共建筑单位建筑面积总电耗强度 [kWh/ (m² · a)]

附表 14（b）

	C12-文化娱乐	C13-金融服务	C14-体育	C15-其他
样本量	32	30	4	14
平均值	75.3	68.5	36	129.7

数据来源：附表 14（a）和（b）中数据来源于《2007 年北京市政府办公建筑和大型公共建筑能耗统计汇总表》。

上海地区 C1-C11 类公共建筑各分项单位建筑面积电耗强度 [kWh/ (m² · a)] 范围

附表 15（a）

建 筑 类 型		样本量	暖通空调	照明	室内设备	服务	其他
C1-大型行政办公	最大值	179	37.9	23.7	23.7	4.7	4.7
	最小值		12.2	7.7	7.7	1.5	1.5
	平均值		35.0	21.9	26.2	1.7	2.6
	标准差		12.4	9.8	9.8	4.4	4.4
C2-大型商务办公	最大值	387	72.0	45.0	54.0	3.6	5.4
	最小值		12.0	7.5	9.0	0.6	0.9
	平均值		51.6	22.9	22.9	11.5	5.7
	标准差		25.2	19.9	21.8	5.6	6.9
C3- 一般办公	最大值	62	35.7	15.9	15.9	7.9	4.0
	最小值		5.6	4.5	4.5	3.0	1.5
	平均值		18.0	8.0	8.0	4.0	2.0
	标准差		16.6	11.1	11.1	7.8	5.5

续表

建筑类型		样本量	暖通空调	照明	室内设备	服务	其他
C4-大型商场超市	最大值	192	132.5	55.2	26.5	4.4	2.2
	最小值		62.2	25.9	12.4	2.1	1.0
	平均值		87.7	36.5	17.5	2.9	1.5
	标准差		18.6	12.0	8.3	3.4	2.4
C5-一般商场超市	最大值	28	43.5	14.5	33.8	1.9	2.9
	最小值		16.1	5.4	12.5	0.7	1.1
	平均值		30.8	10.3	23.9	1.4	2.1
	标准差		12.4	7.2	10.9	2.6	3.2
C6-大型酒店	最大值	65	86.5	23.6	23.6	15.7	7.9
	最小值		53.9	14.7	14.7	9.8	4.9
	平均值		69.2	18.9	18.9	12.6	6.3
	标准差		14.8	7.7	7.7	6.3	4.5
C7-一般酒店	最大值	12	49.6	13.5	13.5	9.0	4.5
	最小值		24.8	6.8	6.8	4.5	2.3
	平均值		28.5	7.8	7.8	5.2	2.6
	标准差		13.3	7.0	7.0	5.7	4.0
C8-大型教育	最大值	14	93.5	18.7	46.8	9.4	18.7
	最小值		24.0	4.8	12.0	2.4	4.8
	平均值		41.5	8.3	20.8	4.2	8.3
	标准差		17.0	7.6	12.0	5.4	7.6
C9-一般教育	最大值	12	13.1	8.7	10.9	4.4	6.5
	最小值		1.7	1.2	1.5	0.6	0.9
	平均值		7.1	4.7	5.9	2.4	3.5
	标准差		6.6	5.4	6.0	3.8	4.6
C10、C11-医疗	最大值	28	113.9	32.5	48.8	16.3	113.9
	最小值		20.2	5.8	8.6	2.9	20.2
	平均值		66.8	19.1	28.6	9.5	66.8
	标准差		23.0	12.3	15.1	8.7	23.0

上海地区 **C12～C15** 类公共建筑单位建筑面积总电耗强度 $[kWh/(m^2 \cdot a)]$

	C12-文化娱乐	C13-金融服务	C14-体育	C15-其他
样本量	32	20	2	10
平均值	89.2	105	28	168

数据来源：附表 15（a）和（b）中数据来源于《2007 年北京市政府办公建筑和大型公共建筑能耗统计汇总表》。

（2）耗气量计算

公共建筑天然气消耗的模型结构如附图 19 所示。

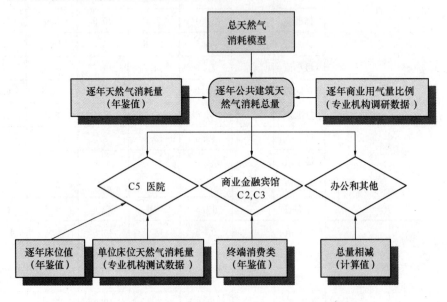

附图 19　公共建筑天然气消耗模型结构

第一，对于 Ci 类公共建筑逐年天然气消耗总量，计算依据：

公共建筑逐年天然气消耗总量＝逐年天然气地区消耗总量×逐年商业用户用气量比例

其中，逐年天然气消耗总量来源于《中国能源统计年鉴（1990—2006）》；而逐年商业用户用气量比例，则根据北京市公共事业科学研究所与北京市燃气集团有限责任公司的调查值得到。

第二，对于 C5 医疗类建筑天然气消耗量，计算依据：

医疗类建筑天然气消耗量＝逐年医疗类建筑床位数×单位床位天然气平均消耗量

其中，逐年医疗类建筑床位数，来源于逐年地区统计年鉴；单位床位天然气平均消耗量，则根据北京市公共事业科学研究所与北京市燃气集团有限责任公司的调查值得到，见附表16。

公共服务业用户用气负荷量（不包括采暖能耗）指标❶　　　　附表16

建筑类别	单位	指标	范围
医院	m³/（d·床）	0.322	0.259～0.385

第三，对于商业金融和文化娱乐类建筑，则直接使用《中国能源统计年鉴（1990—2006）》中各地区能源平衡表给出的终端消费量第5类数据——批发、零售业和住宿、餐饮业天然气总消耗量。

第四，对于办公、体育、教育和其他类建筑，则由公共建筑天然气消耗总量，分别减到医疗类、商业金融与文化娱乐类建筑消耗量得到。

3.4.2　计算结果

（1）耗电量计算

计算结果以上海市为例。根据公共建筑面积模型的计算结果，上海市1997年公共建筑总面积为1.1亿m²，至2007年攀升至2.9亿m²，其中办公建筑、商业金融类建筑与校园类建筑分别占据公共建筑总面积的38%、35%与14%（附图20）。以《上海市统计年鉴》中分类公共建筑面积的统计数据为基准，结合面积模型计算结果，得到的面积验证误差见附表17。

上海市分类公共建筑面积计算结果验证（2007年）　　　　附表17

	办公	商业金融服务	医疗	教育
统计年鉴数据（万m²）	4972	4708	602	2562
公建面积模型计算结果（万m²）	5010	4614	604	2623
相对误差（%）	0.8%	−2.0%	0.7%	2.4%

数据来源：上海统计年鉴2006——第十一篇城市建设表11.3主要年份各类房屋构成情况。

以2007年上海市国家机关办公建筑与大型公共建筑能耗调研值为参考，计算得到上海市公共建筑逐年总耗电量范围，如附图21所示。上海市公共建筑总耗电量，由1997年约39亿kWh，增长到2007年约130亿kWh，2007年总耗电量在

---

❶ 李雅兰，邵振宇等．天然气负荷指标及用气规律的研究．城市燃气，2007（2）：15-22.

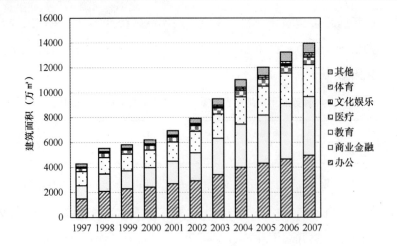

附图 20 上海市 1997~2007 年逐年公共建筑总面积（万 m²）

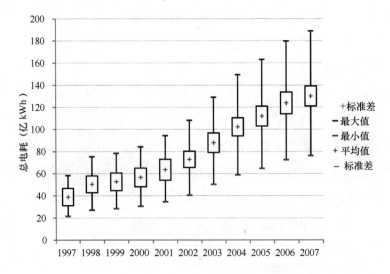

附图 21 上海市 1997~2007 年逐年公共建筑总耗电量分布（亿 kWh）

121 亿~140 亿 kWh 间。

上海市办公类建筑 1997 年总耗电量约为 12 亿 kWh，至 2007 年已突破 40 亿 kWh；而商业金融服务类建筑 1997 年总耗电量与办公建筑相近，至 2007 年攀升至约 53 亿 kWh。上海市各类建筑逐年总耗电量见附图 22。

（2）耗气量计算

以北京市为例，给出模型对逐年公共建筑天然气耗气量的计算结果。

1997 年北京市总天然气消耗量为 1.84 亿 m³，其中公共建筑总天然气消耗量

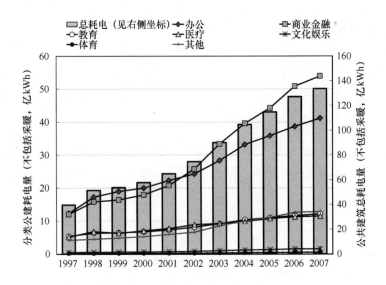

附图 22　上海市 1997～2007 年逐年分类公共建筑耗电量（亿 kWh）

为 0.44 亿 m³，当年商业金融与服务类（餐饮住宿等）总天然气消耗量为 0.31 亿
m³，医疗类建筑总消耗量为 0.08 亿 m³。到 2007 年，北京市总天然气消耗量攀升
至 46.64 亿 m³，为十年前的 25 倍，其中公共建筑总天然气消耗量为 6.53 亿 m³，
当年的商业金融与服务类公建、医疗类公建、办公与其他类公建的天然气总耗量分
别为 5.59 亿、0.1 亿和 0.84 亿 m³，见附图 23。

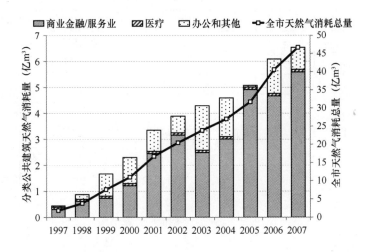

附图 23　北京市 1997～2007 年逐年公共建筑天然气消耗量（不包括采暖耗气量，亿 m³）

3.5　农村住宅能耗模块

农村住宅用能，指农村家庭生活所消耗的能源。从终端用能途径上，包括炊事、采暖、降温、照明、热水、家电。农村住宅使用的主要能源种类是电力、燃煤、燃气和生物质能（秸秆、薪柴）。

如附图 24 所示为农村住宅用能的计算结构。以北京为例，某年份的农村住宅总能耗等于各种终端用能途径的能耗之和。根据不同的终端用能特点分别开展计算。

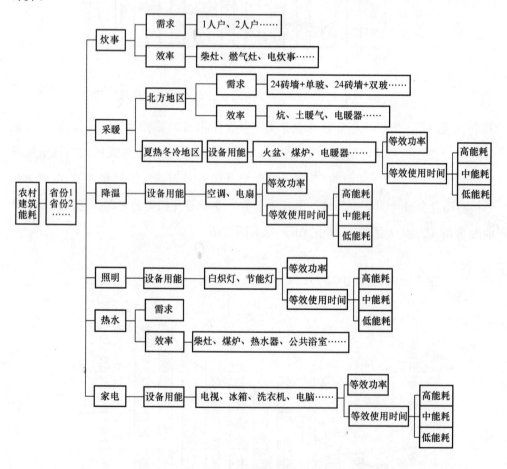

附图 24　农村住宅用能的计算结构

3.5.1　计算方法

（1）炊事

炊事用能＝户数×单户等效炊事需能量÷等效效率

单户等效炊事需能量：将炊事需求按家庭人口规模分为三类。根据其各自炊事需求量及所占比例计算出计算省份的总体单户等效炊事需求。即：

单户等效炊事需能量＝Σ（单户炊事需能×所占比例）

等效效率：按照用能方式即设备种类进行分类，根据其各自的存有量、使用频率及效率计算出等效效率。即：

等效效率＝1÷Σ（存有量×使用比例÷设备效率）

其中冬夏设备使用比例不同，各自统计进行平均。

附表 18 为农村炊事能耗计算所需参数情况。

农村炊事能耗计算所需参数 附表 18

参数类型	参数 内 容		参数性质	获取途径	可信度
不同规模农户数	1～3 人/户		广延量	《中国统计年鉴》《中国农村统计年鉴》	A
	4～6 人/户				
	6 人以上/户				
不同类型设备存量	（普通柴灶、省柴灶）、液化气灶、（普通煤炉、节煤炉）、沼气灶、电炊事、热制气		广延量	《中国农村能源统计年鉴》农村社会调查	B
不同类型设备效率	（普通柴灶、省柴灶）、液化气灶、（普通煤炉、节煤炉）、沼气灶、电炊事、热制气		状态量	实际测试结果	B
不同户炊事模式	1～3 人/户	炊事需能	强度量	实测与调研结果	B
	4～6 人/户	炊事需能			
	6 人以上/户	炊事需能			
不同设备使用比例	夏季	柴灶、液化气灶、煤炉、沼气灶、电炊事、热制气	分布量	调研结果	C
	冬季	柴灶、液化气灶、煤炉、沼气灶、电炊事、热制气			

对自下而上计算的能耗结果，可通过液化气消耗量、沼气产量的宏观统计数据验证。

（2）采暖

1）北方地区

采暖用能＝建筑面积×等效采暖负荷÷等效效率

等效采暖负荷：将采暖负荷按照建筑形式分为五类（24 砖墙有保温、24 砖墙无保温、37 砖墙有保温、37 砖墙无保温、被动式太阳房）。根据模拟计算和调研结果，得到某个特定的室外温度和围护结构下，建筑的单位面积采暖负荷，并根据该类建筑所占比例进行加权，得到计算省份总体等效采暖负荷。即：

等效采暖负荷＝Σ（某类建筑采暖负荷×所占比例）

等效效率：按照用能方式即设备种类进行分类，根据其各自的存有量、使用频率及效率计算出等效效率。即：等效效率＝1÷Σ（存有量×使用比例÷设备效率）。

2）夏热冬冷地区

采暖用能＝户数×采暖设备存有量×单个设备用能量

夏热冬冷地区采暖需求不大，可以按照用能方式分为五类（普通炕、节能炕、土暖气、空调、电暖气），计算各类设备的能源使用量及其所占比例，得到采暖用能。

附表 19 为农村采暖能耗计算所需参数情况。

农村采暖能耗计算所需参数　　　　　　　　　　　附表 19

参数类型	参 数 内 容	参数性质	获取途径	可信度
不同类型建筑面积	24 砖墙（有保温、无保温） 37 砖墙（有保温、无保温） 被动式太阳房等	广延量	《中国统计年鉴》 《中国农村统计年鉴》 调研统计结果	B
不同类型建筑采暖负荷	24 砖墙（有保温、无保温） 37 砖墙（有保温、无保温） 被动式太阳房等	强度量	模拟计算	B
不同类型设备存量	普通炕、节能炕、土暖气、空调、电暖气	广延量	《中国农村能源统计年鉴》 农村社会调研	B
不同类型设备效率	普通炕、节能炕、土暖气、空调、电暖气	状态量	实际测试结果	B
不同设备使用比例	普通炕、节能炕、土暖气、空调、电暖气	分布量	调研结果	C

对自下而上计算的能耗结果，采暖和炊事用能一起通过煤炭消耗量、秸秆消耗量的宏观统计数据来验证。

（3）降温

降温用能＝户数×Σ（降温设备存有量×等效功率×等效使用时间）

等效功率：某类设备，如空调，存在不同的功率。根据所占比例对设备功率进行加权，得到计算省份总体的降温等效功率。即：

等效功率＝Σ（某类设备功率×所占比例）

等效使用时间：将某类设备的使用时间按照高、中、低能耗三类行为模式进行划分，并根据所占比例进行加权。即：

等效使用时间＝Σ（某类行为模式设备使用时间×所占比例）

附表 20 为农村降温能耗计算所需参数情况。

农村降温能耗计算所需参数表　　　　　　　　附表 20

参数类型	参 数 内 容		参数性质	获取途径	可信度
不同生活模式户数比例	高能耗		分布量	《中国统计年鉴》《中国农村统计年鉴》中的收入分布情况	B
	中能耗				
	低能耗				
不同降温设备比例	空调		分布量	《中国农村统计年鉴》	A
	电扇				
不同降温设备功率	空调		状态量	家电协会等统计数据	B
	电扇				
不同类型设备使用时间	高能耗	空调	强度量	农村社会调研	C
		电扇			
	中能耗	空调			
		电扇			
	低能耗	空调			
		电扇			

（4）照明

照明用能＝户数×Σ（照明设备存有量×等效功率×等效使用时间）

等效功率：某类设备，如空调，存在不同的功率。根据所占比例对设备功率进行加权，得到等效功率。即：

等效功率＝Σ（某类设备功率×所占比例）

等效使用时间：将某类设备的使用时间按照高、中、低能耗三类行为模式进行划分，并根据所占比例进行加权。即：

等效使用时间＝Σ（某类行为模式设备使用时间×所占比例）

附表 21 为农村照明能耗计算所需参数情况。

农村照明能耗计算所需参数表　　　　　　附表 21

参数类型	参数内容		参数性质	获取途径	可信度
不同年龄段户数比例	高能耗		分布量	《中国统计年鉴》《中国农村统计年鉴》中的收入分布情况	B
	中能耗				
	低能耗				
不同照明设备比例	白炽灯		分布量	照明协会统计资料	A
	节能灯				
不同照明设备功率	白炽灯		状态量	调研统计数据	B
	节能灯				
不同类型设备使用时间	高能耗	白炽灯	强度量	农村社会调研	C
		节能灯			
	中能耗	白炽灯			
		节能灯			
	低能耗	白炽灯			
		节能灯			

（5）热水

热水用能＝人数×次数×单人单次洗澡用能÷等效效率

单人单次洗澡用能＝水的比热容×用水量×温差

等效效率：按照用能方式即设备种类进行分类，根据其各自的存有量、使用频率及效率计算出等效效率。即：

等效效率＝1÷Σ（存有量÷设备效率）

其中冬夏设备使用比例不同，各自统计进行平均。

附表 22 为农村热水能耗计算所需参数情况。

农村热水能耗计算所需参数表　　　　　　附表 22

参数类型	参数内容	参数性质	获取途径	可信度
人口数	分地区	广延量	《中国统计年鉴》《中国农村统计年鉴》	A
不同类型设备存量	柴灶、煤炉、电热水器、太阳能热水器	广延量	《中国农村能源统计年鉴》农村社会调查	B

续表

参数类型	参数内容		参数性质	获取途径	可信度
不同类型设备效率	柴灶、煤炉、电热水器、太阳能热水器		状态量	实际测试结果	B
洗澡模式	洗澡用水量		强度量	实测与调研结果	B
	洗澡温度				
	洗澡次数				
不同设备使用比例	夏季	柴灶、煤炉、电热水器、太阳能热水器	分布量	调研结果	C
	冬季	柴灶、煤炉、电热水器、太阳能热水器			

（6）家电

家电用能＝户数×Σ（家电设备存有量×等效功率×等效使用时间）

等效功率：某类设备存在不同的功率。根据所占比例对设备功率进行加权，得到等效功率。即：

等效功率＝Σ（某类设备功率×所占比例）

等效使用时间：将某类设备的使用时间按照高、中、低能耗三类行为模式进行划分，并根据所占比例进行加权。即：

等效使用时间＝Σ（某类行为模式设备使用时间×所占比例）

附表 23 为农村家电能耗计算所需参数情况。

农村家电能耗计算所需参数表　　　　　　　　附表 23

参数类型	参数内容		参数性质	获取途径	可信度
不同生活模式农户比例	高能耗		分布量	《中国统计年鉴》《中国农村统计年鉴》	B
	中能耗				
	低能耗				
不同家电设备比例	冰箱、洗衣机、电视、电脑		分布量	《中国农村能源统计年间》	A
不同家电设备功率	冰箱、洗衣机、电视、电脑		状态量	家电协会公布数据调研统计数据	B
不同类型设备使用时间	高能耗	冰箱、洗衣机、电视、电脑	强度量	农村社会调研	C
	中能耗	冰箱、洗衣机、电视、电脑			
	低能耗	冰箱、洗衣机、电视、电脑			

3.5.2 计算结果

附表 24 为模型对 2008 年全国各省分项用能的计算结果。

2008 年全国各省分项用能计算结果　　　　　　　　　　　附表 24

能源消耗项目	采暖			空调	炊事					生活热水			照明	家电
	煤(万t)	生物质(万t)	电(万kWh)	电(万kWh)	煤(万t)	生物质(万t)	沼气(万m³)	液化气(万t)	电(万kWh)	煤(万t)	生物质(万t)	电(万kWh)	电(万kWh)	电(万kWh)
北京	154	206	249	17401	4.4	13	109	6	4480	0.2	0.3	4.3	2583	79301
天津	172	110	71	10331	1.8	8	188	8	2579	0.1	0.2	3.2	2052	53639
河北	2095	3462	1382	22104	47.2	1575	24855	60	202617	4.0	54.5	16.1	34432	694617
山西	1013	1526	472	4433	46.7	0	5492	7	17854	1.9	1.7	2.9	13268	232384
内蒙古	331	1830	1084	912	9.4	24	2169	7	15212	0.4	0.4	0.3	8313	134627
辽宁	535	1992	125	1735	2.9	247	3702	33	80485	0.3	4.9	3.0	13188	260194
吉林	160	2383	195	629	0.9	20	694	17	52439	0.1	0.4	0.8	8723	153881
黑龙江	243	3620	296	923	9.7	486	2073	10	84430	0.7	12.0	1.3	11329	208897
上海	0	0	27	24308	0.0	61	82		8723	0	4.6	9.0	1801	73596
江苏	0	155	68	110740	14.6	812	20106	12	105573	1.1	115.8	83.9	28317	696484
浙江	1	68	56	128567	21.0	528	5060	2	59320	1.4	78.8	62.1	18124	585783
安徽	21	63	140	36847	86.8	700	22433	20	117036	5.0	97.6	46.0	24316	470128
福建	1	1	44	26595	71.7	164	16111	4	39271	2.7	8.7	34.6	11378	261363
江西	40	112	148	11452	85.9	156	66707	11	78612	4.9	14.0	9.9	16349	274295
山东	1464	2796	1871	33687	26.0	611	11780	120	121421	2.4	15.3	46.4	37774	767034
河南	524	40	5741	46024	103.9	1728	27846	35	60159	8.2	58.0	13.1	40064	685378
湖北	25	118	426	25658	89.6	417	92645	17	82842	4.9	47.2	23.4	21304	385426
湖南	86	259	441	22071	73.1	210	79994	27	121577	4.2	15.7	7.9	27070	449093
广东	13	22	51	87562	127.6	76	18354	21	122680	4.8	4.0	56.3	20760	424766
广西	30	21	64	12549	79.3	12	149287	26	108110	3.2	0.7	12.2	18253	295312
海南	0	0	0	962	16.2	10	12954	3	15581	0.6	0.5	3.0	2379	30733
重庆	0	220	249	8889	35.3	50	35232	5	46618	2.0	3.7	6.2	11227	188468
四川	69	374	804	27038	127.0	179	167215	16	167235	7.5	13.4	40.2	37712	666365
贵州	89	78	132	3255	72.6	42	70449	7	57697	3.0	2.2	3.0	16353	219089
云南	4	2	8	639	128.9	50	102347	4	81675	5.2	2.7	22.9	18947	265237
西藏	7	237	102	1	0.3	0	2576		4431	0.0	0.0	0.0	862	8229
陕西	299	1807	1403	3996	34.8	506	7388	36	23615	1.3	7.9	2.4	15094	249367
甘肃	235	1279	829	592	20.6	274	4581	4	12456	0.8	3.1	0.9	10678	167943

续表

能源消耗项目	采暖			空调	炊事					生活热水			照明	家电
	煤（万 t）	生物质（万 t）	电（万 kWh）	电（万 kWh）	煤（万 t）	生物质（万 t）	沼气（万 m³）	液化气（万 t）	电（万 kWh）	煤（万 t）	生物质（万 t）	电（万 kWh）	电（万 kWh）	电（万 kWh）
青海	56	259	156	40	5.5	64	989	3	7363	0.2	0.7	0.0	1845	30721
宁夏	93	304	28	127	6.8	86	1769	1	2637	0.3	1.9	0.4	1974	37749
新疆	1165	388	1240	567	30.3	111	2160	12	14563	1.2	2.6	0.4	7673	121305
全国	8924	23733	17901	670633	1380.9	9219	957347	533	1919290	72.6	573.4	516.1	531259	8639661

合计		煤炭（万 t）	生物质（万 t）	电能（亿 kWh）	液化石油气（万 t）	沼气（亿 m³）
	实物量	10378	33526	1178	573	95.7
	折合标煤量（万 tce）	7410	16736	3840	980	766

注：除最后一行外，表格中的各项能源数量均为实物量。

4 总 结

中国建筑能耗模型的主要特点是：

1）模型构建了符合我国建筑能耗特点的研究框架，通过自下而上的建筑能耗模型，对建筑能耗进行多级分类，从各类建筑的终端用能途径入手，逐级计算。通过输入参数年份的变化，可以研究建筑能耗的历史发展与现状，并对未来的发展情景进行预测。

2）在建筑能耗的分类上，模型不仅体现了气候、建筑物特性和系统形式因素，还在住宅能耗计算中增加了人群分布、公共建筑能耗计算中增加了能耗强度特征值，以反映人的生活方式对建筑能耗的影响。

然而，目前模型用到的参数大量依靠调研和估算，影响了能耗计算结果的准确性。只有依赖于从宏观统计渠道和研究领域的共同努力，获得更完整和详细的面积、强度及生活方式的信息，并逐年进行更新，才能更加准确地刻画我国的建筑能耗情况，对建筑能耗研究和节能工作提供更大的帮助。